高等职业教育新形态一体化教材

3ds Max 效果图与动画制作

陈新林　主编

左艳丽　韩万兵　卢伟娜　范亚飞　副主编

化学工业出版社

·北京·

内容简介

本书从新时代动画技术发展和岗位人才培养的实际需求出发，以推进数字中国建设、推动文化创新性发展为指引，由浅入深、全面系统地介绍了3ds Max 2020的基本功能及实际运用方法。全书共10章，主要内容包括入门知识与软件安装、常用的基本操作、基本几何体、建筑模型、二维图形建模、复合对象、常用的修改器、材质与贴图、灯光与摄影机、动画制作。书中精选典型实例，详细讲解实例操作步骤，力求通过软件功能解析以及典型案例演练，使学生深入学习软件知识，提升基本制作技能，快速掌握软件功能和设计思路。

为方便教师教学和学生自学，本书提供全部章节的PPT教学课件，教师登录化工教育网注册后可免费下载；并提供各章的习题与答案、案例视频演示、案例源文件和贴图文件，可以扫书中二维码或登录化学工业出版社官网获取这些资源。

本书主要作为面向职业院校、成人教育类院校和培训机构的计算机应用、数字媒体、艺术设计等相关专业课程的教材或辅导用书，也可以作为建模爱好者的学习用书。

图书在版编目（CIP）数据

3ds Max效果图与动画制作 / 陈新林主编. -- 北京 : 化学工业出版社, 2025. 1. -- (高等职业教育新形态一体化教材). -- ISBN 978-7-122-47441-4

Ⅰ. TP391. 414

中国国家版本馆CIP数据核字第2025387SL3号

责任编辑：张　阳　李彦玲　　　　文字编辑：蒋　潇
责任校对：王鹏飞　　　　　　　　装帧设计：梧桐影

出版发行：化学工业出版社
（北京市东城区青年湖南街13号　邮政编码100011）
印　　装：中煤（北京）印务有限公司
787mm×1092mm　1/16　印张14　字数289千字
2025年6月北京第1版第1次印刷

购书咨询：010-64518888　　　　售后服务：010-64518899
网　　址：http://www.cip.com.cn
凡购买本书，如有缺损质量问题，本社销售中心负责调换。

定　　价：69.80元　　　　

编写人员名单

主　编　陈新林

副主编　左艳丽　韩万兵　卢伟娜　范亚飞

编写人员

陈新林（河南农业职业学院）

左艳丽（河南农业职业学院）

韩万兵（郑州智能科技职业学院）

卢伟娜（河南农业职业学院）

范亚飞（郑州财税金融职业学院）

葛长辉（南阳职业学院）

靳　瑶（南阳职业学院）

常丹琪（洛阳文化旅游职业学院）

陈姗姗（汝州职业技术学院）

邹鹏旭（南阳工艺美术职业学院）

王卫民（郑州出神入画信息科技有限公司）

前言

进入新时代，随着社会的不断发展，人们对精神文化生活的需求日益增长。文化产业作为国民经济的重要组成部分，深受国家重视。党的二十大报告指出，实施国家文化数字化战略。随着人工智能的飞速发展，以及文化、艺术与科技的深度融合，数字化建设正以前所未有的速度变革着诸多行业。面对新的机遇和挑战，国内数字化建设亟需积极整合各类产业资源，推动产业结构调整，为行业发展增添新的动力。同时，在深入推进“一带一路”倡议的时代大背景下，优秀文化输出成为展示国家综合实力的重要途径。数字化技术在传播我国优秀传统文化方面发挥着重要作用，能积极适应社会主义市场经济发展趋势，为我国文化产业可持续发展增添活力。

3ds Max较早进入中国市场并迅速积累了大量用户，是当今运行在PC机上最流行的三维动画和造型建模软件之一，因其在中国市场广泛使用，并高度契合游戏等行业开发需求而成为主导软件。该软件有很多优点：首先，它性价比高、功能强大，对硬件要求低，普通的配置就可以满足学习之需；其次，它在国内拥有最多的使用者，学习教程比较多；再次，3ds Max容易上手，制作流程简洁高效，更有利于初学者学习；最后，在应用范围方面，3ds Max广泛应用于广告、影视、工业设计、建筑设计、三维动画、多媒体制作、虚拟现实、游戏以及工程可视化等领域，能满足多个行业的使用需求，各用人单位对熟练操作该软件的毕业生需求迫切。目前三维软件类课程是众多职业院校计算机、虚拟现实、动漫、影视、广告设计、建筑装潢设计等专业的核心课程，该类课程在“服务于社会生产一线的高级应用型技能设计创新人才”培养过程中具有重要作用。

本书紧密结合当下效果图与动画制作技术的发展和岗位人才的实际需求，建立了完善的3ds Max知识结构体系，从软件基本操作入手，基于“理论够用为度”的观点而编写，先讲理论，再通过实例来介绍制作过程，力求通过软件功能解析，使读者快速熟悉软件的各种功能和操作特点；通过典型案例演练，使读者深入学习软件功能和效果图、三维动画的制作思路；通过课堂练习和课后习题，拓展读者的实际应用能力。书中精心设置了22个案例，通过对这些案例进行全面分析和具体讲解，使读者的创意思维更加开阔，实际设计制作水平进一步得到提升。书中全部章节的教学课件、案例的源文件和贴图文件、案例的视频演示等，读者可以在化工教育网、化学工业出版社官网免费下载使用，或扫描书中二维码查看。

本书由河南农业职业学院陈新林担任主编，河南农业职业学院左艳丽、郑州智能科技职业学院韩万兵、河南农业职业学院卢伟娜、郑州财税金融职业学院范亚飞担任副主编，南阳职业学院葛长辉、南阳职业学院靳瑶、洛阳文化旅游职业学院常丹琪、汝州职业技术学院陈姗姗、郑州出神入画信息科技有限公司王卫民参编。编写分工如下：第1、7章由卢伟娜编写，第2章由常丹琪编写，第3章由葛长辉编写，第4章由范亚飞编写，第5章由左艳丽编写，第6章由靳瑶编写，第8、9章由陈新林编写，第10章由陈姗姗编写，习题和习题答案的编写、文字校对等任务由韩万兵负责完成，邹鹏旭、王卫民主要负责指导和审核。在本书的编写过程中得到许多同仁的大力协助，在此向他们表示感谢。

我们深知，教育是国家发展的基石，人才是推动社会进步的关键力量。希望通过本教材的学习，能够激发学生对三维设计领域的兴趣和热爱，培养他们的创新意识、劳动精神和实践能力，为中国式现代化建设事业输送更多的高质量应用型人才。

尽管编者花费了大量的精力和时间，但由于编者水平、时间和经验有限，本书内容难免有不足之处，望各位读者予以指正。

编者

2024年10月

目录

第1章 入门知识与软件安装

第2章 常用的基本操作

第3章 基本几何体

第4章 建筑模型

第5章 二维图形建模

第6章 复合对象

第7章 常用的修改器

第8章 材质与贴图

第9章 灯光与摄影机

第10章 动画制作

第1章

入门知识与软件安装

本章内容

3ds Max 2020拥有强大的功能，但同时，它的操作界面也比较复杂。本章主要围绕3ds Max 2020的操作界面及该软件在动画设计中的应用特色进行介绍，同时还将介绍3ds Max 2020中文版软件的安装流程，使学生尽快地熟悉3ds Max 2020的操作界面及相关设置。

学习目标

知识目标： 了解三维动画的基本概念和应用领域、三维动画的现状及发展趋势、三维动画制作的基本流程和工作界面等。

能力目标： 掌握3ds Max软件的安装方法、视口的定制方法、快捷键的定制方法和单位的设置方法等。

素质目标： 具备社会责任感和历史使命感，在实践中锻炼解决问题的能力，培养创新思维。

1.1 三维动画概述

动画是利用人类的“视觉暂留”特性，通过连续播放一系列静止画面，在视觉上造成连续变化画面的效果。根据制作手段和技术的不同，可以将动画分为以手工绘制为主的传统动画和以计算机制作为主的计算机动画。根据不同的空间视觉效果，计算机动画可进一步细分为二维动画（平面动画）和三维动画。

随着计算机软硬件技术的发展，三维动画得到了广泛应用。所谓三维动画，就是指使用三维动画制作软件在计算机中建立一个虚拟的三维世界，在这个虚拟世界中，按照要表现对象的形状和尺寸建立三维模型和整个场景，并为模型设置相应的材质，为场景布设灯光和摄影机，再根据要求设定模型的运动轨迹和其他动画参数或者虚拟摄影机的运动等，最后由三维动画软件自动进行渲染计算，生成动画效果。

如果将二维的平面视为一张纸，那三维的空间就类似一个盒子。三维动画的制作是利用几何学中的透视等原理，通过计算机的计算将空间和物体准确地表现在一个二维平面上。

1.2 三维动画的现状及发展趋势

在这个数字化变革的时代，中国已经步入了数字媒体飞速发展的时期，与此同时，与数字媒体相关的产业也方兴未艾，动漫、影视、游戏、电子出版物都已经准备就绪。数字技术与文化艺术的变革发掘了中国数字媒体时代下的新商机，数字艺术成为技术与艺术的新核心。

数字媒体时代下的三维动画又称3D动画，是一种新型的动画类别。这些3D动画是通过3D渲染产生的。3D渲染是一种将数字三维场景转换为二维影像的技术，经过一系列的数学方法来实现动画的设计与制作。它可以创建出逼真的视觉效果，模拟真实世界中的物理现象，并最终生成完整的三维动画视频。

三维软件的功能是非常强大和完善的。在建模领域里，与传统的二维空间不同，在三维空间中出现的点、线、面都可以在其中通过精确的计算和描述形成空间模型。在渲染计算方面，光线追踪、全局光照等技术手段的更新，大大提高了渲染的真实度，同时也提高了工作效率。总之，三维技术可以不受客观事物的约束，尽可能地还原设计者的想法。

1.3 三维动画制作基本流程

3ds Max的发展历经了10多个版本，几乎每一个版本的推出都较以前有飞跃式的革新。但无论使用哪一个版本，甚至无论使用哪一种三维设计软件，制作三维动画的流程都是相同的，基本流程如下。

（1）编制脚本

脚本是动画的基础，需要在脚本中确定动画的每一个情节，并绘制造型设计及场景设计的草图。

（2）创建模型

根据前期的造型设计及场景设计，完成相关模型的创建。这是三维动画制作中很繁重也很关键的一项工作。在3ds Max中创建模型时，可以从三维几何基本体开始，也可以将二维图形作为放样或挤出对象的基础，还可以将对象转变成多种可编辑的曲面类型，然后通过拉伸顶点和使用其他编辑工具进一步建模。

常用的三维建模软件除了3ds Max外，还有Rhino（犀牛）、Maya、SolidWorks等。

（3）使用材质及贴图

给模型指定材质及贴图，可使模型具有逼真的、生动的视觉效果。材质，即材料的质地，具体体现在物体的颜色、透明度、反光度、反光强度、自发光及粗糙程度等特性上。贴图是指把二维图片通过软件的计算贴到三维模型上，从而形成表面细节和结构。

在3ds Max中可以轻松完成材质及贴图的相关操作。

（4）设置灯光和摄影机

灯光起着照明场景、投射阴影及增添氛围的作用，可以通过创建各种属性的灯光来为场景提供生动的照明效果。

创建摄影机的目的是实现镜头效果，同时也便于进行场景的观察。摄影机的位置变化也能使画面产生动态效果。在3ds Max中创建的摄影机像真实世界中的一样，可以控制其镜头的长度和视野，以及实现镜头的平移、推拉等功能。

（5）制作动画

根据脚本中的动画设计，对已完成的造型和场景制作一个个动画分镜头。在3ds Max中，简单的动画可直接通过动画控制区的相关按钮进行制作，而较复杂的动画则需要通过动画曲线编辑器和动画控制器来实现。

（6）渲染动画

必须经过渲染才能输出三维动画，从而得到最后的静态效果图或动画。渲染由渲染器来完成，不同的渲染器提供了不同的渲染质量。渲染质量越高，渲染所需的时间也就越长。

使用3ds Max内置的渲染器不仅可以给场景着色，而且还能实现光线跟踪、运动模糊、体积光照明和环境效果。

（7）动画后期合成

后期合成是指按照脚本的要求，利用非线性编辑软件将各个动画分镜头连在一起，从而生成动画影视文件。在后期合成的过程中，可以加入声音、字幕，以及设置视频特效等。对影视类三维动画而言，后期合成是必不可少的环节。

常用的非线性编辑软件为Adobe Premiere。3ds Max内置的Video Post也提供了视频后期处理及图像合成等功能。

1.4 三维软件的学习方法

三维动画的制作过程是非常具有挑战性与趣味性的，初学者一旦接触就会不知不觉地沉浸其中。在现实中，常常有这样一种现象：学习者的电脑性能非常出众——双屏的显示器、专业的显卡、强劲的CPU，电脑硬盘里还存储着大量的三维动画教程，当被问及任何有关三维软件的命令时，他都能够讲出来，甚至能够告诉对方是在哪个菜单下的哪个命令，但是这类学习者往往连一件像样的模型都做不出来。

为什么会出现这种现象呢？原因在于这类学习者没有把三维软件当成一个工具来看待，而是将其当成一个在学业中必须要完成的功课。在这个功课中充满了无聊单调的菜单、命令。殊不知三维软件中所有的命令都是有主次关系、需要相互协调配合的，并不是了解了所有的命令并将其背下来，就可以做出像样的作品。记下并且理解某个单独的操作命令并不难，难点是如何能够深入地理解并利用好各个命令之间的关系。常用的命令就那么几个，而且伴随着软件版本的提高，常用的命令从来就没有改变过。改进原命令或增加新命令都只是实现原来使用2~3个操作命令才能实现的效果。就如学习英语一样，先去背单词，然后学语法，最后再去看英语文章，这种循序渐进的方法固然好，但是会消耗很长的时间。如果在学习英语文章时去背单词呢？把文章中常常出现的英语单词先记牢，那么学习效率就会高很多。所以，不要只是单一地记命令，而是要理解各个命令间的关系。并且在对软件有了一些了解后，就要多思考，在制作时去寻找你所需要的命令。伴随着作品质量的提高，更多的命令自然也得以掌握。

当然，无论学习什么，都需要采用恰当的学习方法。虽说方法因人而异，但以下方法是普遍适用，可以让人事半功倍的。

（1）要有一个明确的学习目标

没有学习目标，犹如鸟儿没有翅膀。可以给自己先制定一个短期目标，例如在一个月之内做出一件什么样的作品，把软件学习到什么程度，这样就会有压力，然后把压力转换成动力。

（2）要时刻锻炼自己的观察能力

不论学习者有没有美术功底，都要时刻锻炼观察能力。就拿建模来说，无论是做一块肥皂、一个鼠标还是一辆汽车，在做之前都要认真地去观察，在网上多找一些参考资料，如果自己能够去现场观看、拍摄参考资料会更好。

（3）拓宽自己的眼界

像“闭关修炼三个月”这样的做法尽管精神可嘉，但是未免有闭门造车之嫌。在信息时代，网络已成为人们生活和学习必不可少的工具，学习者可以访问一些三维学习网站或学习论坛，与他人交流，向高手求教。

1.5 3ds Max软件概述

3ds Max是由Autodesk公司推出的一款三维产品设计软件。该软件功能强大、易学易用，深受国内外建筑工程设计领域和动画设计领域相关人员的喜爱，它已经成为这些领域最流行的软件之一。

3ds Max的用户对象非常广泛，无论是刚刚接触三维动画的初学者，还是具有制作复杂视觉效果图经验的高手，该软件都能结合其需求，为其提供相应的技术支持。利用3ds Max不仅可以轻而易举地设计出专业级的美术作品，同时还可以完成各具特色的建模、纹理制作、动画制作和渲染解决方案等。

在3ds Max中，制作一个完整作品的场景通常包含五个步骤，按照制作的先后顺序分别是：建立对象模型、添加材质、设置灯光、设置摄影机和设置场景动画。上述五个步骤中，除在建立静态图像时无需设置场景动画外，其他步骤可简可繁，但不可或缺。此外，在场景制作完成后，一般还需要对场景进行渲染输出，以此方式可将场景中的模型、材质、灯光效果等以图像或动画的形式表现出来，并进行保存。

1.6 3ds Max软件的应用领域

3ds Max软件在三维建模、三维动画制作和渲染方面具有强大的功能，被广泛应用于建筑装潢设计、医学可视化、影视制作、工业产品设计、游戏开发等领域。

（1）建筑装潢设计领域

三维技术在建筑领域的应用可以说是最为广泛的。从早期的建筑效果图到后来的建筑漫游动画，都能看到三维技术在此领域应用的身影。例如，在北京奥运会场馆还未兴建时，设计师就已经借助三维动画技术将场馆活灵活现地展现在观众的面前，让奥运评委能提前领略到北京奥运场馆的恢宏气势。再比如当我们进行室内装潢时，对于某一块颜色或者材质拿不定主意时，同样可以借助三维技术去模拟各种物体的图案、材质、颜色等。客户在显示器面前就可以随时修改方案，直到满意为止。现如今，三维技术在桥梁、道路、隧道、街景、城市规划、园区规划等领域的应用已经越来越深入，如图1-1所示。

图1-1　建筑动画

（2）医学可视化领域

医学是一门古老而且严谨的科学，在医学的各个分支中普遍存在着抽象性和微观性等特点。患者如果在就医前能够直观地了解自己的病因及病理结构，那么对医患之间的沟通乃至增强患者的治愈信心都是有很大帮助的。三维动画以其真实性、准确性、直观性等特点，正好解决了在医学领域中沟通和交流困难的问题，这也使医学动画的发展成为必然，如图1-2所示。

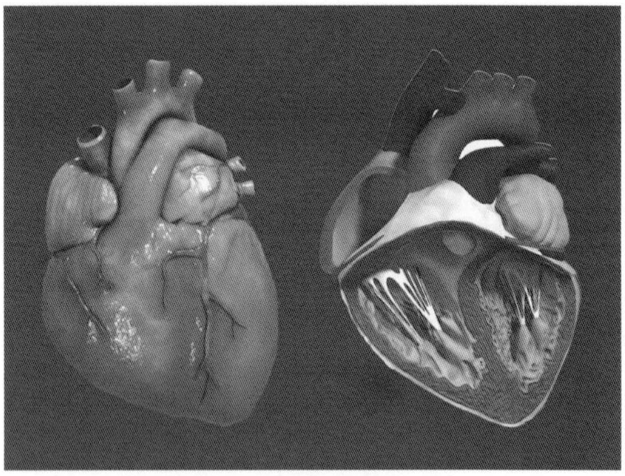

图1-2　医学可视化动画

（3）影视制作领域

一个有趣的统计数据显示，当我们打开电视观看节目的时候，每隔30秒左右就会出现三维动画参与制作的影像。一个利用三维技术制作的广告作品，会是老少皆宜、引人入胜的，当然这样的作品广告效应也会很好。2009年，由20世纪福克斯出品的《阿凡达》让许多观众如痴如醉，而这部作品就是利用三维动画与真实演员动作实拍相结合的技术来完成的。伴随着科学技术的进步，相信在不久的未来，会有更多惊艳的电影视觉效果出现，一场视觉效果的饕餮盛宴在等着我们，如图1-3所示。

图1-3　影视动画

（4）工业产品设计领域

随着消费者对产品的审美要求越来越高，产品造型已经成为影响产品市场竞争力的一个重要方面。三维制作技术在工业产品的辅助设计中已得到广泛的应用，并且起着举足轻重的作用。利用三维软件的造型技术开发设计新产品，比以往的手工绘制更准确、形象，更易于调整、修改。利用3ds Max 制作的产品外观效果图，其视觉效果可以与照片相媲美。

（5）游戏开发领域

我们常说的“游戏”一词，泛指在电子设备上进行的电子游戏。现如今的电子游戏终端越来越多，例如台式电脑、平板电脑、手机等。自从三维游戏诞生后，这种具有三维立体感的游戏体验方式早已成为最典型和普遍的游戏模式。借助VR等技术，三维游戏不仅能使玩家体验到震撼细腻的画面效果，还可以实现人机交互等互动模式，如图1-4所示。

图1-4　游戏动画

（6）其他领域

三维动画在许多其他的领域也得到了广泛应用，例如工业制造、国防军事、教育、现代艺术等。如今在大部分应用领域中我们都能见到它的影子（图1-5）。

图1-5　其他领域的应用

1.7 3ds Max软件的安装

本节讲述的安装步骤适用于在Windows 11操作系统下安装3ds Max 2020版本，若使用其他操作系统和软件版本，安装的步骤会有所差异，但是整个安装过程基本相同。在硬件方面，最低CPU要求为：64位Intel®或AMD®多核处理器；显卡要求为：显存2G以上的独立显卡；RAM要求为：至少4 GB RAM（建议使用8 GB或更大空间）；最低磁盘空间要求为：6GB可用磁盘空间。具体的安装步骤如下。

①在软件的安装源程序中，找到setup.exe文件，双击运行，进入安装初始化界面，如图1-6所示。

②随后进入软件的安装向导界面，在安装向导界面中点击“安装”选项，如图1-7所示。弹出“许可协议”界面，如图1-8所示。选中“我接受”按钮，并单击“下一步”按钮。

③接下来在“配置安装”界面中按照当前默认的配置进行安装，或单击“浏览”按钮重新设置安装路径。设置完成后单击“安装”按钮，如图1-9所示。然后，系统即开始进行多个子产品的安装，如图1-10所示，同时显示有安装的整体进度条。

④安装完成后，会显示已成功安装的相关信息，如图1-11所示。此时，先不要点击“立即启动”按钮，因为此时如果启动的话，将会运行英文版的3ds Max软件。直接点击右上角的“关闭”按钮，即可完成安装过程。之后启动软件时，可以在开始菜单中找到3ds Max中文版软件快捷方式，启动软件即可。

图1-6　进入安装初始化界面

图1-7　安装向导界面

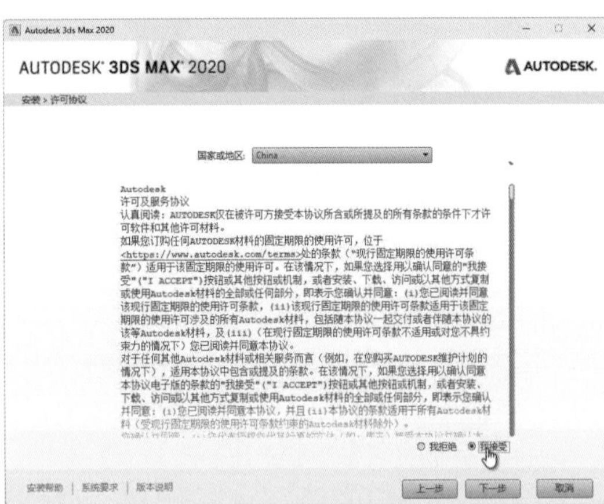

图1-8　“许可协议”界面

图1-9　“配置安装”界面

图1-10 产品的安装界面

图1-11 “安装完成”界面

1.8 3ds Max的工作界面

“工欲善其事，必先利其器。”学习一个软件首先要从熟悉它的工作界面入手。3ds Max 2020中文版的工作界面相较于其他三维设计软件界面布局更加合理，比较容易学习和掌握。

1.8.1 工作界面概览

3ds Max 2020的工作界面如图1-12所示。用户第一次接触时需要先对3ds Max 2020的工作界面有一个整体的认识，然后就可以建模了。和大多数的软件一样，3ds Max 2020的工作界面包含了菜单栏、工具栏和工作区域等几大部分。3ds Max 2020的工作区域就是工

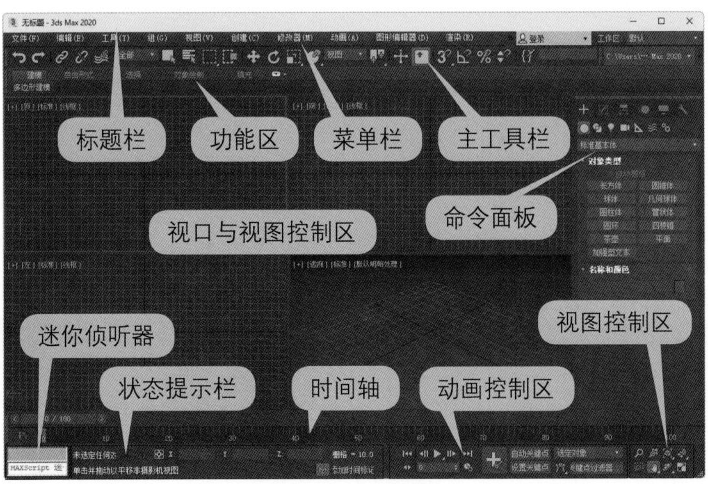

图1-12 工作界面

作界面上最大的区域，称为视口与视图控制区。视口与视图控制区不但为用户提供了一个观察三维场景的环境，而且用户在其中的各个视图里可以完成各种基本的创建和修改操作。下面对各主要部分进行阐述。

1.8.2 标题栏、菜单栏、主工具栏

标题栏与菜单栏位于工作界面的顶部，标题栏与传统的Windows风格一致，显示当前正在编辑的场景文件名称及窗口操作按钮。菜单栏包括文件、编辑、工具、组、视图、创建、修改器、动画、图形编辑器、渲染、自定义、内容、帮助等共16个菜单，如图1-13所示。

图1-13　菜单栏

单击某个菜单时，将会弹出相应菜单命令。菜单名称后面的字母表示该菜单的快捷键，例如“工具”菜单的快捷键是<T>，按<Alt + T>组合键，就可以直接打开“工具”菜单。菜单命令后面的右向三角形表明此菜单命令还包含子菜单。

主工具栏位于菜单栏下方，其中包含常用操作工具的图标，如图1-14所示。3ds Max中的很多命令均可由工具栏上的按钮来实现。主工具栏中的按钮较多，部分按钮未能在界面中显示出来，可以将光标放在主工具栏的空白处，当光标变成手的形状后，可以左右拖动鼠标查看显示按钮。

图1-14　主工具栏

在默认情况下，仅主工具栏是打开的，其停靠在视图区的顶部。其他工具栏处于隐藏状态，包括轴约束、层、附加、渲染快捷键、笔刷预设和捕捉。要调用其他工具栏，可以用鼠标右键单击主工具栏的空白区域，然后从弹出的快捷菜单中选择工具栏的名称。

1.8.3 命令面板

命令面板中包括“创建”“修改”“层次”“运动”“显示”“实用程序”6种面板。如图1-15所示，在这些面板中可以看到3ds Max中绝大多数的建模功能、动画特性、显示特性和一些重要的辅助工具。一般命令面板位于整个工作界面的调节角色右侧，而且一次只能有一个命令面板可见。和工具栏类似，通过单击命令面板最上部的6个按钮，可以实现各个命令面板之间的相互切换。在3ds Max中进行操作时，有90%以上的工作都是通过命令面板进行的，因此，命令面板的使用是学习3ds Max的重要内容。6种面板的作用如下。

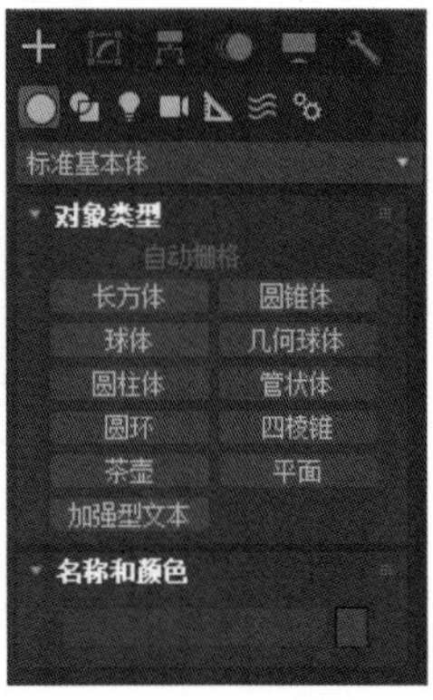

图1-15　命令面板

- ❖ “创建”面板：在该面板中可以创建3ds Max中所有的对象类型，例如“几何体”“灯光”“摄影机”“辅助对象”“空间扭曲”等。
- ❖ “修改”面板：在该面板中不仅可以用于查看和修改对象的几何参数，还可以使用各种编辑修改器来实现更加复杂的建模操作。
- ❖ “层次”面板：用来调整链接层级中的链接信息，以及调节关节运动和反向动力方面的运动。
- ❖ “运动”面板：该面板用来调节被选择对象的动画效果，例如对关键帧参数的设置，对动画控制器及其运动轨迹的控制。
- ❖ “显示”面板：主要用来显示或者隐藏场景中的各种对象。
- ❖ “实用程序”面板：该面板中提供了各种非常有用的实用程序，例如“资源浏览器”“塌陷”“运动捕捉”等。

1.8.4 视口与视图控制区

（1）活动视口

在3ds Max界面中，活动视口（即当前视口）占据了很大区域。不同的视口用于显示在不同方向观看物体的效果。默认情况下，显示顶视图、前视图、左视图和透视图。按<G>键可以显示或隐藏每个视图区中的栅格。

在每个视口左上角分别列出了视图名称、显示方式等信息，单击鼠标将显示不同的属性设置。边框显示为亮黄色的视口表示为活动视口。如图1-16所示，位于右下方的是透视图，在该视图中可以运用视图导航工具观看一个三维对象的任何一个方向。在3ds Max中经常用到的另外三个视图是顶视图、前视图和左视图，分别指从上方、前方和左侧观察对象的形态。

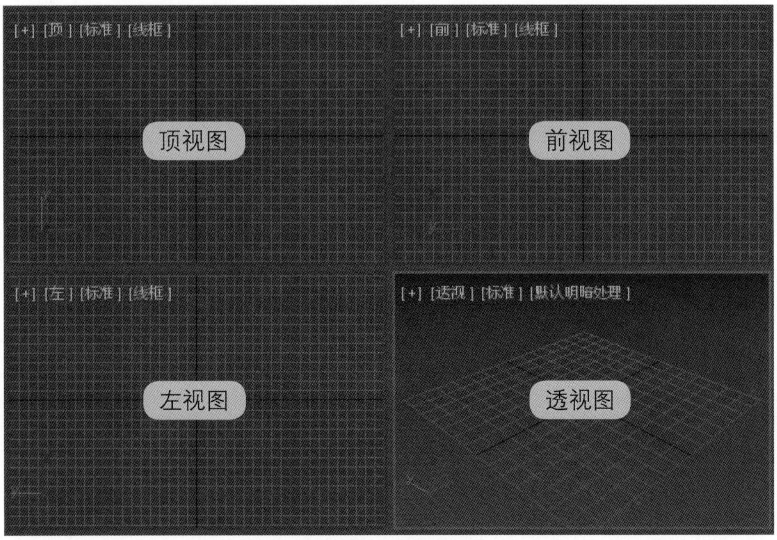

图1-16　活动视口

在每个视图的左下角都有一个以红、绿、蓝标记的x、y、z三轴坐标系。该坐标系是视图场景的世界坐标系（即系统的绝对坐标系），而不是对象自身的参考坐标系。视图中还有一些网格线，它们被称为主栅格，是创建对象的基准平台。

（2）视图控制区

视图控制区位于界面右下角，如图1-17所示，其中的视图导航控件主要用于对视图进行缩放、移动、旋转等控制操作。每一个控制操作都有相应的快捷键。

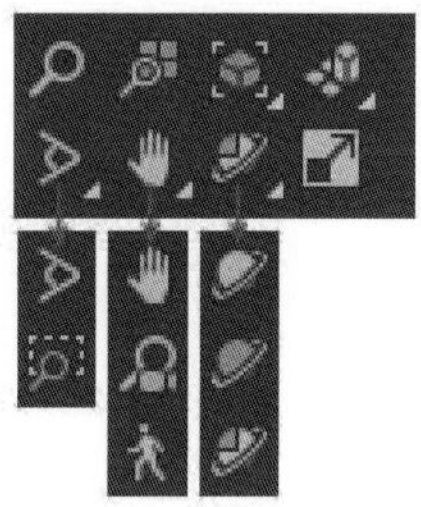

图1-17 视图控制区

以“最大化视口切换”工具为例，单击该工具后，当前视口被最大化显示，也可以通过按<Alt + W>组合键实现当前视口的最大化显示。各个按钮及其隐藏按钮的具体功能如下。

- “缩放”按钮：在激活视图中，以视图的中心为基准对视图进行放大或缩小。
- “缩放所有视图”按钮：对所有的视图同时进行放大或缩小，按住<Ctrl>键可以只对透视图进行缩放。
- “最大化显示”按钮：缩放激活的视图，以显示视图中所有可见对象。
- “最大化显示选定对象”按钮：缩放激活的视图，以显示视图中所有被选择的对象。
- “所有视图最大化显示”按钮：缩放所有视图（摄影机视图除外），以显示各个视图中所有可见对象。
- “所有视图最大化显示选定对象”按钮：缩放所有视图（摄影机视图除外），以显示视图中所有被选择的对象。
- “视野”按钮：调整视图中可见的场景数量和透视张角量。
- “缩放区域”按钮：拖动鼠标形成一个矩形区域，把想要观察的对象细节囊括在该区域中，软件会将该区域放大显示。
- “平移视图”按钮：对当前激活的视图进行平行移动，按<Shift>键将限制其在单个轴上移动。
- “2D平移缩放视图”按钮：在2D平移缩放模式下，可以平移或缩放视图，无需更改渲染帧。
- “穿行”按钮：将当前激活的视图以穿行方式移动。

❖ “环绕”按钮：以视图中心作为旋转中心。

❖ “选定的环绕”按钮：以当前选择对象的中心作为旋转中心。

❖ “环绕子对象”按钮：以当前选择的子对象的中心作为旋转中心。

❖ “最大化视口切换”按钮：在默认的情况下，单击该按钮将使激活的视图单独显示并充满整个视图区域。再次单击该按钮，激活视图则可恢复到原来的大小。对场景添加摄影机后，上述视图控制区按钮会自动转变为摄影机视图控制按钮，其基本的原理是相同的。

1.8.5 动画控制区与状态栏

动画控制区主要用来记录动画、播放动画及控制动画时间，如图1-18所示。

图1-18　动画控制区

设置动画时，单击“自动关键点”按钮，该按钮显示为红色，表明处于动画记录模式，即当前所进行的任何修改操作都将被记录成动画。

状态栏位于主界面底部，可以为3ds Max的操作提供重要的参考消息，如图1-19所示。

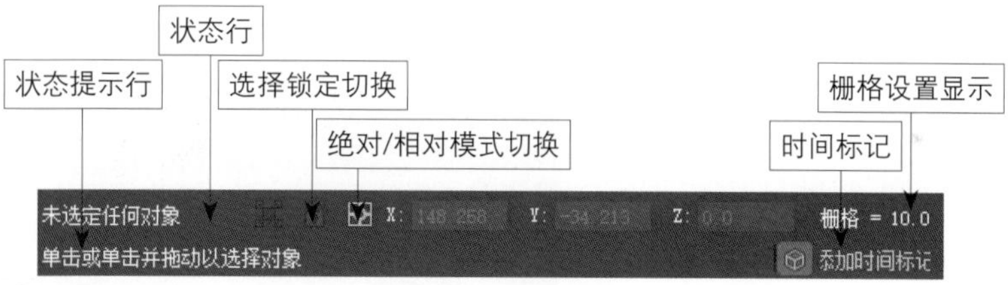

图1-19　状态栏

❖ 状态行：显示选择的类型和数目。

❖ 状态提示行：可以依据当前光标所处的位置提供功能解释。

❖ 选择锁定切换：将选择的对象锁定，这样就只能对该对象进行操作，而对其他对象没有影响。该按钮的设置可以极大地减小误操作的可能。

❖ 绝对／相对模式切换：通过改变数值可以实现对移动、旋转和缩放的精确控制。当该按钮开关被打开时，在其右侧的“X”“Y”“Z”文本框中输入的是相对变换数值；当该按钮开关被关闭时，文本框中的数值表示世界空间的绝对坐标值。

❖ 栅格设置显示：显示视图中一个栅格的大小。随着对视图的缩放，该值会不断地变化。

❖ 时间标记：允许在动态过程中对任何点赋值一个文本标签，在动画制作的过程中可以通过命名的标识很容易地找到需要的点。

1.8.6 定制视口

有了视图，就应该有视图的布局方式。和大多数制图软件一样，3ds Max的视图布局也是可以定制的，即用户可以使用任意可能的视图显示对象。在3ds Max中，有以下两种改变视图布局类型的方式。

第一种，在任意一个视图中左上角的视图标签（“顶”或“前”等）上单击鼠标右键，在弹出的快捷菜单中可以看到3ds Max的所有视图类型，可以选择其中的一种替换当前的视图类型。

第二种，选择“视图”→“视口配置”菜单命令，在弹出的“视口配置”对话框中选择“布局”选项卡。该选项卡提供了多种视图布局类型，可以选择其中一种作为3ds Max的视图操作界面。默认的视图布局方式不仅提供了4个显示视图，而且4个视图的视口大小相等，在对应的透视图周围放置前视图、顶视图和左视图，比较符合用户习惯。

1.8.7 定制快捷键

在软件操作过程中，为了提高制图速度，快捷键的运用是必不可少的。3ds Max中常用的操作都设置了快捷键，如需修改或添加新的快捷键，可以通过快捷键定制来完成。

在3ds Max主菜单栏中选择“自定义”→“自定义用户界面”菜单命令，弹出“自定义用户界面”对话框，在“键盘”选项卡中可以进行快捷键的设置，如图1-20所示。

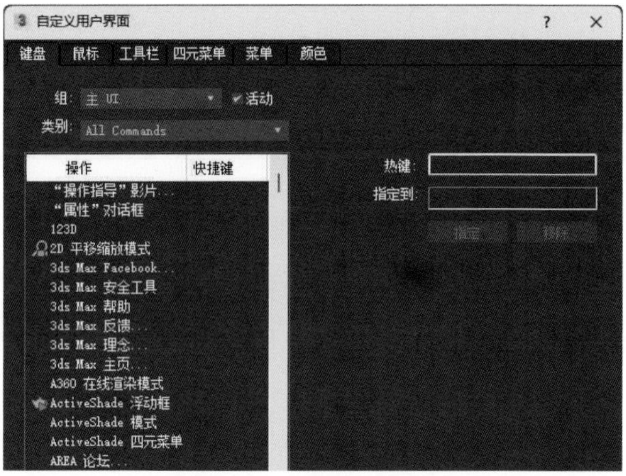

图1-20 自定义用户界面

当现有的快捷键不符合用户个人习惯时，用户可以修改快捷键。下面以“查看文件”为例来介绍3ds Max的自定义快捷键是如何设置和修改的。

①选择“自定义”→“自定义用户界面”菜单命令。在“自定义用户界面”对话框中，选择“键盘”选项卡。在“组”下拉列表框中选择“主UI”项，在“类别”下拉列表框中选择“File”项，在“操作”列表框中选择“查看文件”项，如图1-21所示。

图1-21 “键盘”选项卡

②将鼠标移至“热键”文本框中单击，按<Shift + 1>组合键，如图1-22所示。单击“指定”按钮，会看到左边的“查看文件”后显示设置的快捷键，如图1-23所示。

③如果想修改快捷键，按上述步骤重新设置快捷键即可。关闭“自定义用户界面”对话框，测试自定义的快捷键是否生效。

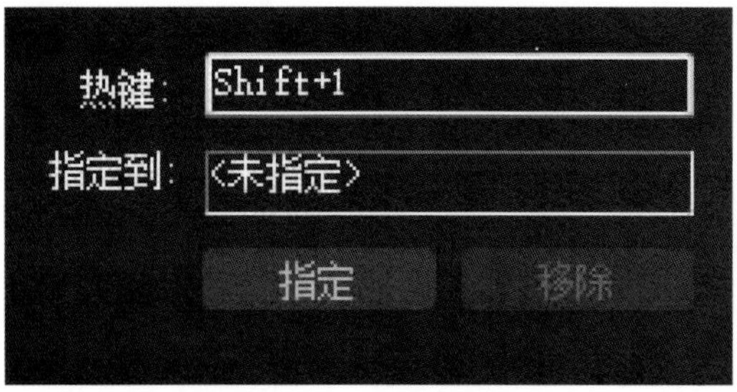

图1-22　指定热键

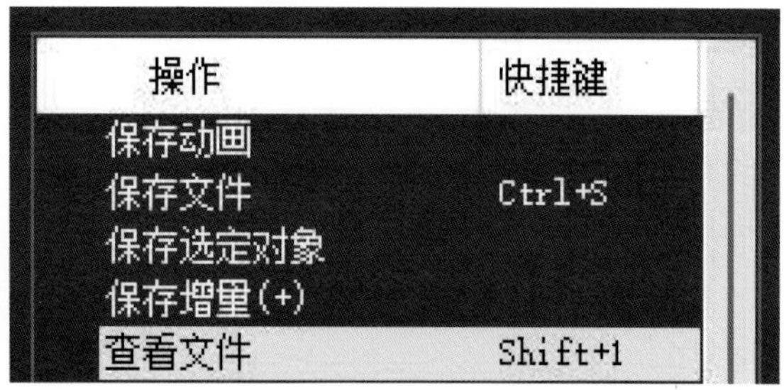

图1-23　设置后的快捷键

1.8.8 设置单位

在场景中创建对象时，有时为了便于衡量对象的实际大小，需要设置图形单位。选择菜单栏中的“自定义”→“单位设置”菜单命令，弹出“单位设置”对话框，如图1-24所示。选中“公制”单选按钮，并在下拉列表中选择一种单位，它表示3ds Max的工作区域中实际显示的单位。单击“系统单位设置”按钮，在弹出的对话框中选择一种单位，它表示系统内部实际使用的单位。最后单击“确定”按钮完成设置。

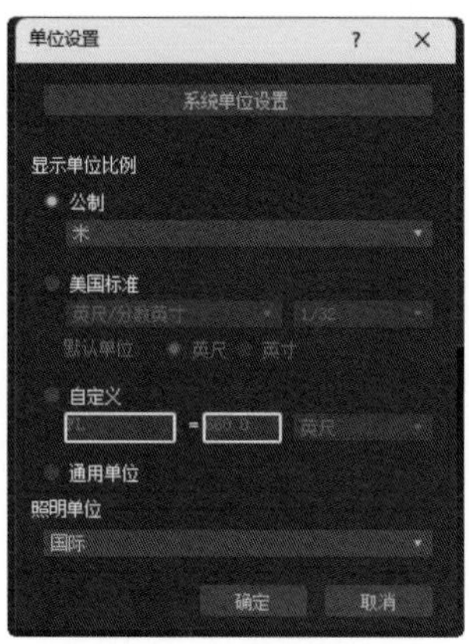

图1-24　设置单位

本章习题

一、选择题

1. 打开“工具”菜单的快捷键是（　）。

A. Alt +T　　B. Alt +B　　C. Alt +V　　D. Alt +U

2. 默认的视图布局提供了（　）个显示视图，而且每个视图的视口大小相等。

A.1　　B. 2　　C. 3　　D. 4

3. 在3ds Max中，最大化视口切换的快捷键默认为（　）。

A. F5　　B. F9　　C. Alt + W　　D. Shift + A

二、填空题

1. 3ds Max是由________公司推出的一款三维产品设计软件。该软件功能强大、易学易用，深受国内外建筑工程设计人员和动画设计人员的喜爱。

2. 视图区是系统界面中面积最大的区域，是主要的工作区，缺省设置为________个视图。

3. 3ds Max的命令面板有6个子面板组成，分别是：创建面板、________、层次面板、________、显示面板、实用程序面板。

三、简答题

1. 3ds Max软件的应用领域有哪些?

2. 简述三维动画制作的基本流程。

四、上机练习题

1. 练习安装3ds Max软件。

2. 练习打开场景、保存场景、合并场景、导入和导出场景。

▶ 习题答案 ◀

第2章

常用的基本操作

本章内容

本章内容涵盖了3ds Max软件的基础知识和技巧，深入讲解了物体的基本变换操作，包括移动、旋转、缩放等，学习内容聚焦于软件的常用操作技巧。通过本章的学习，可以系统掌握3ds Max的界面布局，熟悉对象的基本操作功能，为高效建模打下坚实基础。

学习目标

知识目标：熟悉3ds Max的工作界面，了解菜单栏、工具栏、视图区、命令面板等区域的功能和布局。

能力目标：掌握在文件操作、对象的选择、对象的基本变换、视图的相关操作、组的创建、对象的复制、对齐、捕捉、链接等建模过程中常用的基本技巧。

素质目标：树立正确的价值观和工作态度；注重团队协作，学会与他人合作，共同完成任务。

2.1 文件操作

2.1.1 打开文件

在3ds Max中打开文件的方法有以下几种：

第一种，直接打开3ds Max文件，找到3ds Max文件，双击鼠标左键打开指定文件。

图2-1 桌面图标

第二种，利用路径的方式打开3ds Max文件，在桌面上找到3ds Max图标（图2-1），双击鼠标左键运行软件，使用快捷键<Ctrl + O>（打开文件），找到文件对应存储位置，双击鼠标左键打开。

第三种，在3ds Max文件上单击鼠标右键，点击“打开方式”，选择程序打开。

第四种，选中3ds Max文件，长按鼠标左键将其直接拖到桌面或任务栏的3ds Max快捷方式的图标上，松开鼠标，软件将自动启动并打开文件。

2.1.2 保存文件

第一种，打开3ds Max，在“文件”菜单中选择“保存”（图2-2）。

第二种，在“将文件另存为”窗口中，命名文件并保存。

第三种，使用快捷键<Ctrl + S>弹出保存窗口进行储存。

第四种，命名文件后，从“另存为类型”下拉菜单中选择所需的3ds Max版本格式。

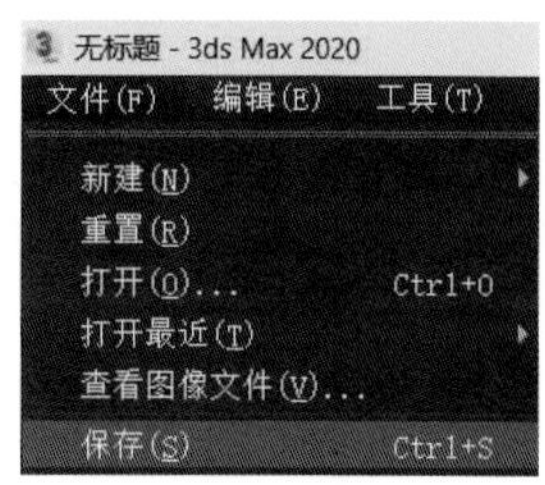

图2-2 保存

为了确保文件的基本结构和数据在新旧版本之间能够尽可能地保持一致，在3ds Max中最多只能将文件保存为软件的前三个版本的文件格式。

提示

新版本往往会引入新的特性和功能，这些新特性或功能可能无法被旧版本的文件格式完全支持或理解。因此，在新版本中将文件保存为旧版本格式时，会遇到一些限制和兼容性问题，并且可能会丢失涉及新特性或功能的数据。

例如，在尝试保存2015版本文件时，如果使用的是3ds Max 2020，则无法保存2015版本的文件，因为只能保存以下版本的文件：2020、2019、2018和2017；如果使用的是3ds Max 2018，则可以保存2015版本的文件，因为可以保存以下版本的文件：2018、2017、2016和 2015。

如果需要访问或编辑较旧版本的文件，并且当前软件版本不支持直接保存为那种格式，可以考虑以下几种解决方案。

第一种，在3ds Max的最新版本中，可以通过执行以下操作将文件另存为3ds Max先前版本格式：

在3ds Max中，转到“文件”菜单，选择“另存为”；在“将文件另存为”窗口中，命名文件；命名文件后，从“另存为类型”下拉菜单中选择所需的3ds Max版本格式。

第二种，在Autodesk Account官网下载并安装旧版本的软件。这是最直接的方法，可以确保软件能够完全兼容和编辑旧版本的文件。

提示

在尝试任何文件格式转换或升级之前，始终建议备份原始文件。这样，如果转换过程中出现任何问题，都可以恢复到原始状态并尝试其他方法。

2.1.3 合并场景

在3ds Max中合并场景，通常指的是将两个或多个3ds Max项目文件（.max文件）中的元素（如几何体、灯光、摄影机等）合并到一个场景中。注意：要确保所有要合并的场景文件都是有效的3ds Max项目文件。

打开3ds Max软件并准备好一个作为目标场景的文件，或者新建一个空白场景。在合并场景之前，最好先备份所有相关的场景文件，以防在合并过程中出现意外情况导致数据丢失。

在3ds Max主界面的顶部菜单栏中，点击左上角的“文件”，打开第一个场景文件。

找到目标场景文件，将第一个场景拖拽到目标场景内。单击鼠标右键选择合并文件即可。导入的元素可能会出现在场景中的默认位置，需要手动调整其位置、旋转和缩放等属性，以确保它们与目标场景中的其他元素正确对齐和组合。

注意：在某些版本的3ds Max中，“合并”选项可能直接包含在“文件”菜单下，或者作为“导入”的一个子选项。将要合并的元素导入场景文件后，会弹出一个对话框，列出要合并的场景中的所有元素（如几何体、灯光、摄影机等），可以选择全部导入，或者根据需要选择特定的元素进行导入。

2.1.4 导入和导出

启动3ds Max软件，并进入主界面（准备导入模型文件，并确保该文件格式能被3ds Max支持。常见的支持格式包括OBJ、FBX、3DS等）。

在3ds Max主界面的顶部菜单栏中，点击“文件”菜单，以展开文件操作选项。

在“文件”菜单中，找到并点击“导入”选项（图2-3）。这将打开导入模型的对话框。

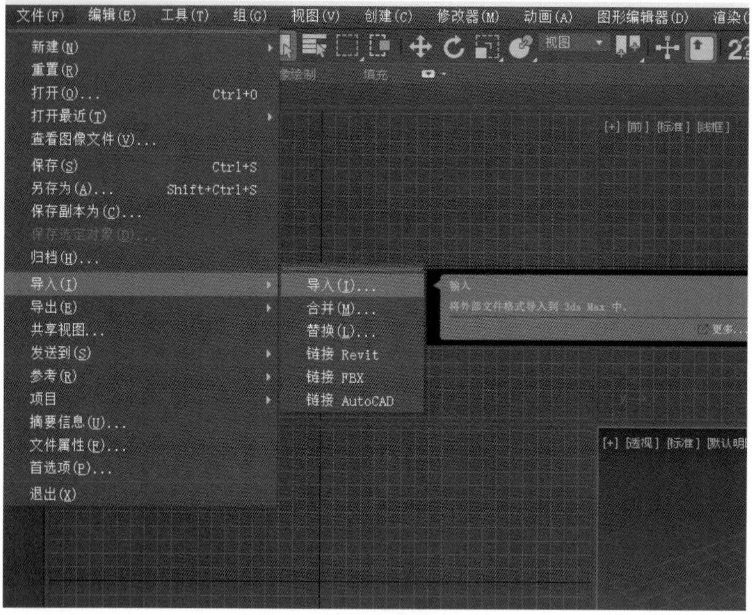

图2-3　文件导入

在导入对话框中，浏览计算机文件夹，找到并选择想要导入的模型文件。根据模型文件格式，可能需要从文件类型下拉菜单中选择正确的文件类型（如OBJ、FBX等）。

完成选项的设置后，点击导入对话框中的“打开”按钮，从而将选择的模型文件导入当前场景中。

3ds Max支持导出的文件格式非常丰富，涵盖了从纯模型格式到包含动画、材质和摄影机数据的复杂格式。用户可以根据具体需求选择合适的文件格式进行导出。在选择文件格式时，需要考虑工作需求、文件格式特点、软件兼容性以及文件大小和性能等因素。

以下是3ds Max可以导出的主要格式。

FBX格式：通用三维模型交换格式，支持导入和导出模型、动画、材质和摄影机数据。适合需要在不同三维软件之间交换复杂模型、动画和材质信息的场景。

OBJ格式：开放的文件格式，可以保存模型的几何形状、UV坐标、顶点法线等信息。它是一种纯模型格式，不包含动画和材质信息，适合在互联网上共享模型，或在不同三维软件之间交换仅包含几何信息的模型。

STL格式：用于三维打印的常见文件格式，只保存模型的几何形状信息，不包含材质和纹理等信息，适合将模型导出，用于三维打印前的检查和准备。

3DS格式：3DS格式是3D Studio Max的原生文件格式，可以保存模型的几何形状、材质、动画等信息，但不支持摄影机数据，主要用于3ds Max软件内部的项目保存和编辑。

DXF格式：AutoCAD的标准文件格式，可以保存二维和三维的几何形状信息，适用于与CAD软件进行交互和共享三维模型数据。

3ds Max可以导出的格式包括图片格式（JPEG、PNG、TIFF、BMP、TGA等）、视频格式（AVI、MPEG、WMV、MOV等）、三维格式（FBX、DWG、DXF、3DS等）和其他格式（PDF、DWF、SAT等）。导出前，应检查模型的复杂度并尽量减少不必要的细节。较为复杂的模型可能影响导出速度。建议优化模型的拓扑结构，去除冗余的多边形和边线，以减少文件的复杂度。

在3ds Max的视图中，单击鼠标左键选择想要导出的模型。如果需要导出多个模型，可以通过<Ctrl>键多选或<Shift + 鼠标左键>框选。

点击菜单栏中的“文件”，然后选择“导出”。在部分版本的3ds Max中，也可以直接在工具栏中找到“导出”按钮（图2-4）。

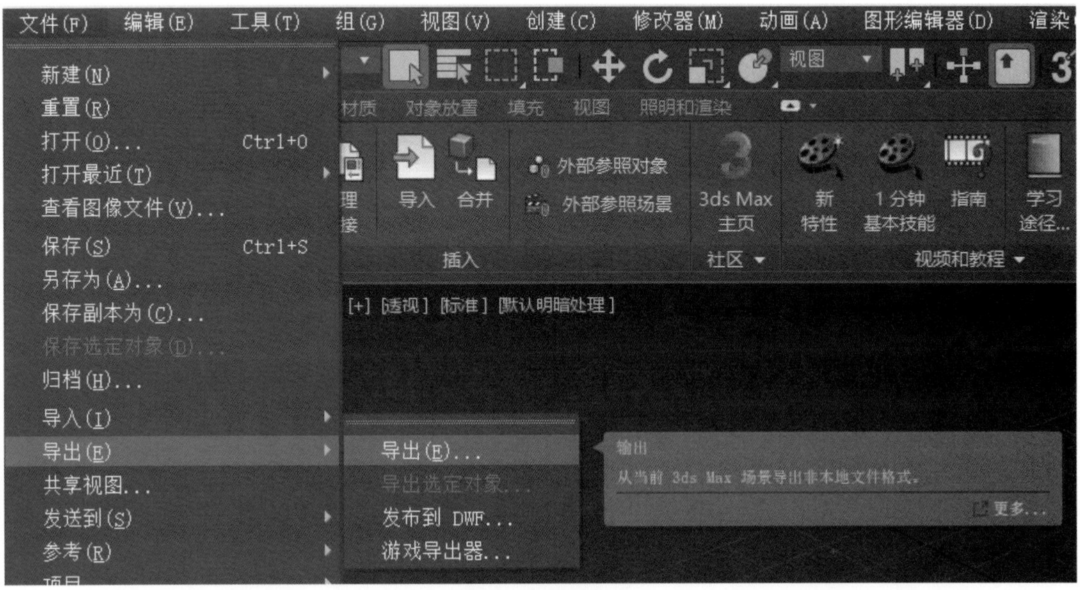

图2-4 文件导出

在弹出的导出对话框中，选择“导出选定对象”或其他相应的导出选项，具体取决于工程文件的要求。根据选择的文件格式，设置相应的导出选项。例如，在OBJ格式中，可以设置是否保存材质和纹理，是否合并顶点等；在FBX格式中，可以设置是否保存动画、灯光等。注意确保目标文件夹存在，并且文件名中不包含特殊字符。

点击“保存”或“导出”按钮，3ds Max将开始导出选定的模型。导出的过程可能需要一些时间，具体时间取决于模型的复杂度和导出格式的选择。

2.1.5 归档

3ds Max场景支持多种文件格式。如果要与其他人交换场景或为了归档而存储场景，通常就不能只保存场景文件，需要将3ds Max软件中的项目文件、贴图、材质等相关内容进行整理和保存，归档是为了方便后续的查找、备份以及共享。使用“文件”→“归档”菜单命令，可将场景文件和场景中使用的所有位图文件传递给与PKZIP软件兼容的归档程序。

归档时保存的文件格式默认为ZIP，这是因为归档是将文件的所有数据压缩到一个ZIP文件中，包括贴图、模型或其他文件（比如广域网文件）等。解压归档文件时，要将所有数据一起解压到一个文件夹，保证所有数据都在一个文件夹中，这样在打开3ds Max文件时，其他数据才能提供支持。

在3ds Max主界面的顶部菜单栏中，单击“文件”菜单（或者按快捷键<Alt + T>快速打开）。

在下拉菜单中，选择“保存”选项，然后进一步选择“另存为”下的“归档”（图2-5）（在英文版的3ds Max中，这一选项可能位于“File”下拉菜单的选项中，具体位置可能因版本而异）。

在弹出的对话框中，浏览并选择保存归档文件的位置。为归档文件输入名称，然后单击“保存”按钮。

2.1.6 自动保存

在3ds Max中使用自动保存功能是一个重要的步骤，可以通过有效地设置和管理3ds Max的自动保存功能，从而保护项目工程文件，使其免受意外情况的影响，它可以使软件在遇到意外情况（如软件崩溃、电脑突然关机等）时尽可能减少数据丢失的风险。

3ds Max在工作时会自动保存文件，备份文件的名称为 AutoBackupN.max，其中N是一个从1到99的数字，默认情况下该文件将存储在autoback文件夹中，自动保存文件的默认路径是：我的文档\3ds Max\autoback。

除系统默认的路径之外，还可自定义3ds Max软件自动保存文件的文件夹位置。在3ds Max主界面的顶部菜单栏中，逐次单击工具栏上的“自定义”→“配置项目路径”→“文件I/O”→“项目文件夹”，点击旁边的“修改”，修改默认保存路径并保存即可（图2-6）。

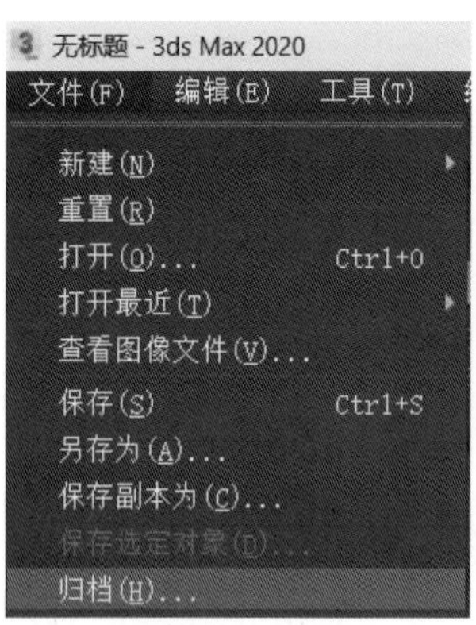

图2-5　归档

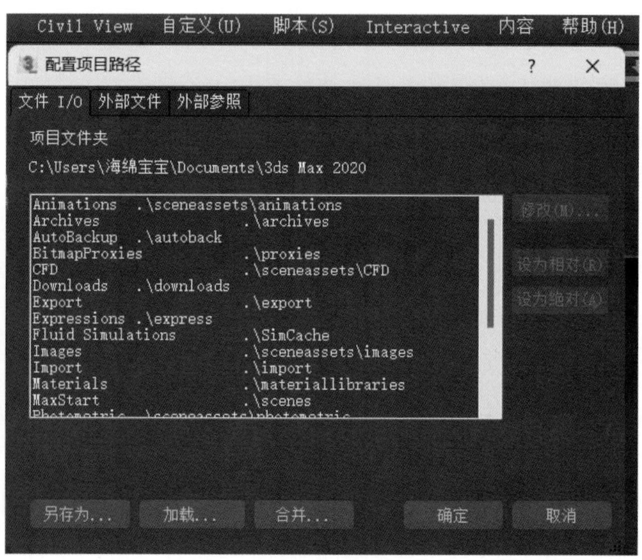

图2-6　配置项目路径

2.2 对象的选择

在3ds Max中，选择工具是学习者与场景中的对象进行交互的基础工具之一。在对对象执行某个操作之前，首先需要进行的操作是选中目标对象。因此，选择操作是建模和设置动画过程的基础，它可以帮助用户选择、移动、旋转和缩放对象，以便进行编辑和布局。虽然“选择工具”本身可能不是一个单独的命令或按钮（像移动、旋转或缩放工具那样），但它是通过一系列操作和命令组合来实现的。

❖ 按区域选择：借助于区域选择工具，使用鼠标即可通过轮廓或区域选择一个或多个对象。

❖ 使用按名称选择：点击“按名称选择”命令，打开“从场景选择”对话框，从而无需单击视口便可按对象的指定名称选择对象。

❖ 使用命名选择集：可以为当前选择指定名称，随后通过从列表中选取其名称来重新选择这些对象。

❖ 使用选择过滤器：可以使用主工具栏上的“选择过滤器”列表来禁用特定类别对象的选择。默认情况下，可以选择所有类别，但可以设置“选择过滤器”，以便仅选择一种类别（例如灯光）。也可以创建过滤器组合并将其添加至列表中。

❖ 使用轨迹视图进行选择：“轨迹视图”提供了用于编辑动画轨迹的高级方法。此外，该视图的“层次”列表按名称和层次显示场景中的所有对象。使用“轨迹视图”，可以通过单击“层次”列表中的对象图标选择场景中的任一对象。

❖ 使用图解视图进行选择：“图解视图”是一个窗口，能以层次视图形式显示场景中的对象。该视图提供了在场景中选择对象并导航至这些对象的另外一种方式。

❖ 冻结和解冻对象：可以冻结场景中的任一对象。默认情况下，无论是在线框模式还是在渲染模式下，冻结对象都会变成深灰色。这些对象仍保持可见，但无法被选择，因此不能直接对其进行变换或修改。冻结功能可以防止对象被意外编辑，并可以加速重画。

❖ 按选择隐藏和取消隐藏对象：可以隐藏场景中的任一单个对象。这些对象将从视图中消失，使得选择其余对象更加容易。隐藏对象还可以加速重画。可以同时取消隐藏所有对象，或按单个对象名称取消隐藏所有对象。也可以按类别过滤列表内容，以便只列出特定类型的隐藏对象。

❖ 按类别隐藏和取消隐藏对象：可以按类别（对象的基本类型）隐藏对象。例如，可以同时隐藏场景中的所有灯光、所有图形或任意类别组合。隐藏所有类别后，场景看起来是空的。隐藏的对象虽然不显示，但仍继续作为场景中几何体的一部分存在，只是无法对其进行选择。

❖ “孤立当前选择”工具：将暂时隐藏除了正在处理的对象以外的所有对象。

2.2.1 直接选择

在用户界面中，选择命令或功能显示在以下区域中：主工具栏、“编辑”菜单、四元菜单（选定对象时）、“工具”菜单、轨迹视图、“显示”面板、“修改”面板、功能区、“图解”视图、场景资源管理器。

- ❖ 单击选择：使用鼠标左键单击对象可以直接选择它。
- ❖ 取消选择：按<Alt>键，使用鼠标左键单击对象，或在此对象周围拖出区域以取消选择它。若要取消所有对象，选择“编辑”菜单→“全部不选”，或者在当前选择以外的视口任意空白区域单击。
- ❖ 扩展选择：按<Ctrl>键（在Windows上）或<Cmd>键（在Mac上）并单击鼠标左键，可以添加选择对象或取消选择对象。例如，如果已选定两个对象，然后按<Ctrl>键并单击选择第三个对象，则第三个对象将被添加到选择中，要从选择中移除对象，使用<Alt>。按<Ctrl>键也可以用于按区域选择。
- ❖ 框选：长按鼠标左键来创建一个选择框，与虚线框相交的对象将会被选中。
- ❖ 选择所有对象：选择“编辑”菜单 →“全选”，或在键盘上按下<Ctrl + A>组合键。
- ❖ 反转选择：选择“编辑”菜单 →“反选”。例如，假定开始时在场景中有三个对象，已选定其中两个，选择“反选”或按<Ctrl + I>键后，这两个对象会被取消选择，而剩下的一个对象将被选择。
- ❖ 锁定选择：选择对象，单击状态栏上的“选择锁定切换”可以启用锁定的选择模式，或按<Ctrl + Shift + N>组合键。如果要取消或改变选择对象，要再次单击“选择锁定切换”按钮禁用锁定选择模式。

“从场景选择”对话框方便易用，而“编辑”菜单提供了更多常规选择命令，以及按属性选择对象的方法。主工具栏有多个选择模式工具（任何工具处于活动状态时，可通过单击这些工具来选择对象），如下所示：

选择对象；按名称选择；选择并移动；选择并旋转；选择并缩放；选择并操纵。

仅需要进行选择时，可使用这些选择工具中的“选择对象”。使用其余工具，可以进行选择并变换（或操纵）。

2.2.2 按名称选择

在3ds Max中，按名称选择对象是一种高效且方便的方法，尤其是当场景中包含大量对象且需要精确选择特定对象时。可以通过场景资源管理器或“选择对象”对话框，通过名称来查找和选择对象。以下是两种按名称选择对象的具体步骤。

第一种，在3ds Max的工具栏中，单击“按名称选择”打开“从场景选择”的对话框。默认情况下，对话框中将列出场景中的所有对象，所有选定的对象会在列表中显示。

选择多个连续的对象：在“从场景选择”列表中长按鼠标左键拖动，即可选择多个连续的对象。

选择多个不连续的对象：打开“从场景选择”列表后，按<Ctrl>键，再选择对象即可。如果要将已选对象从选中的名单中减去，按<Alt>键，再用鼠标左键单击需要取消的对象，即可将目标对象从选中的范围中减去。

第二种，选择“编辑”菜单→“选择方式”→“名称”。或使用Alt菜单系统，在菜单栏的“选择”菜单下，选择“按名称选择”，同样会打开“从场景选择”对话框。

2.2.3 过滤选择

在3ds Max中，过滤选择主要用于筛选和选择场景中特定类型的对象。可以使用主工具栏上的“选择过滤器”列表来禁止特定类别对象的选择。默认情况为选择所有类别，但可以设置“选择过滤器”，以便仅选择一种类别。也可以创建过滤器组合并将其添加至列表中。具体方法有以下两种。

第一种，单击“选择过滤器”箭头，然后从“选择过滤器”列表中单击类别。可用类别包括：几何体（包括网格、面片以及该列表未明确包括的其他类型对象）、点、图形、灯光、辅助对象、摄影机、骨骼、扭曲、IK链对象、组合（显示用于创建自定义过滤器的“过滤器组合”对话框）。

在“选择过滤器”列表中选择“组合”以显示“过滤器组合”对话框，选择要组合的类别，单击“添加”，组合名称将以各类别首字母缩写的形式显示在右侧列表中，单击“确定”。如果选择了几何体、摄影机，则组合的名称为“GC”，该名称也会显示在下拉列表中“组合”的下方。

第二种，按<Shift + G>键隐藏几何体，重复操作则为显示几何体，按<Shift + S>键表示隐藏或显示图形，按<Shift + L>键表示隐藏或显示灯光，按<Shift + C>键表示隐藏或显示相机。

2.2.4 区域选择

在3ds Max中，区域选择作为一项核心功能，广泛应用于处理繁复场景或执行批量对象选择操作的场景中。利用区域选择工具，便能够借助鼠标的操作，通过描绘轮廓或指定区域来选定一个或多个对象。

在标准操作模式下，拖动鼠标将自动生成一个矩形选区，一旦释放鼠标按键，该选区内以及边界接触到的所有对象均会被自动选定。

如果在指定区域时按<Ctrl>键，则影响的对象将被添加到当前选择中。反之，如果在指定区域时按<Alt>键，则影响的对象将从当前选择中移除。

设置区域选项用于指定是否选择已经被曲边边界所触及的对象。选择“编辑”

菜单→“区域”可显示“交叉”“窗口”两项子菜单，或点击工具栏上的“窗口/交叉”在两种模式之间进行切换。

“交叉”（默认）：选择位于区域内并与区域边界交叉的所有对象。

“窗口”：只选择完全位于区域之内的对象。

点击“按名称选择”按钮右侧的“区域”弹出按钮设置拖动鼠标时所定义的区域类型。共有圆形区域、矩形区域、围栏区域、套索区域、绘制区域五种类型（图2-7）。

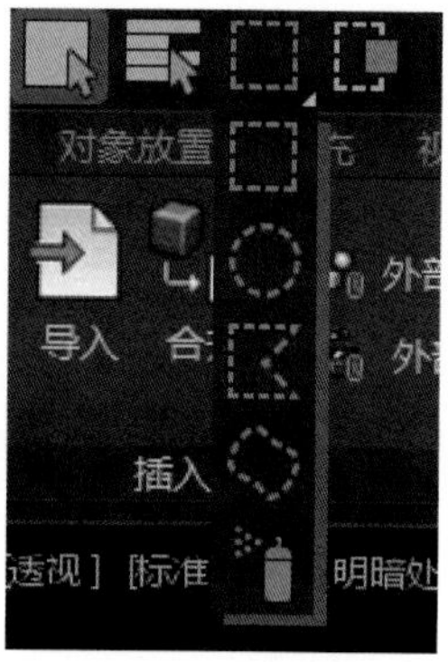

图2-7　区域类型

可以使用矩形区域选择面对象，使用圆形区域选择顶点对象，使用绘制区域选择面对象，使用围栏区域选择边对象，使用套索区域选择边对象。

高级选择技巧是使用快捷键，例如<Ctrl + I>可以反转选择，即选择当前未选中的对象。在复杂场景中，如果只想选择特定类型的对象（如网格、灯光等），可以利用3ds Max的选择过滤器功能来限制选择范围，此部分在2.2.3小节中有详细介绍。

2.3 对象的基本变换

在3ds Max中，对象的基本变换主要包括移动、旋转和缩放，这些是3D建模和设计中基础且核心的功能。

2.3.1 认识坐标系

世界坐标系：也称全局坐标系，构成了所有物体在三维空间中的基础参照架构。其属性设定固定不变，确保了所有新创建的物体在位置、旋转及尺寸上的度量均以此统一坐标系为基准。该坐标系通常被置于视口中心，遵循“上北下南，左西右东”的方位原则，且Z轴指向视口外部空间。

局部坐标系：也称物体坐标系，是相对于所选物体的坐标系。当物体被选择时，局部坐标系将会被激活，可以基于该物体的坐标系修改其位置、旋转和大小。局部坐标系会随着物体的移动、旋转和缩放而改变。

屏幕坐标系：将活动视口屏幕作为坐标系。在活动视口中，X轴永远在视图的水平方向且正向向右，Y轴永远在视图的垂直方向且正向向上，Z轴永远垂直于屏幕。

视图坐标系：结合了世界坐标系和屏幕坐标系的特性。在正交视图（如前视图、俯视图、左视图等）中，类似于屏幕坐标系；而在透视视图等非正交视图中，则类似于世界坐标系。

拾取坐标系：选择场景中某个对象的坐标系后，所有后续操作都将基于该对象的坐标系进行。这允许用户根据特定对象的坐标系统来定位和调整其他物体。

物体轴心的作用和控制：每个对象有且仅有一个轴心，轴心位置决定了对象的位置，对象移动围绕轴心进行。

修改单个物体轴心：层次面板→调整轴→仅影响轴→使用移动工具改变轴心位置（图2-8）。

仅影响轴重置单个物体轴心：层次面板→调整轴→仅影响轴→重置轴（图2-8）。

仅影响轴将单个物体轴心移动到中心：层次面板→调整轴→仅影响轴→居中到对象→仅影响轴（图2-8）。

多个物体轴心的控制：茶壶（子）的坐标系以长方体（父）的坐标系为坐标系，父对象的变换会影响子对象，子对象的变换不会影响父对象。画出虚线连接到长方体（长方体是父）。

选中茶壶（茶壶是子），在主工具栏的选择并链接（图2-9）。

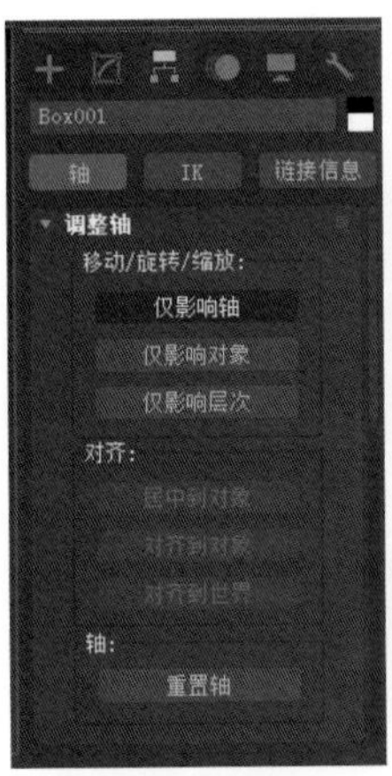

图2-8　轴

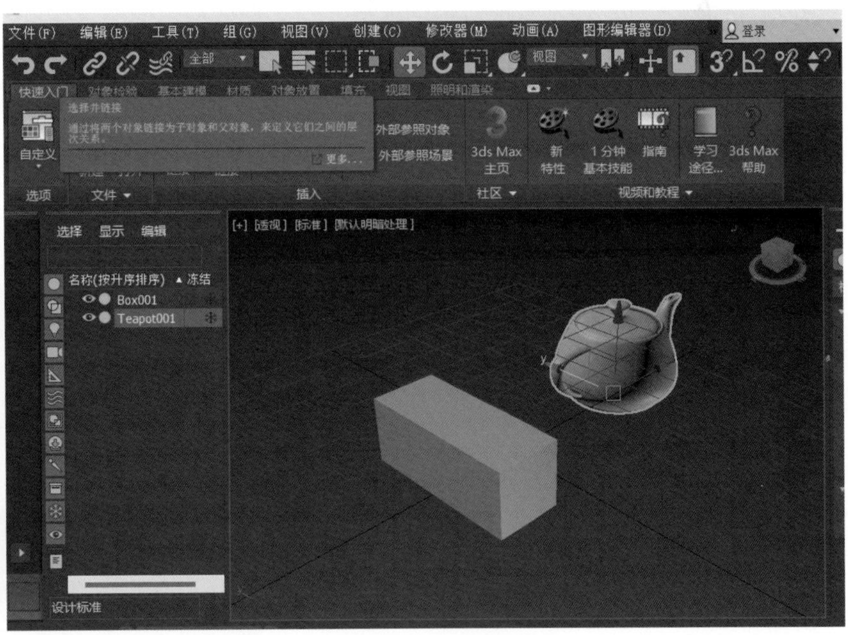

图2-9　链接对象

2.3.2 对象的移动

在3ds Max视图中，使用选择工具来选择对象，或者按住<Ctrl>键并单击来选择多个对象。在工具栏中找到并点击“移动”工具（图2-10），或者按<W>键来快速激活移动工具。在移动工具激活的情况下，点击并拖动鼠标来移动对象。或者使用方向键（上、下、左、右）来控制对象的移动方向。加号和减号键可以用来调整对象的移动速度。在移动工具激活状态下，还可以在3ds Max的参数编辑器中输入精确的移动数值，以实现对对象的精确控制。

2.3.3 对象的旋转

在3ds Max视图中，使用选择工具来选择对象，或者按住<Ctrl>键并单击来选择多个对象。在工具栏中找到并点击“旋转”工具（图2-10），该工具通常显示为旋转箭头的图标。或者按<E>键来快速激活旋转工具，使用鼠标拖动旋转控件来实时旋转对象。在移动工具激活状态下，还可以在3ds Max的参数编辑器中输入精确的旋转角度，以实现对对象的精确控制，或拖动滑块来调整对象的旋转角度。在旋转对象时可长按<Shift>键进行角度约束，使旋转角度更精确。

2.3.4 对象的缩放

在3ds Max视图中，使用选择工具来选择对象，或者按<Ctrl>键并单击来选择多个对象。在工具栏中找到并点击“缩放”工具（图2-10），或者按<R>键切换至缩放模式，点击并拖动缩放工具，即可实现对象的缩放。为了保持均匀的缩放比例，可以长按<Shift>键进行拖动。在移动工具激活状态下，还可以在3ds Max的参数编辑器中输入精确的缩放数值，或使用滑块来调整对象的缩放比例。

2.3.5 对象的放置

使用“选择并放置”工具将对象准确地定位到另一个对象的曲面上。此方法大致相当于“自动栅格”选项，但随时可以使用，而不仅限于在创建对象时。在3ds Max视图中，使用选择工具来选择目标对象，在工具栏中找到并点击“选择并放置”工具（图2-11），也可以单击“编辑”菜单→“放置”或者用鼠标右键单击对象，在四元菜单中点击“变换”→“放置”。

图2-10 移动、旋转、缩放

图2-11 放置对象

当放置工具处于活动状态时，单击选择目标对象茶壶，并拖动鼠标将该对象移至桌面立方体上，模型将会自动吸附至桌面上（图2-12）。默认情况下“放置”设置为“使用基础对象作为轴心”。如果需要调整茶壶在桌面上的角度，长按工具栏中的“选择并放置”，然后选择“选择并旋转”，就可以在平面上进行角度的准确旋转。

图2-12 移动对象

2.4 视图的相关操作

在3ds Max中，主要有四种基本视图：顶视图、前视图、左视图和透视图。

❖ 顶视图：显示模型的顶部视角，主要用于观察模型的顶部结构和布局。

❖ 前视图：显示模型的前方视角，主要用于观察模型的正面和细节。

❖ 左视图：显示模型的左侧视角，主要用于理解模型的侧面结构和轮廓。

❖ 透视图：显示三维空间的全方位视角，是建模和渲染时最常用的视图。

视图的管理主要通过视图窗口来实现。在3ds Max界面中，这些视图窗口通常位于屏幕的四个角落。可以通过点击和拖动这些窗口来调整视图大小和位置，以便更好地观察模型，以下是视图的切换与调整方法。

❖ 鼠标滚轮切换：将鼠标放在视图窗口的边缘，按住滚轮并拖动鼠标，可以切换到不同的视图。

❖ 快捷键切换：使用快捷键可以快速切换到相应的视图。<T>键切换顶视图，<F>键切换前视图，<L>键切换左视图，<P>键切换透视图。

❖ 鼠标中键旋转：在视图窗口中，先按住<Alt>键，再按住鼠标中键（滚轮）并移动鼠标，旋转视图。

❖ 视图导航工具旋转：在顶部菜单栏中选择“视图”→“导航”→“视图导航”，在视图导航工具中选择“旋转”选项，通过单击鼠标左键并拖动来旋转视图。

❖ 快捷键旋转：使用<Alt + 鼠标中键（滚轮）>组合键也可以进行视图旋转操作。

❖ 平移：在视图窗口中，按住鼠标左键并拖动，可以平移视图。也可以使用导航工具或按<Ctrl + P>组合键实现平移。

❖ 缩放：在视图窗口中，按住<Ctrl>键并滚动鼠标滚轮，缩放视图。也可以使用导航工具的缩放功能或快捷键（如<Alt + 鼠标右键>拖动）实现缩放操作。

2.5 组

在3ds Max中，组命令将场景中的对象任意设置合并作为整体进行操纵。“组”菜单→“集合”子菜单中提供了用于管理集合的命令。使用集合可以创建几何体和用作照明设备的灯光对象的组合；可以用集合来代表一盏灯及其灯源或源的容器。集合最适用于诸如照明设备的关节模型；角色集合专门用于建立两足动物角色的模型。

创建组的具体步骤：在主视口上选择所有需要分组的对象。单击鼠标右键，进入菜单，选择“组”→“创建”。在弹出窗口中设置名称，并可以选择设置其他属性来定义组。点击“应用”按钮来应用组的属性，然后点击“完成”按钮来结束分组操作。

解散组的具体步骤：在主视口中选择需要解散的组，点击右键进入菜单，选择“组”→“解散组”。在弹出的对话框中点击“是”按钮来确认解散组的操作。组中包含的所有个体对象可以被单独选择，进行移动、旋转和缩放等操作。

2.6 对象的复制

在3ds Max中，复制对象是一个常用且重要的操作，它可以快速生成项目所需要的重复元素。以下是三种常用方法。

第一种，利用快捷键，按<Ctrl + C>（复制）组合键将对象复制到系统剪贴板中，在场景中的合适位置按<Ctrl + V>（粘贴）组合键，将对象粘贴至目标场景中。

第二种，使用编辑菜单，在“菜单”中，单击“编辑”选项→“复制”菜单项来复制选定的对象。再次点击“编辑”选项，选择“粘贴”菜单项，将对象粘贴至目标场景中。

第三种，在选定的对象上单击鼠标右键，在弹出窗口中选择“复制”来复制对象。然后在场景中的合适位置点击鼠标右键，选择“粘贴”选项，将对象粘贴至目标场景中。

2.6.1 克隆

在3ds Max的视图中选中需要克隆的目标物体，在界面上点击“克隆”，或者通过快捷键<Ctrl + V>（注意，这与常规复制粘贴的快捷键有所不同，在3ds Max中用于克隆操作）打开克隆对话框（图2-13），选择克隆方式（图2-14）。

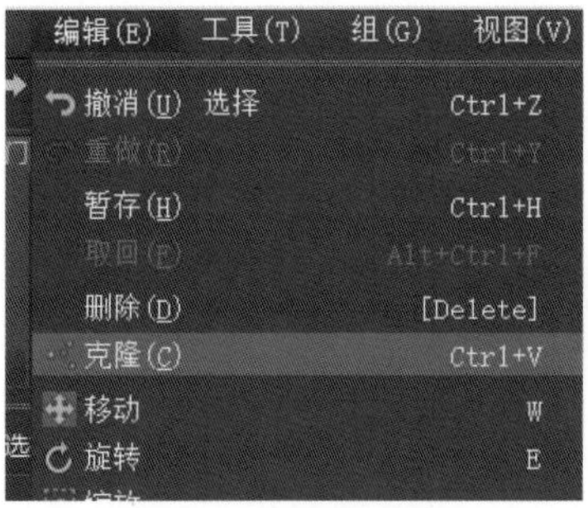

图2-13　点击克隆

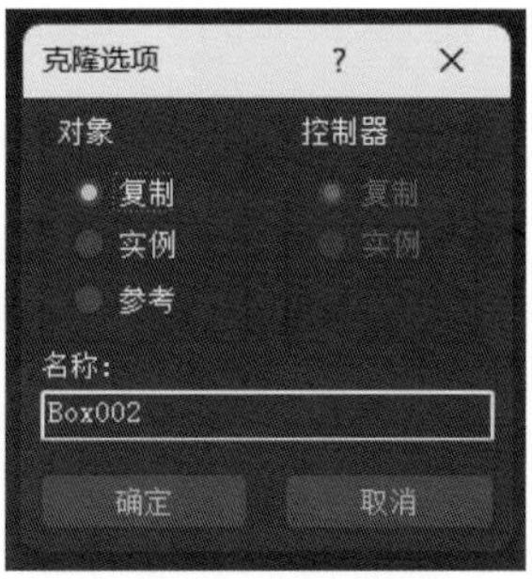

图2-14　克隆选项

❖ 复制：选择“复制”选项，将会创建一个与原始物体相同的完全独立的副本。对原始物体或副本进行任何修改都不会影响另一个。

❖ 实例：选择“实例”选项，克隆出的物体将与原始物体共享相同的参数和修改器。对其中一个的修改会反映到另一个上。

❖ 参考：选择“参考”选项，克隆出的物体将作为原始物体的参考。如果原始对象被加载了修改器，参考对象也会受到影响。

在克隆对话框中，还可以设置克隆物体的位置（如通过偏移量设置）和旋转角度。点击“确定”或“应用”按钮，完成克隆操作。在3ds Max中，除了通过菜单命令进行克隆外，还可以选中要克隆的物体，长按<Shift>键，同时按住鼠标左键拖动物体进行克隆。

2.6.2 镜像

在3ds Max的“编辑”菜单中用鼠标左键单击“镜像”选项（如果“镜像”工具未直接显示在工具栏上，可以通过点击“修改”→“配置修改器集”，在弹出的选项栏中找到“镜像”，并将其拖动到右侧的工具栏中）。在弹出的“镜像”对话框中，选择合适的镜像轴（X轴、Y轴、Z轴），根据项目的具体需求进行选择。

❖ 镜像方式：选择“实例”选项会创建一个与原模型相关联的副本，任何改变都会同时应用到两个模型上；选择“复制”选项则会直接创建一个独立的副本，改变一个模型不会影响到另一个模型。

❖ 设置偏移量：偏移量是指模型到镜像轴的距离，用于调整模型的位置。

❖ 执行镜像：设置参数后，单击“确定”按钮，系统会将镜像操作自动应用到目标对象上。

2.6.3 阵列

阵列是一种在三维空间中按照一定的规则重复复制选定对象的技术。在3ds Max中，可以通过设置不同的参数来创建直线型、环形或路径型的阵列效果。

❖ 直线型阵列：沿着一条直线方向复制对象。可以设置实例数量、间隔距离等参数。

❖ 环形阵列：对象围绕某个中心点呈环形分布。可以设置实例数量、半径、旋转角度等参数。

❖ 路径型阵列：对象沿着指定的曲线路径分布。需要先创建一条曲线路径，然后在阵列选项中选择该路径。

以环形阵列为例。首先调整目标对象的坐标轴，依次单击“层次”图标→“轴”→“仅影响轴”。将坐标轴移至旋转的中心点。点击菜单栏中的“工具”→“阵列”（图2-15）。

也可以在工具栏中直接点击阵列图标（如果不显示阵列图标，可以用鼠标右键单击工具栏空白处，选择“附加”，并将其拖拽至工具栏中），在弹出的阵列对话框中将Z轴数据更改为360度（图2-16）。

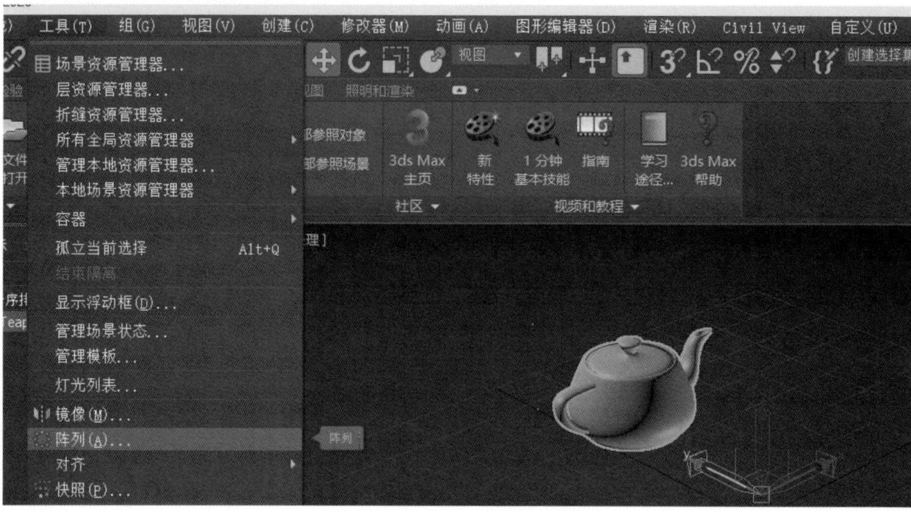

图2-15 阵列

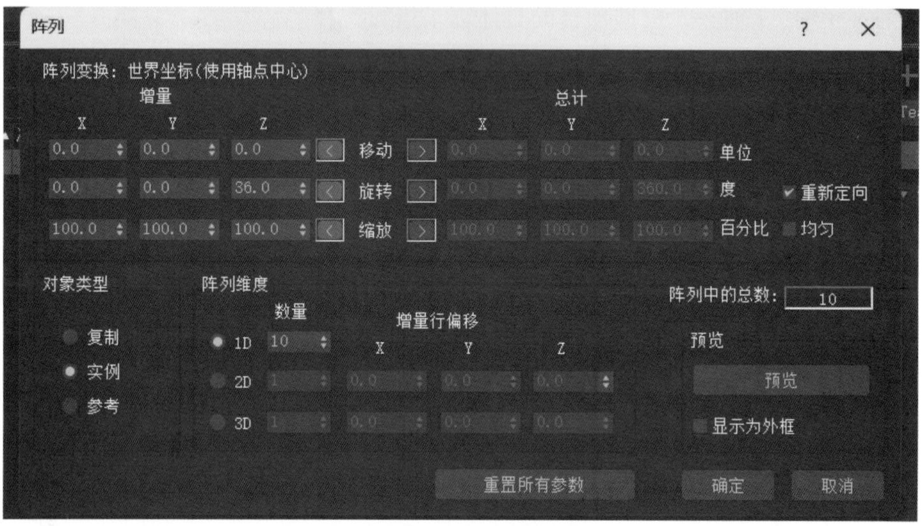

图2-16 阵列数据

2.6.4 间隔工具

间隔工具能够基于用户指定的路径（样条线或两个点）来分布对象。这些对象可以是当前选定对象的副本、实例或参考。通过调整参数，可以精确地控制对象之间的间隔、对象与路径始端和末端的偏移量，以及对象的轴点是否与样条线的切线对齐。

在场景中绘制一条曲线路径（样条线）和一个或多个需要分布的对象。选择需要分布的目标对象，在“工具”菜单中，选择“对齐”→“间隔工具”（图2-17）（如果使用Alt菜单系统，则可能需要在“编辑”菜单中查找）。在“间隔工具”对话框中，单击“拾取路径”，将已绘制的样条线作为分布路径（图2-17）。如果选择“拾取点”，则需要拾取两个点来定义一条路径。

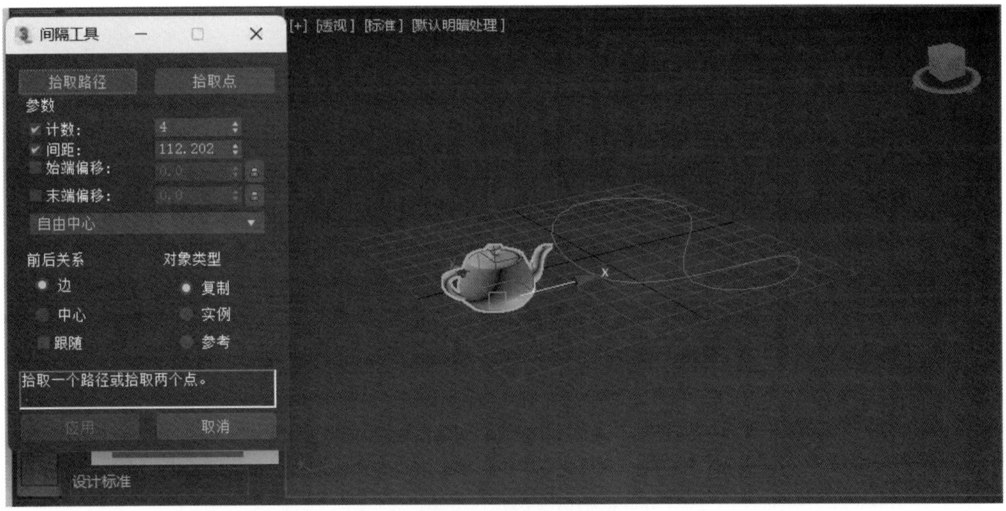

图2-17　间隔工具

在“间隔工具”对话框中，设置以下参数来控制对象的分布情况。

❖ 计数：指定分布对象的数量。

❖ 间隔：指定对象之间的间隔。

❖ 始端偏移和末端偏移：指定对象相对于路径始端和末端的偏移量。

❖ 前后关系：选择“边”或“中心”来确定对象之间的间隔是基于边界框的相对边还是中心。

还可以启用“跟随”选项，使对象的轴点与样条线的切线对齐。设置好参数后，单击“应用”按钮来分布对象（图2-18）。3ds Max会根据指定的路径和参数来复制实例或参考对象，并将它们放置在路径上。

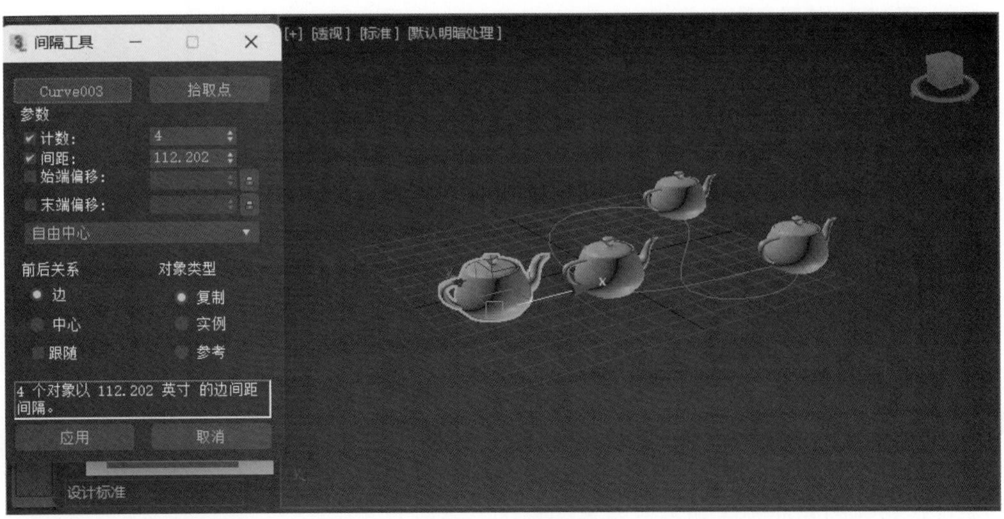

图2-18　应用效果

2.6.5 快照

快照功能主要用于记录场景或对象在特定时间点的状态，包括位置、旋转、缩放等属性，以及材质、灯光等设置。这对于动画制作、场景调整或版本控制等非常有用。

要使用“快照”克隆对象，该对象必须已设置了动画。可以从路径上的任意帧处使用“快照”。“自动关键点”对“快照”没有任何影响，因为“快照”创建静态克隆而非动画。

图2-19 快照

点击“工具”菜单→“快照”（图2-19）。在打开的“快照”面板或对话框中，设置快照的参数，包括保存路径、文件名、快照类型等。根据需要，还可以选择快照的克隆方法（如复制、实例、参考或网）和快照的范围（如整个动画或特定时间范围）。网格是对象的几何体表示，而复制和实例是创建新对象的方法。选用复制，可创建一个与源对象几何体相同但完全独立的新对象。选用实例，可创建一个与源对象几何体相同且相互关联的新对象（图2-20）。

如果对象先被设置了沿路径运动的动画，那么通过“快照”功能可以创建出一摞对象（图2-21）。

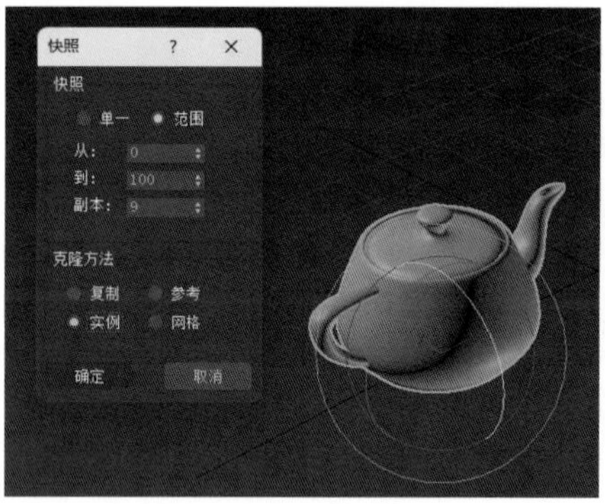

图2-20 快照参数

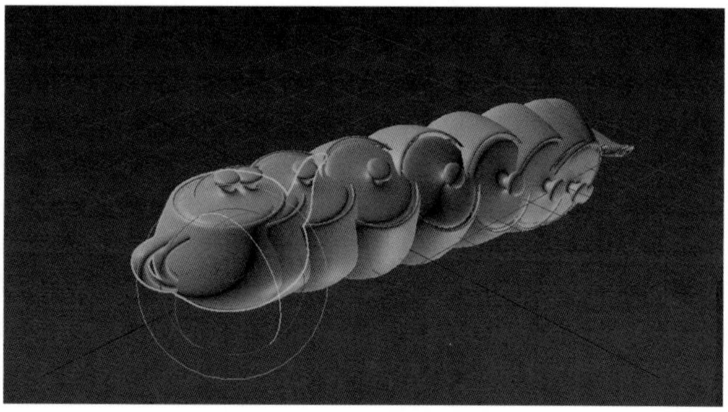
图2-21 “快照”茶壶

2.7 对齐

对齐操作是指将两个或多个物体移动到同一水平面上，可以通过捕捉工具、均值对齐等多种方法来实现。选中需要对齐的物体，点击工具栏中的“对齐工具”按钮，或使用快捷键<Alt + A>。在对齐工具面板中，选择“对齐”，根据项目需求依次选择对齐的基准物体和需要对齐的物体，完成对齐操作（图2-22）。

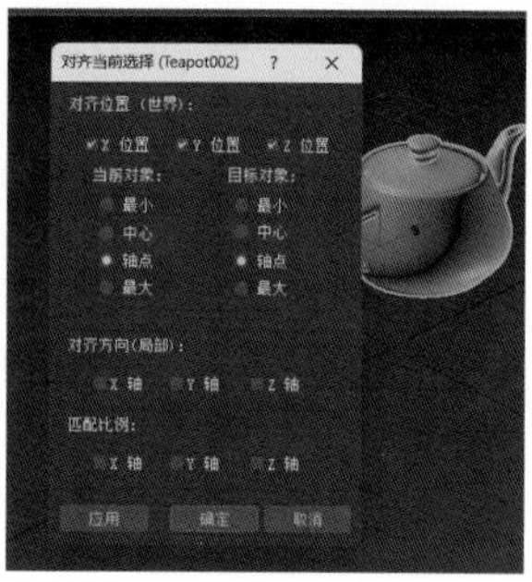

图2-22 对齐

2.8 捕捉

捕捉功能在3ds Max中主要用于在创建、移动、旋转和缩放对象时提供附加控制，通过使光标“跳”到现有几何体和其他场景元素的特定部分来实现精确对齐。

通过单击主工具栏“捕捉”按钮，或者在默认菜单中选择“工具”菜单→“栅格和捕捉”，或者在Alt菜单中选择“场景”菜单→“栅格和捕捉”启用捕捉，然后右键单击按钮显示“栅格和捕捉设置”对话框。按<S>键按需要启用和禁用捕捉。可用捕捉类型：标准（默认设置）、NURBS和实体对象。也可以在捕捉工具栏中调整捕捉设置。

（1）捕捉命令

- ❖ 2D捕捉：捕捉光标仅捕捉到活动构建栅格上的几何体，忽略Z轴，主要用于平面图形的捕捉。
- ❖ 2.5D捕捉：光标捕捉活动栅格上对象投影的顶点或边缘，适用于在二维平面上表现三维对象投影的情况。
- ❖ 3D捕捉：光标直接捕捉到3D空间中的任何几何体，适用于创建和移动所有尺寸的几何体，不受构造平面的限制。
- ❖ 角度捕捉切换：确定多数功能的增量旋转，包括标准“旋转”变换。目标对象将以设置的增量围绕指定轴旋转。
- ❖ 百分比捕捉切换：按指定的百分比增加对象的缩放。
- ❖ 微调器捕捉切换：用于设置3ds Max中所有微调器的一次单击式增加或减少值。
- ❖ 正交捕捉模式：在绘制线形样条线或墙对象时，启用“正交”模式只能绘制与活动栅格线平行的线。
- ❖ 极轴捕捉模式：在绘制线形样条线或墙对象时，极轴捕捉模式将线的创建限制在由“角度捕捉”设置决定的相对于活动栅格的角度增量。

（2）捕捉工具栏中的捕捉设置（精准建模和建筑建模需勾选顶点捕捉、中点捕捉、边/段捕捉）

- ❖ 网格点捕捉：在放置或移动、旋转模型时，自动捕捉到网格的交点，精确定位元素。
- ❖ 垂直面捕捉：在放置或移动、旋转模型时，自动吸附到垂直面上，保证元素的垂直度。
- ❖ 辅助线捕捉：在放置或移动、旋转模型时，使用辅助线来帮助定位和放置模型。
- ❖ 角度捕捉：在旋转模型时，自动捕捉到指定的角度。
- ❖ 平面捕捉：在放置模型时，自动吸附到指定的平面上。
- ❖ 顶点捕捉：捕捉到对象的顶点，适用于需要精确到顶点的建模操作。

- ❖ 边/段捕捉：捕捉到对象的边缘或线段，适用于边缘精确操作。
- ❖ 中点捕捉：捕捉到边或线段的中点，适用于需要对称或中心对齐的建模场景。
- ❖ 面捕捉：捕捉到对象的面，适用于对面进行操作的场景。
- ❖ 面中心捕捉：捕捉到面的中心点，适用于需要精确到面中心的建模操作。

2.9 链接

使用工具栏上的“选择并链接”和“取消链接选择”，创建和移除对象之间的链接（图2-23）。

创建链接的常规过程是构建从子对象到父对象的层次。在工具栏上单击“选择并链接”（图2-23），选择一个或多个对象，将选定对象拖到单个父对象上（图2-24），选定对象即成为父对象的子对象。链接对象后，应用于父对象的所有变换都将同样应用于其子对象。

如果将父对象茶壶缩旋转一定角度，则其子对象茶壶以及子对象和父对象之间的距离也旋转指定角度（图2-25）。单击“取消链接选择”可移除从选定对象到其父对象的链接（图2-23）。

图2-23 链接

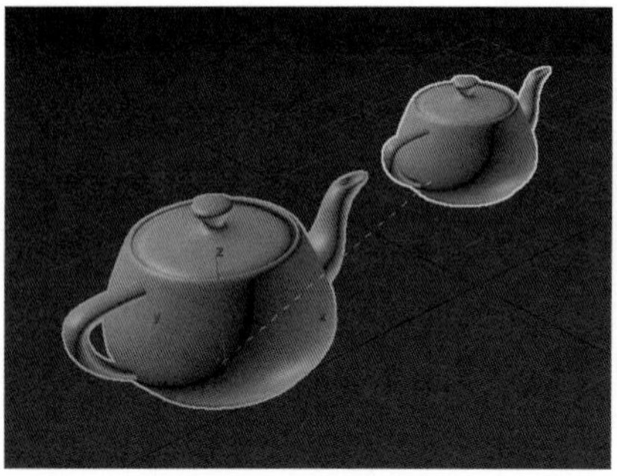

图2-24 链接对象

图2-25 旋转对象

本章习题

一、选择题

1. 以下哪个选项不是3ds Max中默认的四个视图之一？（　）

A. 顶视图　B. 前视图　C. 左视图　D. 面板视图

2. 为了保持均匀的缩放比例，可以长按（　）键进行拖动。

A. Ctrl　B. Alt　C. Shift　D. Ctrl + Alt

3. 在3ds Max中，用于对所选对象进行移动操作的按钮通常位于哪个工具栏？（　）

A. 缩放工具栏　B. 移动工具栏

C. 旋转工具栏　D. 阵列工具栏

二、填空题

1. 在3ds Max中，__________是一种高效且方便的方法，尤其当场景中包含大量对象且需要精确选择特定对象时，使用该方法最为合适。

2. 在3ds Max中切换视图窗口的快捷键：__________。

3. __________能够基于用户指定的路径来分布对象。这些对象可以是当前选定对象的副本、实例或参考。通过调整参数，可以精确地控制对象之间的距离、对象与路径始端和末端的偏移量等细节。

三、简答题

1. 请解释3ds Max中“镜像”工具的作用及使用方法。

2. 在3ds Max中如何导入和导出模型？

四、上机练习题

利用基础命令制作一张桌子。

▶ 习题答案 ◀

第3章

基本几何体

本章内容

3ds Max中提供了丰富的基本几何体，利用这些基本体并结合不同的修改命令，可以完成模型的创建。本章主要介绍3ds Max中的基本几何体的绘制和编辑方法。

学习目标

知识目标：了解基本几何体的类型，理解基本几何体的参数和绘制方法。

能力目标：掌握绘制和编辑基本几何体的方法和技巧。

素质目标：尝试解决问题，锻炼创新思维和问题解决能力；培养细致入微的工作态度，注重细节处理，确保模型的精确度和逼真度。

3.1 标准基本体

标准基本体是3ds Max中最简单的三维模型，也是一些复杂形体创建的基础。在系统默认状态下，单击“创建面板”→“几何体”→“标准基本体”，列表中有11种标准基本体，分别是“长方体”“球体”“圆柱体”“圆环”“茶壶”“圆锥体”“几何球体”“管状体”“四棱锥”“平面”“加强型文本”，如图3-1所示。

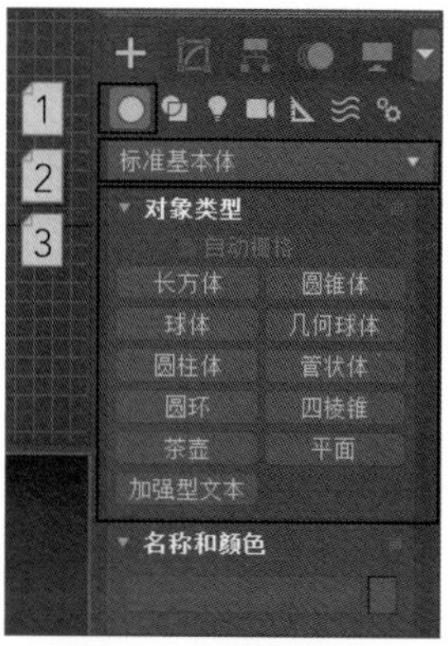

图3-1 标准基本体

3.1.1 标准基本体绘制方法及参数解析

3.1.1.1 长方体

（1）绘制方法

点击“创建面板”，切换到“几何体”选项卡，在“标准基本体”中选择“长方体”，在顶视图中将光标移动到合适位置，单击并按住鼠标左键拖动，绘制长方形，松开鼠标左键向上或者向下移动光标，再次单击左键完成创建，可在参数卷展栏中设置其参数，如图3-2所示。

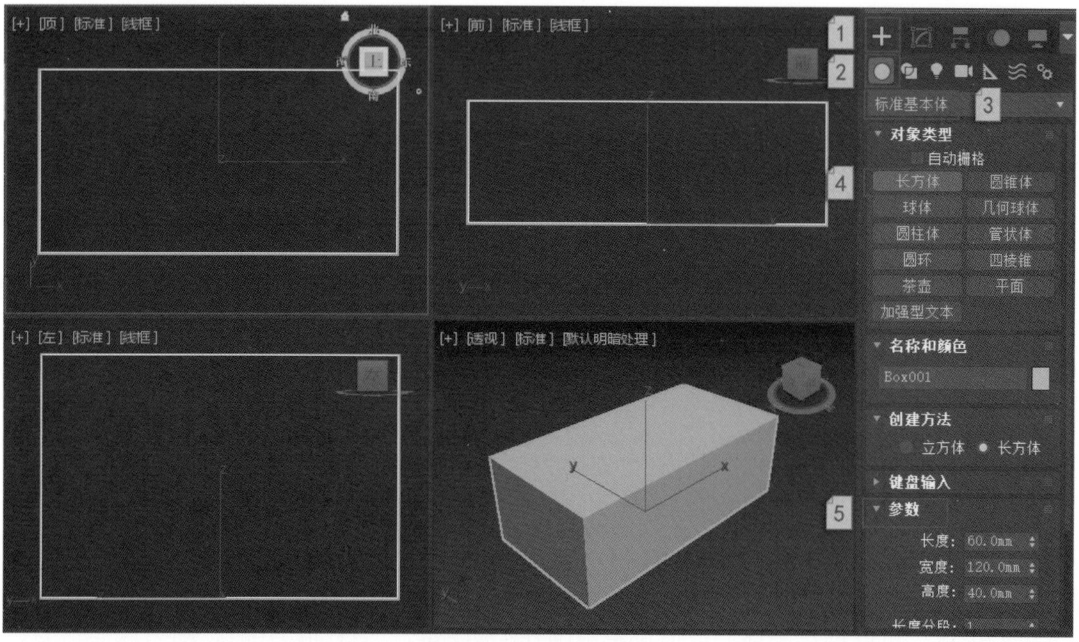

图3-2 创建长方体

（2）常用参数解析

❖ 长度、宽度、高度：设置长方体的长、宽、高数值，调节方式为直接在文本框中输入数值或按住鼠标左键拖拽文本框后的上下箭头按钮。

❖ 长度分段、宽度分段、高度分段：设置长方体的长、宽、高分段，段数越多，表面越光滑。需注意分段数不是越多越好，在不影响形体的情况下，应将分段数调整到最低，否则会影响模型的渲染速度。

3.1.1.2 球体

（1）绘制方法

点击“创建面板”，切换到“几何体”选项卡，再切换到创建“标准基本体”界面，点击“球体”按钮，在顶视图中将光标移动到合适的位置单击并按住鼠标左键拖拽，鼠标单击位置即为球心，拖拽距离为球体半径，松开鼠标即完成创建，可在参数卷展栏中设置其参数，如图3-3所示。

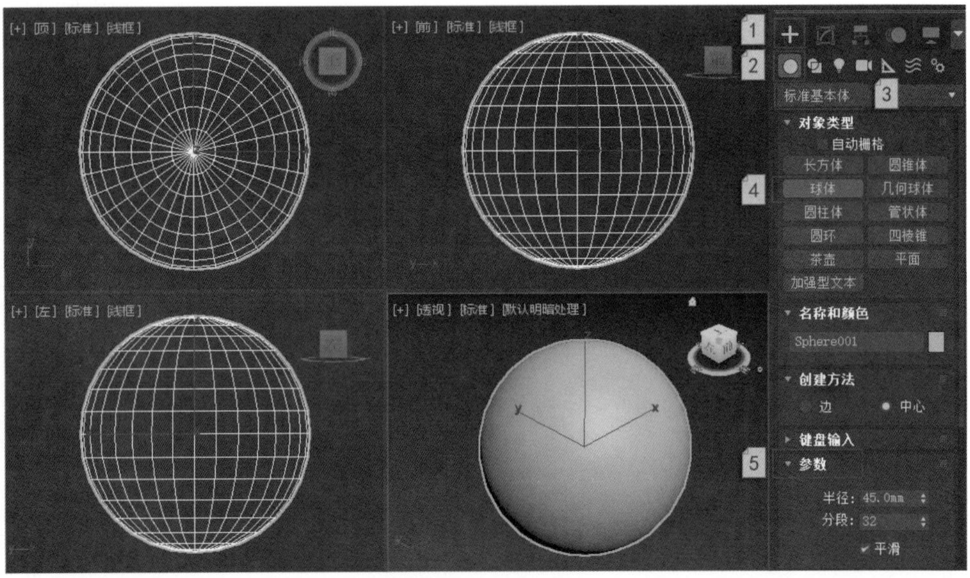

图3-3　创建球体

（2）常用参数解析

❖ 半径：通过调节半径，精确设置球体大小，参数调节方法与长方体的长、宽、高调节方法相同。

❖ 分段：设置球体的分段数，数值越大，球体表面越光滑。

❖ 半球：可以创建半球。数值调整范围在0～1之间，当数值为0时，则为球体；当数值为0.5时，为半球；当数值为1时，则没有球体。

❖ 启用切片：勾选启用切片，可调节切片大小。

3.1.1.3 圆柱体

（1）绘制方法

点击“创建面板”，切换到“几何体”选项卡，再切换到创建“标准基本体”界面，点击“圆柱体”按钮，在顶视图的任意位置单击并按住鼠标左键拖拽，指定圆柱体底部圆形的半径，确定圆柱体的底面；松开左键，继续向上或向下移动鼠标，指定圆柱体的高度；再次单击左键，即完成创建，可在参数卷展栏中设置其参数。创建方法有“边”和“中心”两种方式，系统默认为中心方式，如图3-4所示。

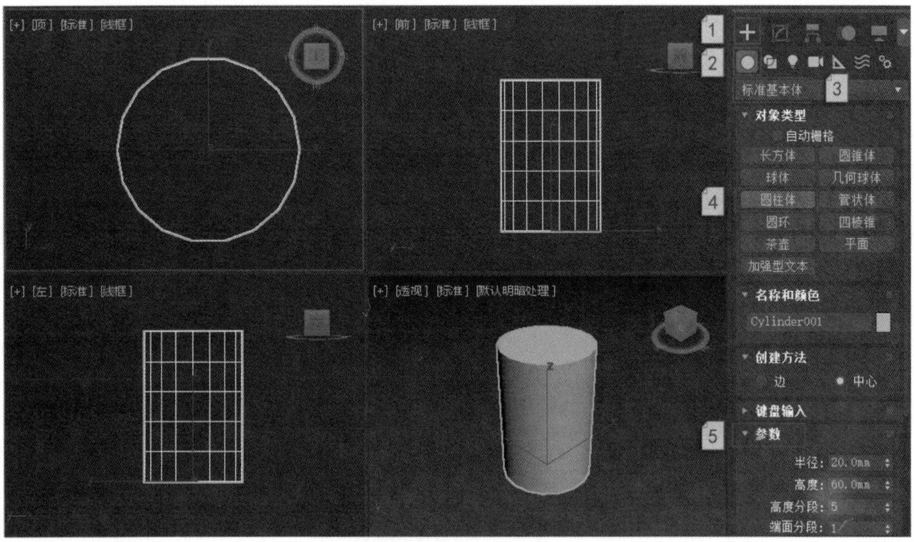

图3-4 创建圆柱体

（2）常用参数解析

❖ 半径：通过调节半径，确定圆柱体的大小。

❖ 高度：通过调节高度，确定圆柱体的高低。

❖ 高度分段：设置圆柱体在高度上的分段数。

❖ 端面分段：设置圆柱体在两端面上沿半径的分段数。

❖ 边数：确定圆周上的分段数，值越大，圆柱体表面越光滑。

❖ 平滑：用于控制是否启用平滑渲染。

❖ 启用切片：用于控制是否启用切片设置，打开后可以在设置中调节切片的大小。

3.1.1.4 圆环

（1）绘制方法

点击“创建面板”，切换到“几何体”选项卡，再切换到创建“标准基本体”界面，点击“圆环”按钮，在顶视图的任意位置单击并按住鼠标左键拖拽，指定圆环的大小；松开左键，继续移动鼠标，指定圆环的粗细；再次单击左键，即完成创建，可在参数卷展栏中设置其参数，如图3-5所示。

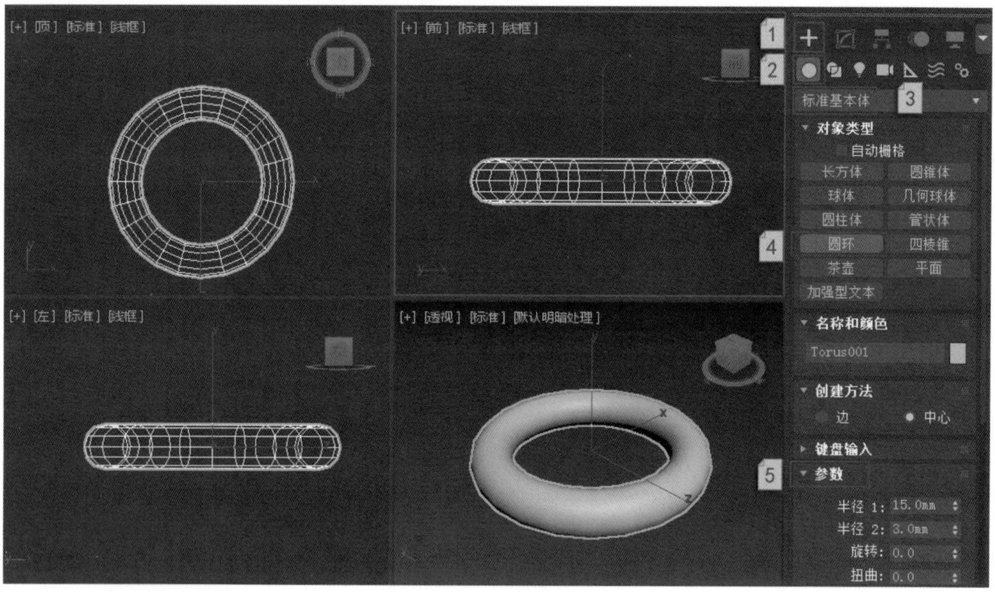

图3-5　创建圆环

（2）常用参数解析

❖ 半径1：设置圆环最外侧的半径。

❖ 半径2：设置圆环最内侧的半径。

❖ 旋转：设置每一片段截面沿圆环轴旋转的角度。

❖ 扭曲：设置每个截面扭曲的度数，产生扭曲表面。

❖ 分段：用来控制圆周上的分段数，值越大，圆环越光滑。

❖ 边数：用来控制截面圆的边数，值越大，圆环截面越接近圆。

❖ 平滑：对圆环进行光滑处理。

❖ 启用切片：用来控制是否启用切片设置，打开后可以在设置中调节切片的大小。

3.1.1.5 茶壶

（1）绘制方法

点击“创建面板”，切换到“几何体”选项卡，再切换到创建“标准基本体”界面，点击“茶壶”按钮。利用“茶壶”命令可以制作茶壶，也可以制作茶壶的某一部分。单击“茶壶”按钮，在顶视图的任意位置单击并按住鼠标左键拖拽，当出现的茶壶大小合适时，松开鼠标左键，即完成创建，可在参数卷展栏中设置其参数，如图3-6所示。

（2）常用参数解析

❖ 半径：半径控制茶壶的大小。

❖ 分段：分段数决定表面精度，数值越大越光滑。

❖ 茶壶部件：茶壶部件有“壶体”“壶把”“壶嘴”“壶盖”四个部分，通过勾选来控制各部件的显示和隐藏。

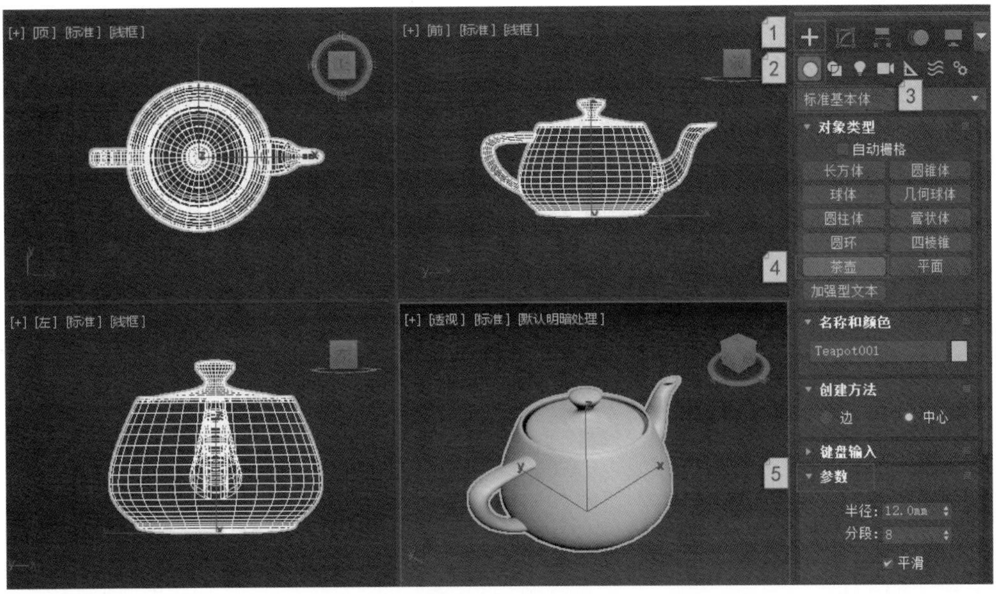

图3-6 创建茶壶

3.1.1.6 圆锥体

（1）绘制方法

点击“创建面板”，切换到“几何体”选项卡，再切换到创建“标准基本体”界面，点击“圆锥体”按钮。在顶视图中单击并按住鼠标左键拖动，至合适位置后松开，确定圆锥的底面，再向上或向下将鼠标移动到合适位置，单击鼠标左键确定圆锥的高度，然后将鼠标移动到合适的位置并单击左键，确定顶面大小，完成创建，可在参数卷展栏中设置其参数，如图3-7所示。

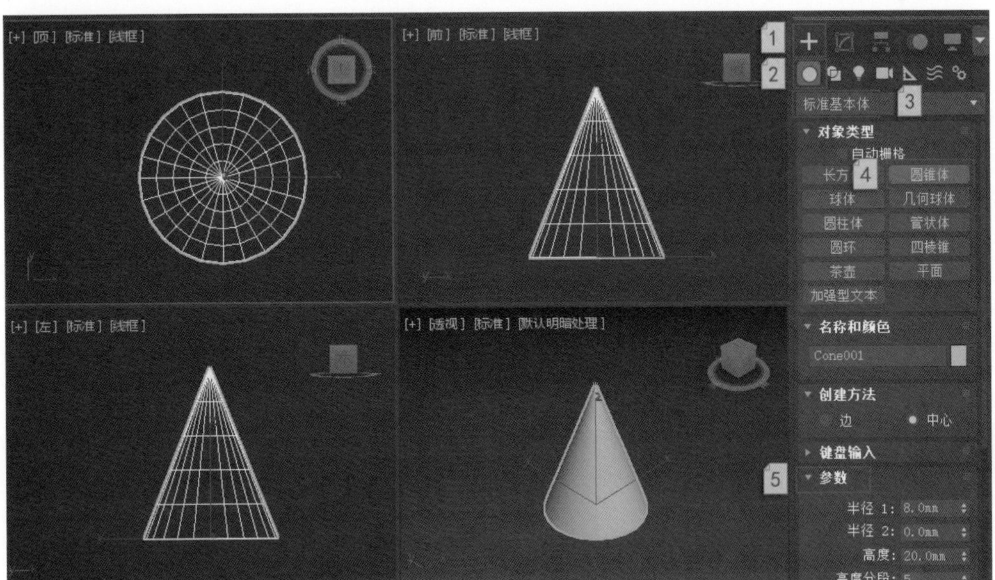

图3-7 创建圆锥体

（2）常用参数解析

❖ 半径1：设置圆锥体底面半径的大小。

❖ 半径2：设置圆锥体顶面半径的大小，当“半径2”为0时可以制作圆锥体，当“半径2”有数值且不等于“半径1”时可以创建圆台，当“半径1”和“半径2”数值相等时可创建圆柱体。

❖ 高度：用来设置圆锥体的高度。

❖ 高度分段：用来设置圆锥体高度上的分段数。

❖ 端面分段：用来设置两个端面沿半径辐射的分段数。

❖ 边数：用来设置端面圆周上的分段数，值越大，圆锥体越光滑。

❖ 平滑：设置表面是否进行光滑处理。当取消平滑时，可以制作棱锥或棱柱，边数是几，就是几棱锥/柱，最小边数为3，边数越多越接近圆锥/柱。

❖ 启用切片：用来控制是否启用切片设置，打开后可以在设置中调节切片的大小。

3.1.1.7 管状体

（1）绘制方法

点击“创建面板”，切换到“几何体”选项卡，再切换到创建“标准基本体”界面，点击“管状体”按钮。在顶视图的任意位置单击并按住鼠标左键拖拽，指定管状体的“半径1”，松开左键，继续推拉鼠标，指定管状体的厚度，单击左键确定，这时会形成一个圆环形面片，向上或向下移动鼠标，指定管状体高度，最后单击左键完成创建，可在参数卷展栏中设置其参数，如图3-8所示。

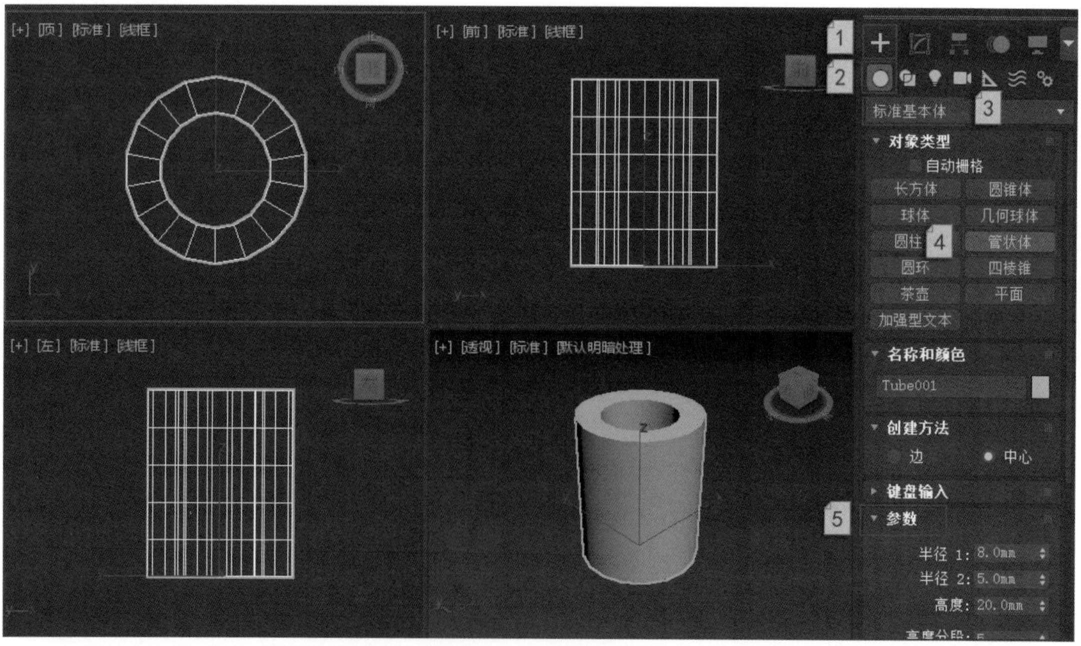

图3-8　创建管状体

（2）常用参数解析

❖ 半径1：设置管状体底面圆环的外径。

❖ 半径2：设置管状体底面圆环的内径。

❖ 高度：设置管状体的高度。

❖ 高度分段：用来设置管状体高度上的分段数。

❖ 端面分段：用来设置管状体上下底面的分段数。

❖ 边数：用来设置管状体圆周上的分段数，值越大，管状体越光滑。

❖ 启用切片：用来控制是否启用切片设置，打开后可以调节切片的大小。

3.1.1.8 平面

（1）绘制方法

点击“创建面板”，切换到“几何体”选项卡，再切换到创建“标准基本体”界面，点击“平面”按钮。在顶视图的任意位置单击并按住鼠标左键拖拽，松开左键，即完成创建，可在参数卷展栏中设置其参数，如图3-9所示。

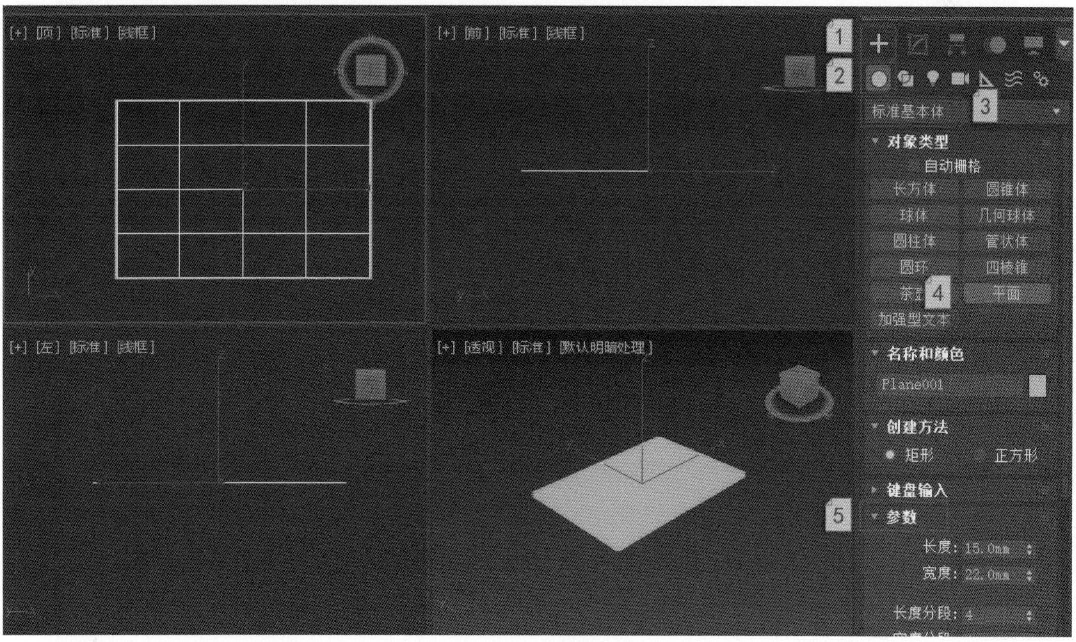

图3-9 创建平面

（2）常用参数解析

❖ 长度、宽度：设置平面的大小。

❖ 长度分段、宽度分段：设置平面长、宽的分段数。

❖ 渲染倍增：用来设置渲染效果的缩放值。

“几何球体”创建方式与“球体”相同，“四棱锥”创建方式与“圆锥”相似，这里不再单独讲解。

3.1.2 标准基本体应用案例——方凳的绘制

▶ 案例视频 ◀

①点击“创建面板”，切换到“几何体”选项卡，再切换到创建“标准基本体”界面，点击“长方体”按钮。在顶视图中创建一个长方体，设置长度为400mm，宽度为300mm，高度为20mm，将颜色设置为黄色，如图3-10所示。

②在顶视图中再创建一个长方体。设置长度为40mm，宽度为40mm，高度为500mm，将颜色设置为白色，并按住<Shift>键，选择实例，复制3个，根据图3-11所示，将其移动到合适的位置。

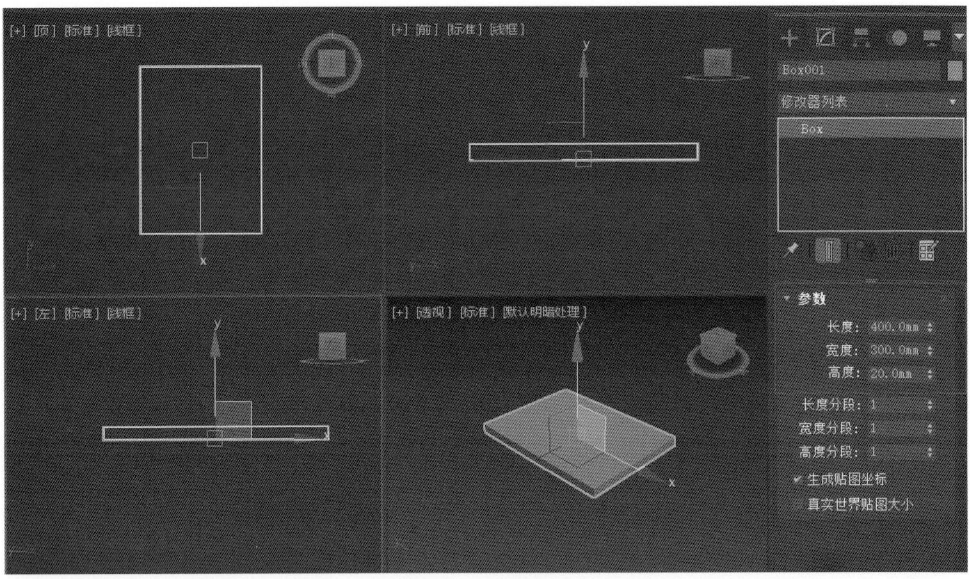

图3-10　创建凳面

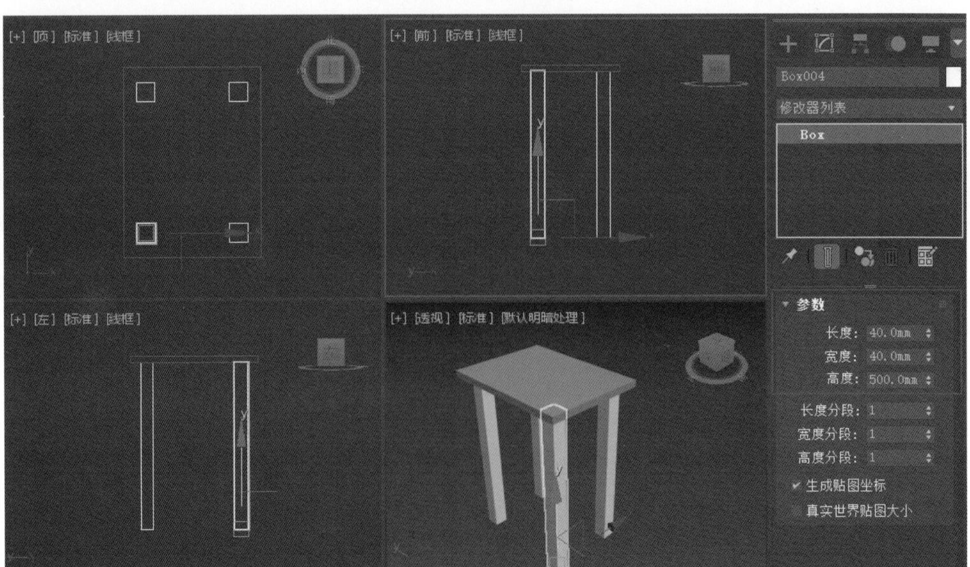

图3-11　创建凳腿

③在前视图两个凳腿之间创建一个长方体，开启捕捉按钮，捕捉凳腿之间的长方体的宽度，设置长度为30mm，宽度为捕捉宽度，高度为40mm。将长方体颜色设置为白色，并将其移动到合适的高度，按住<Shift>键，选择实例，复制1个，需注意连接轴和凳腿之间要对齐，将其调整到合适位置，如图3-12所示。

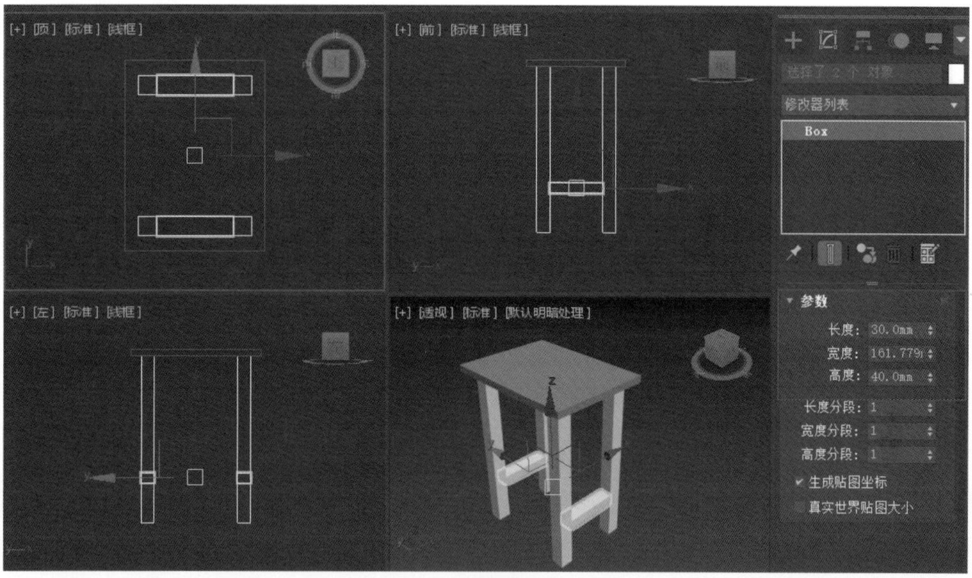

图3-12 创建侧面连接轴

④在左视图两个凳腿之间创建一个长方体，开启捕捉按钮，捕捉凳腿之间长方体的宽度，设置长度为30mm，宽度为捕捉宽度，高度为40mm。将长方体颜色设置为白色，并将其移动到合适的高度，按住<Shift>键，选择实例，复制1个，如图3-13所示。

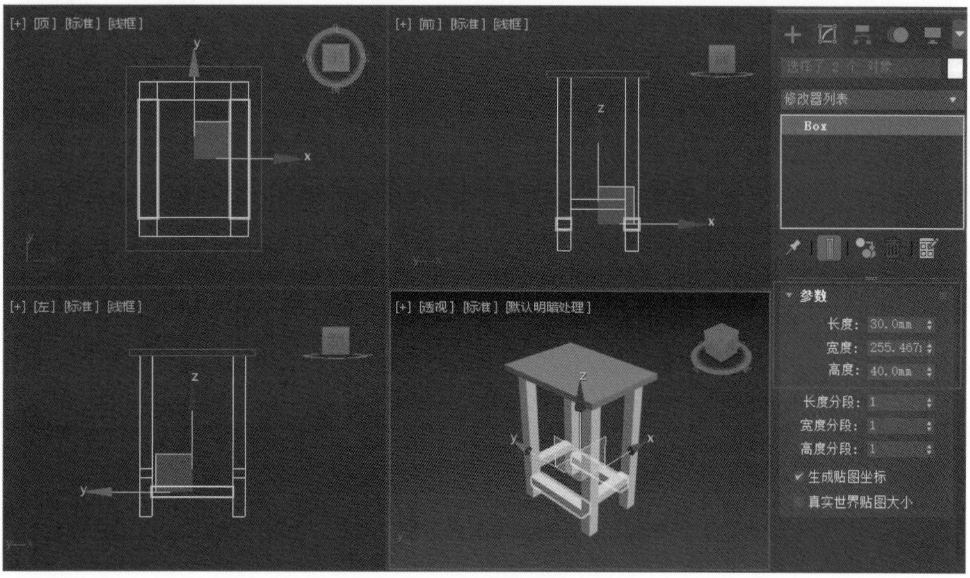

图3-13 创建正面连接轴

3.2 扩展基本体

扩展基本体适用于创建带有倒角的模型或者形状特殊的物体，与标准基本体相比，扩展基本体可以创建更加复杂的模型。在系统默认状态下，单击“创建面板”→“几何体”→“扩展基本体”，列表中有13种不同的基本体，如图3-14所示。

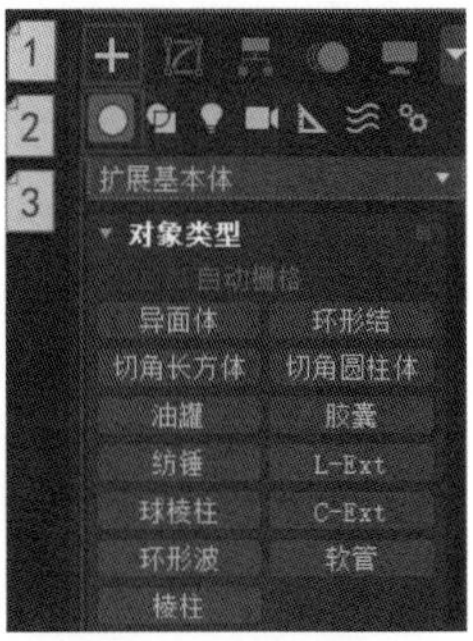

图3-14　扩展基本体

3.2.1 扩展基本体绘制方法及参数解析

3.2.1.1 异面体

（1）绘制方法

点击“创建面板”，切换到“几何体”选项卡，再切换到创建“扩展基本体”界面，点击“异面体”按钮。在视图中按住鼠标左键并拖动到适当位置，松开鼠标，即可完成异面体的创建，可在参数卷展栏中设置其参数，如图3-15所示。

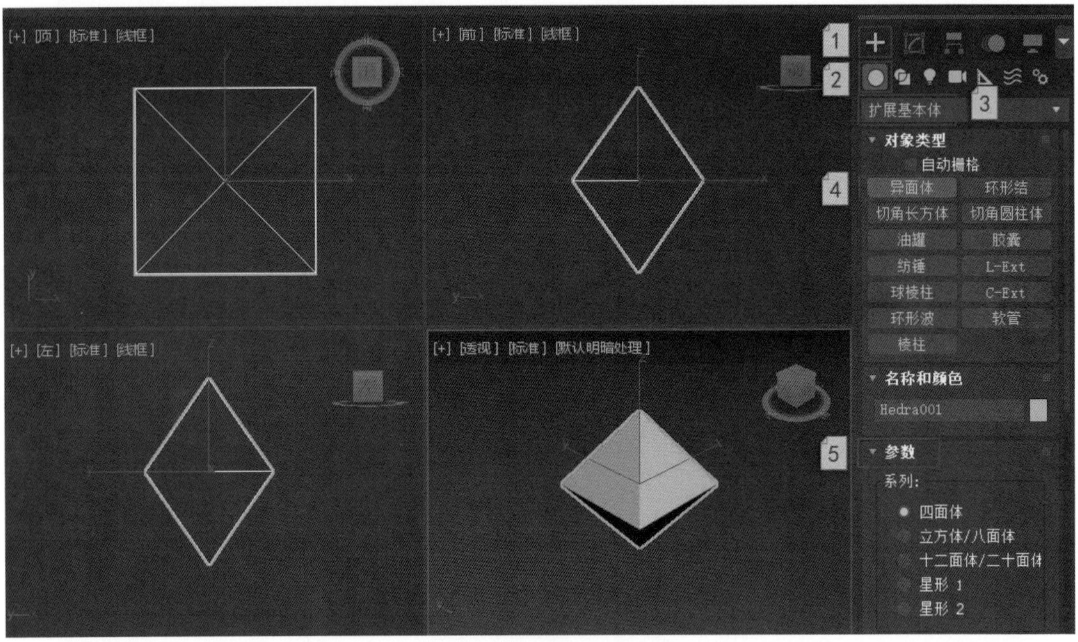

图3-15　创建异面体

（2）常用参数解析

❖ 系列：共有5种不同类型的异面体供用户选择。分别为“四面体”“立方体/八面体”“十二面体/二十面体”“星形1”“星形2”。

❖ 系列参数：它们的取值范围通常是从0.0到1.0，且P和Q的值相加应小于或等于1.0。通过调整P和Q的值，可以改变异面体的整体形态，使其顶点和面发生变形，从而创造出不同的几何效果。

❖ 轴线比率：P、Q和R分别决定异面体上3种类型面的突起程度。

❖ 顶点：用来设置异面体的顶点所在位置。

❖ 半径：用来设置异面体的半径大小。

3.2.1.2 切角长方体

（1）绘制方法

点击“创建面板”，切换到“几何体”选项卡，再切换到创建“扩展基本体”界面，点击“切角长方体”按钮，在顶视图中按住鼠标左键拖拽，指定长方体底面大小，单击左键后继续拖拽，指定长方体高度，继续单击左键将鼠标向中心点拖拽，指定切角大小，单击鼠标左键确定，完成创建，可在参数卷展栏中设置其参数，如图3-16所示。

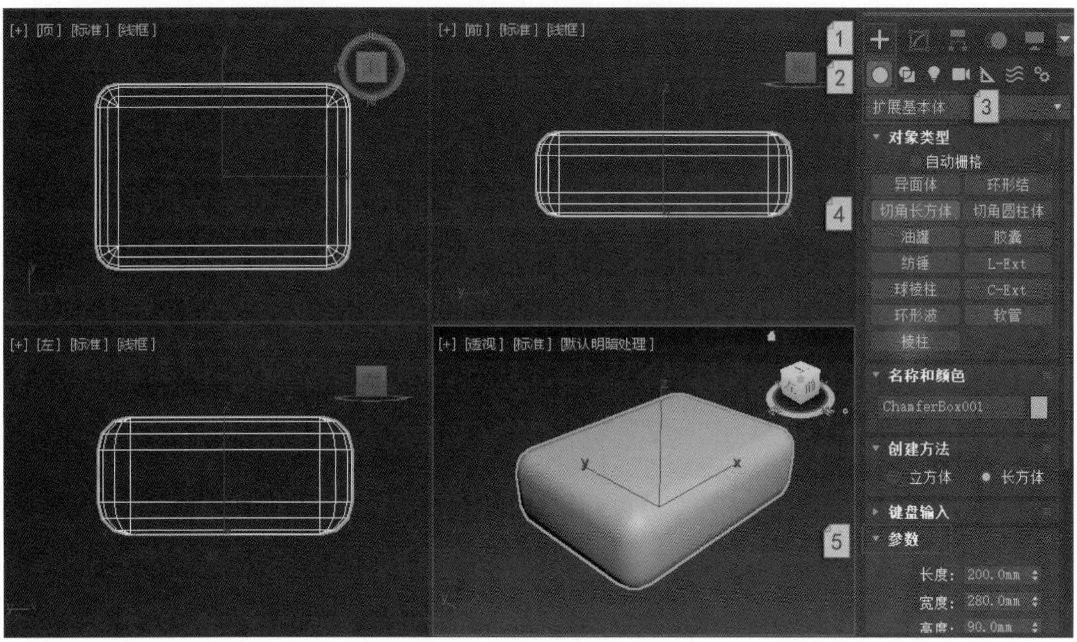

图3-16 创建切角长方体

（2）常用参数解析

❖ 长度、宽度、高度：设置切角长方体的长宽高数值。

❖ 圆角：设置切角长方体圆角的半径，控制切角量。

❖ 长度分段、宽度分段、高度分段：设置切角长方体的长宽高分段，段数越多，表面越光滑。

❖ 圆角分段：设置圆角处的分段数，分段数越多，圆角就越平滑。圆角分段为1时，可制作切角效果。

❖ 平滑：勾选“平滑”时圆角处为正常圆角，不勾选“平滑”，则显示为棱角效果。

3.2.1.3 油罐

（1）绘制方法

点击“创建面板”，切换到“几何体”选项卡，再切换到创建“扩展基本体”界面，点击“油罐”按钮，在顶视图中按住鼠标左键并拖动到适当位置松开，确定油罐的底面，接着向上或向下移动鼠标并单击左键，确定油罐的高度，然后继续移动鼠标并单击左键，确定油罐的封口高度，单击鼠标左键结束创建，可在参数卷展栏中设置其参数，如图3-17所示。

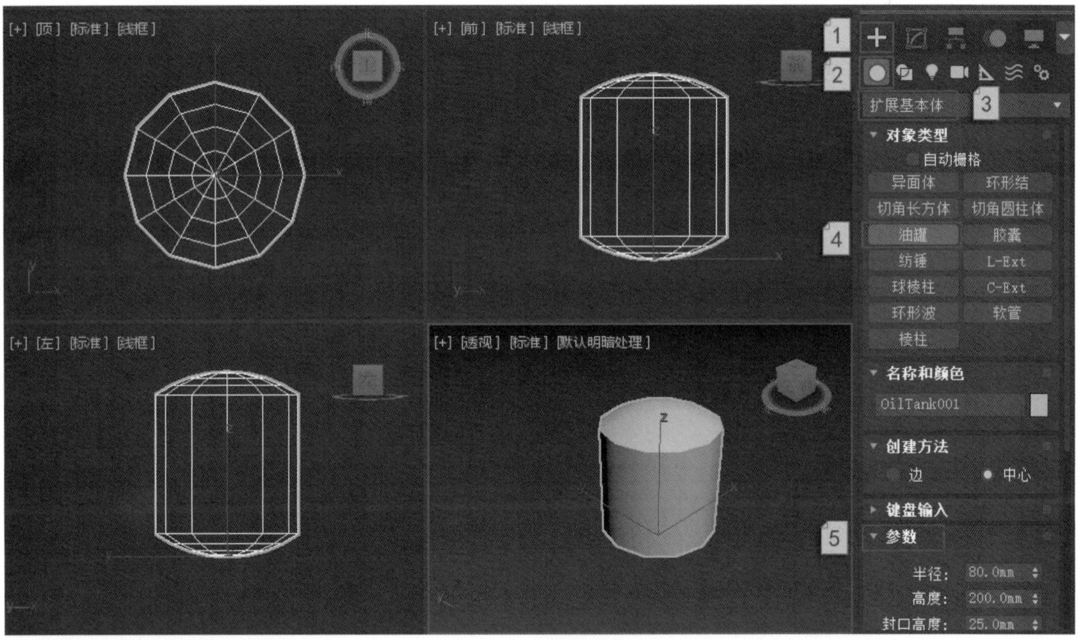

图3-17　创建油罐

（2）常用参数解析

❖ 半径：设置油罐横截面的半径。

❖ 高度：设置油罐的高度。

❖ 封口高度：设置油罐圆弧形顶端的高度。

❖ 总体/中心：决定高度是以总体高度来计算还是以1/2高度来计算。

❖ 混合：用于确定圆弧顶端跟圆柱体连接处的平滑程度，值越大越平滑。

❖ 边数/高度分段：用于确定圆柱体纵向与横向的分段数。

3.2.1.4 球棱柱

（1）绘制方法

点击“创建面板”，切换到“几何体”选项卡，再切换到创建“扩展基本体”界面，点击“球棱柱”按钮，在顶视图中按住鼠标左键并拖动到适当位置松开，确定球棱柱的半径，接着移动鼠标并单击左键，确定球棱柱的高度，然后继续移动鼠标并单击左键，确定球棱柱的圆角值，单击鼠标左键结束创建，可在参数卷展栏中设置其参数，如图3-18所示。

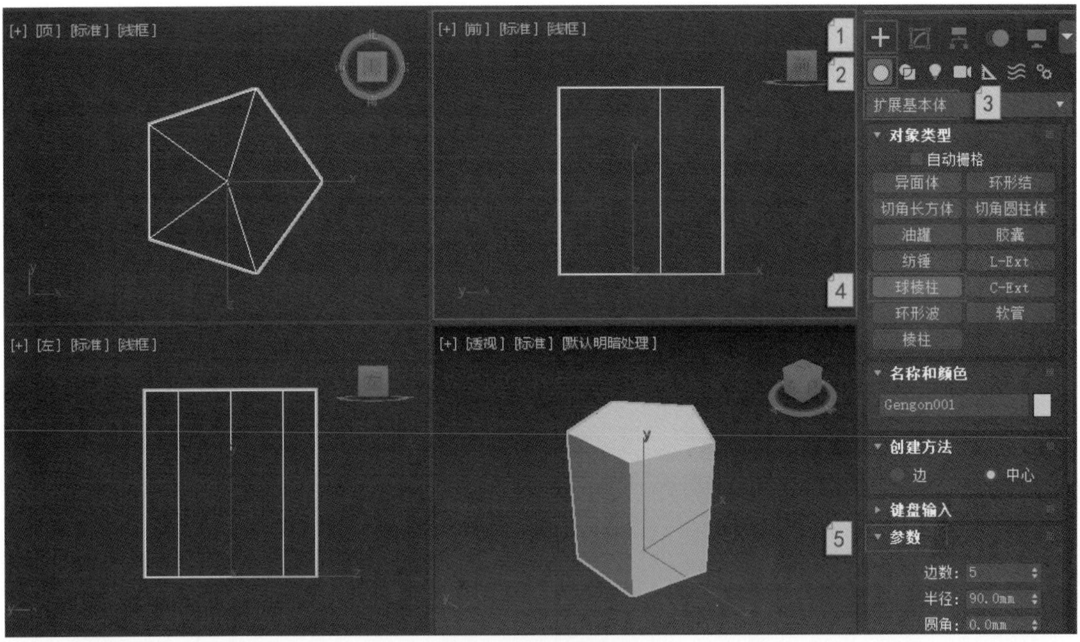

图3-18 创建球棱柱

（2）常用参数解析

❖ 边数：设置球棱柱侧面的面数。

❖ 半径：设置球棱柱界面的半径。

❖ 圆角：设置球棱柱侧面之间圆角的半径。

❖ 高度：设置球棱柱的高度。

3.2.1.5 环形波

（1）绘制方法

点击“创建面板”，切换到“几何体”选项卡，再切换到创建“扩展基本体”界面，点击“环形波”按钮，在顶视图中按住鼠标左键并拖动到适当位置松开，确定环形波的半径，接着移动鼠标并单击左键，确定环形波的环形宽度，单击鼠标左键结束创建，可在参数卷展栏中设置其参数，如图3-19所示。

（2）常用参数解析

①环形波大小：环形波大小参数组主要用于调整环形波的基本尺寸和外观。

❖ 半径：控制环形波的轮廓大小，数值越大，环形波的整体尺寸越大。

❖ 径向分段：控制环形波轮廓上的分段数，分段数越多，环形波的轮廓越平滑。

❖ 环形宽度：定义环形波径向的宽度，即环形波内部的直径与外部直径之差。

❖ 边数：环形波面上的径向线条数量，边数越多，环形波的波形越细腻、光滑。

❖ 高度：环形波沿Z轴方向的厚度，可以调整环形波在垂直方向上的尺寸。

❖ 高度分段：在高度方向上的分段数，影响环形波在垂直方向上的平滑度。

②环形波计时：环形波计时参数组用于控制环形波在动画中的变化行为。

❖ 无增长：环形波的大小在动画过程中保持不变。

❖ 增长并保持：环形波从初始大小逐渐增长到设定的最大值，并在达到该值后保持不变。此选项下，“开始时间”“增长时间”和“结束时间”可用，分别用于设置动画的开始、增长结束和整体结束时间。

❖ 循环增长：环形波从初始大小增长到最大值后，重新开始增长过程，形成循环动画效果。同样，“开始时间”“增长时间”和“结束时间”用于控制动画的各个阶段。

③外边波折/内边波折：用于在环形波的外/内边缘添加波形效果，增加环形波的复杂性和视觉效果。如果不做设置的话为圆形。

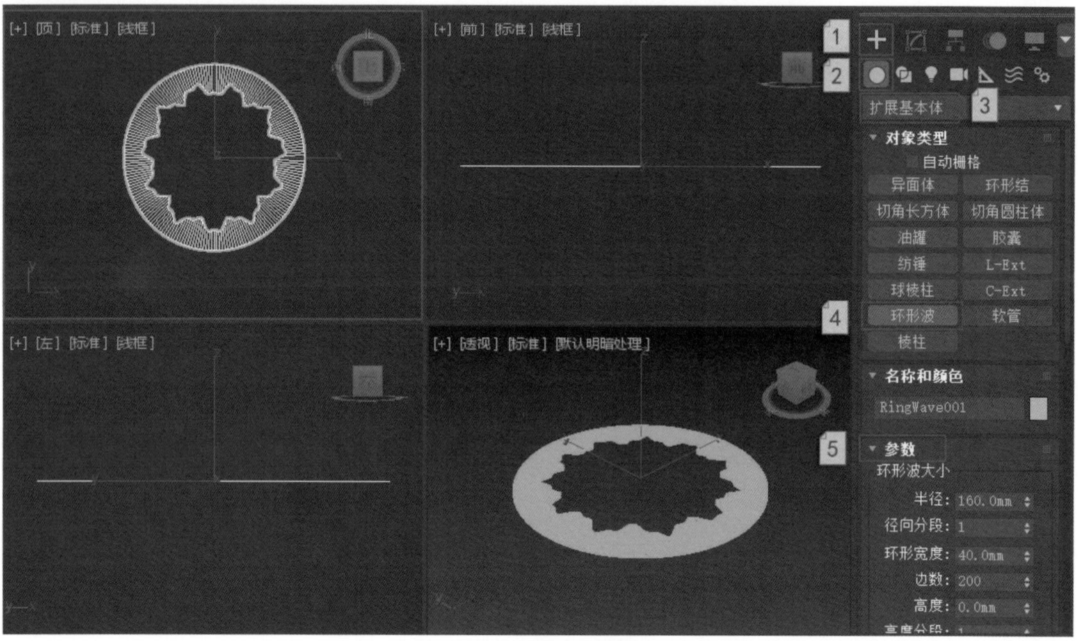

图3-19　创建环形波

3.2.1.6 环形结

（1）绘制方法

点击“创建面板”，切换到“几何体”选项卡，再切换到创建“扩展基本体”界面，点击“环形结”按钮，在顶视图中按住鼠标左键并拖动到合适的位置松开，确定环形结的半径，接着移动鼠标并单击左键，确定环形结的横截面半径，单击鼠标左键结束创建，可在参数卷展栏中设置其参数，如图3-20所示。

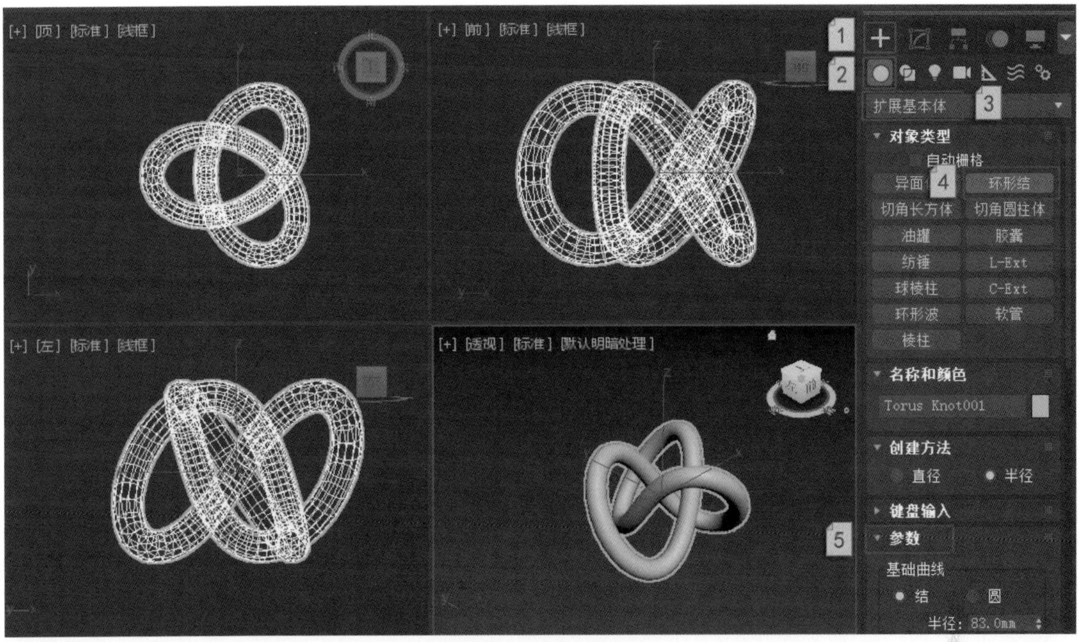

图3-20　创建环形结

（2）常用参数解析

❖ 结/圆：用于设定将创建的物体打结还是创建的物体为圆环。

❖ 半径：设置环形结的半径大小。

❖ 分段：设置环形结表面的光滑度，值越大，表面越光滑。

❖ P/Q：表示在两个方向上打结的数目。

❖ 扭曲数：在选中“圆”单选按钮时有效，表示环形物体上突出的卷曲角数。

❖ 扭曲高度：在选中“圆”单选按钮时有效，控制突出的卷曲角的高度。

❖ 偏心率：用于调整横截面的形状。偏心率越大，横截面从圆形逐渐变为椭圆形，形状变化越明显。

❖ 扭曲：设置环形物体表面的扭曲程度。

❖ 块：设置膨胀的程度。

❖ 块高度：设置膨胀的高度。

❖ 块偏移：设置膨胀的偏离位置。

3.2.1.7　L-Ext

（1）绘制方法

点击“创建面板”，切换到“几何体”选项卡，再切换到创建“扩展基本体”界面，点击“L-Ext”按钮，在顶视图中按住鼠标左键并拖动到适当位置松开，确定L-Ext的侧面长度和前面长度，接着移动鼠标并单击左键，确定L-Ext的高度，然后继续移动鼠标至适当位置单击左键，确定L-Ext的侧面宽度和前面宽度，单击鼠标左键结束创建，可在参数卷展栏中设置其参数，如图3-21所示。

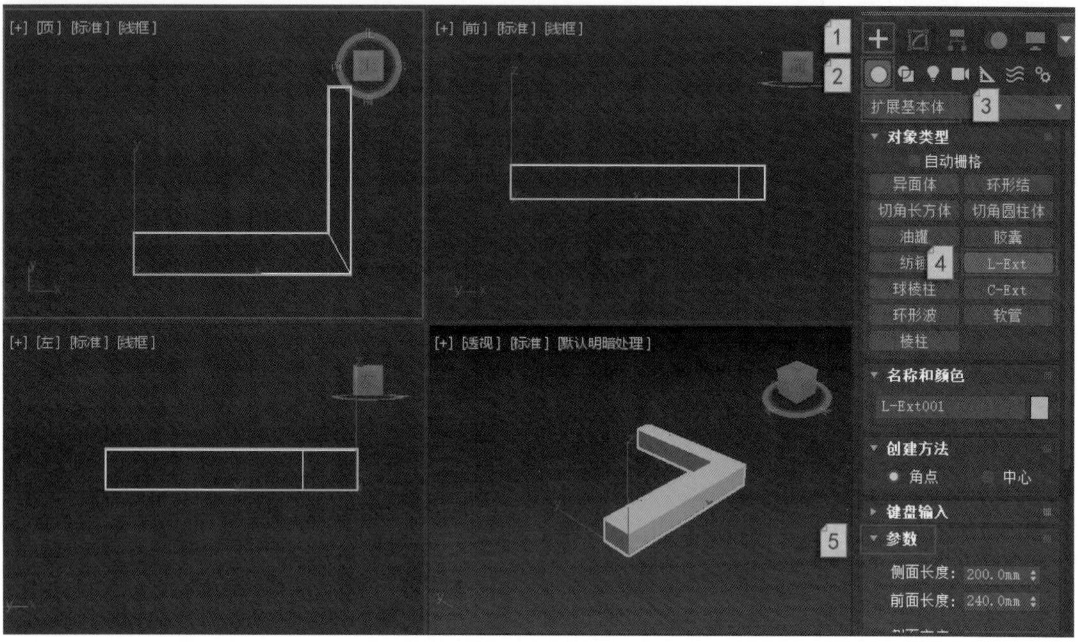

图3-21　创建L-Ext

（2）常用参数解析

❖ 侧面长度、前面长度：用于设置L-Ext侧面和前面的长度。

❖ 侧面宽度、前面宽度：用于设置L-Ext侧面和前面的宽度。

❖ 高度：设置L-Ext在垂直方向上的尺寸。

❖ 侧面分段、前面分段：用于设置L-Ext侧面和前面的分段，在需要进行细节调整时增加模型的精度。

❖ 宽度分段、高度分段：用于设置L-Ext宽度和高度的分段。可以使物体在宽度和高度方向上更加平滑。需注意分段数不是越多越好，在不影响形体的情况下，应将分段数调整到最低，否则会影响模型的渲染速度。

3.2.1.8 软管

（1）绘制方法

点击“创建面板”，切换到“几何体”选项卡，再切换到创建“扩展基本体”界面，点击“软管”按钮，在顶视图中按住鼠标左键并拖动到适当位置松开，确定软管的直径，接着向上或向下移动鼠标并单击左键，确定软管的高度，单击鼠标左键结束创建，可在参数卷展栏中设置其参数，如图3-22所示。

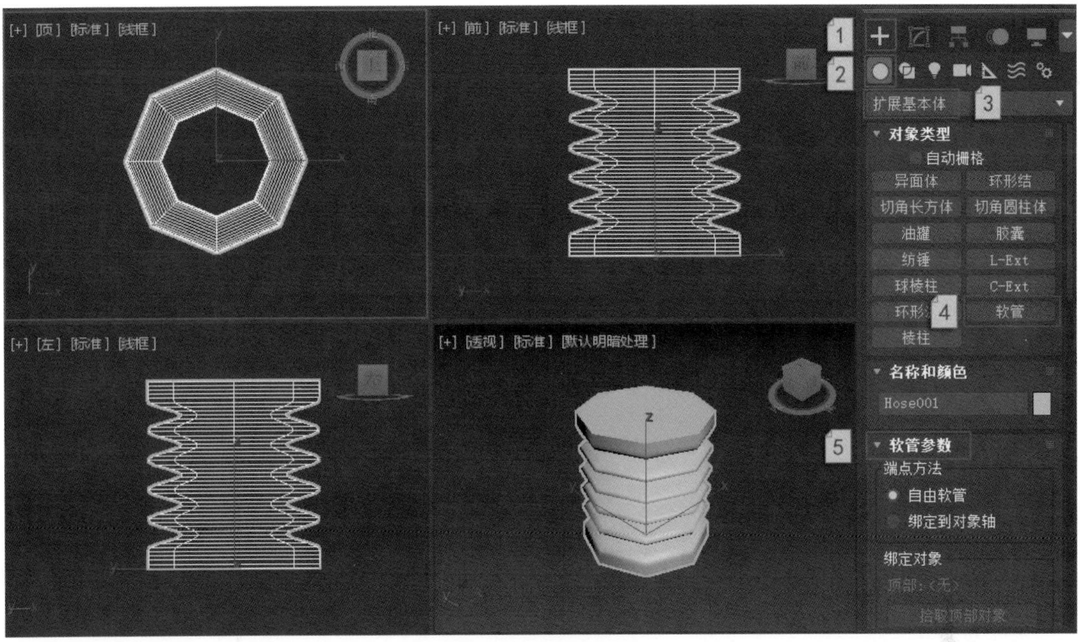

图3-22　创建软管

（2）常用参数解析

❖ 端点方法：用于设置软管的生成方法。

❖ 高度：设置软管的长度。

❖ 分段：设置软管纵向分段数。

❖ 启用柔体截面：设定是否需要褶皱部分。

❖ 起始位置/结束位置：设置褶皱部分的起止位置，用百分比来表示。

❖ 周期数：设置褶皱部分的周期数，也就是皱褶数。

❖ 直径：设置软管的直径。

❖ 平滑：设置需要自动平滑处理的部位。

3.2.1.9 棱柱

（1）绘制方法

点击“创建面板”，切换到“几何体”选项卡，再切换到创建“扩展基本体”界面，点击“棱柱”按钮，在视图中按住鼠标左键并拖动到适当位置松开，确定棱柱侧面1的长度，接着移动鼠标并单击左键，确定棱柱侧面2和侧面3的长度，然后继续向上或向下移动鼠标至适当位置单击左键，确定棱柱的高度，单击鼠标左键结束创建，可在参数卷展栏中设置其参数，如图3-23所示。

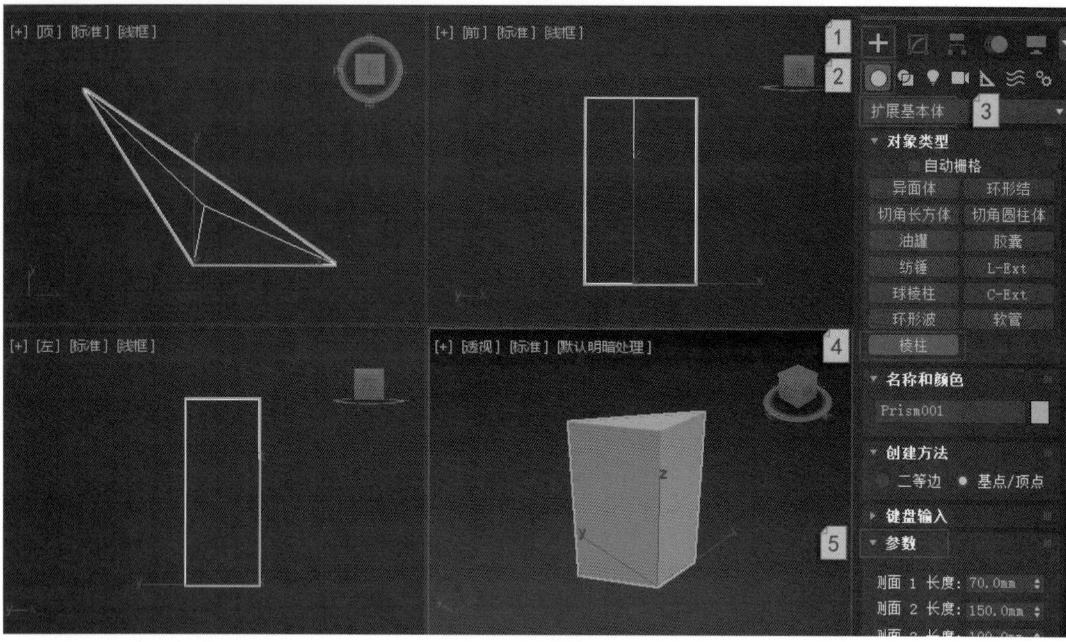

图3-23　创建棱柱

（2）常用参数解析

❖ 侧面1长度、侧面2长度、侧面3长度：设置棱柱侧边的长度。

❖ 高度：设置棱柱的高度。

❖ 侧面1分段、侧面2分段、侧面3分段、高度分段：设置棱柱的侧面和高度分段。

“纺锤”“胶囊”创建方式与“油罐”相同，“切角圆柱体”创建方式与“切角长方体”相似，“C-Ext”创建方式与“L-Ext”相似，这里不再单独讲解。

3.2.2 扩展基本体应用案例——单人沙发的绘制

①点击“创建面板”，切换到“几何体”选项卡，再切换到创建“扩展基本体”界面，点击“切角长方体”按钮。在顶视图中创建一个切角长方形，并设置“长度”为700mm，“宽度”为800mm，“高度”为200mm，“圆角”为15mm，“圆角分段”为2，如图3-24所示。

▶ 案例视频 ◀

②在顶视图中创建一个切角长方体，并设置“长度”为900mm，“宽度”为200mm，“高度”为 600mm，“圆角”为15mm，“圆角分段”为2，将图形对齐，按住<Shift>键，选择实例，复制1个，并将其放到合适的位置，如图3-25所示。

③在顶视图中创建一个切角长方体，并设置“长度”为200mm，“宽度”为800mm，“高度”为900mm，“圆角”为15mm，“圆角分段”为2，将图形对齐，并旋转到合适的位置，如图3-26所示。

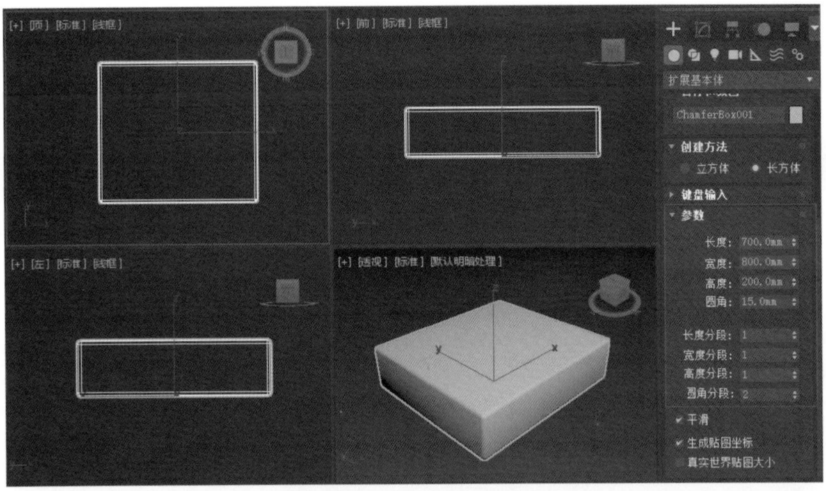

图3-24　制作沙发底座

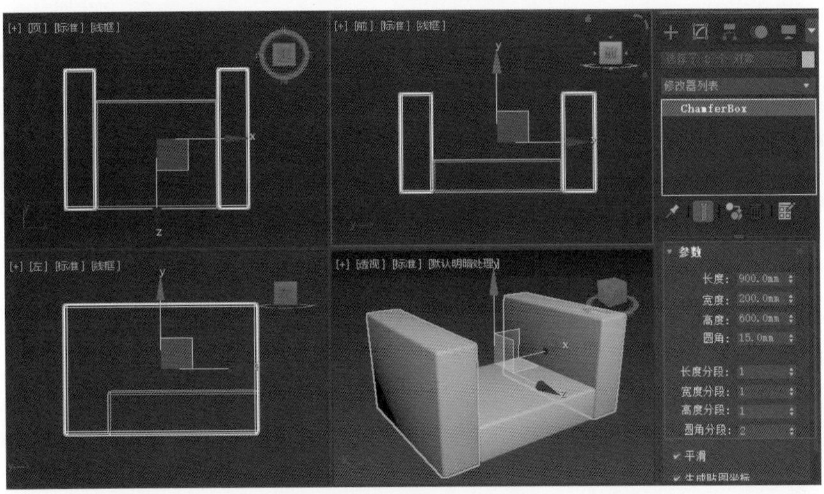

图3-25　制作沙发扶手

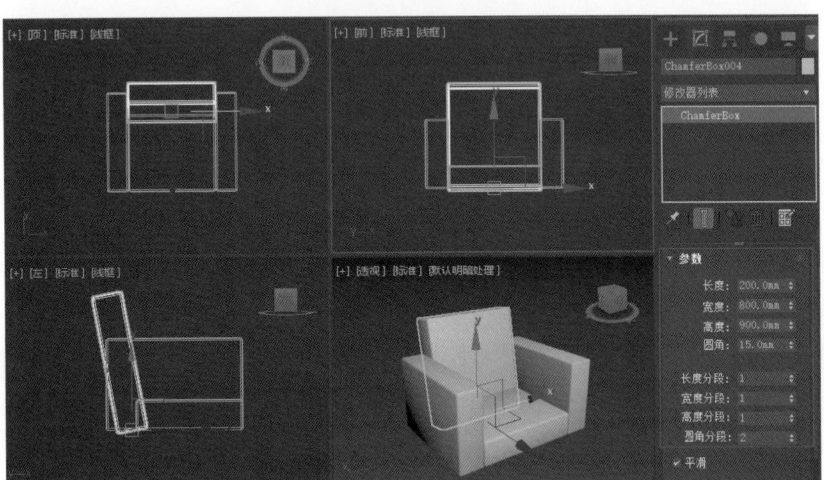

图3-26　制作沙发靠背

④在前视图中复制步骤①的切角长方体，设置“长度”为700mm，“宽度”为800mm，“高度”为100mm，“圆角”为15mm，“圆角分段”为2，将图形对齐，如图3-27所示。

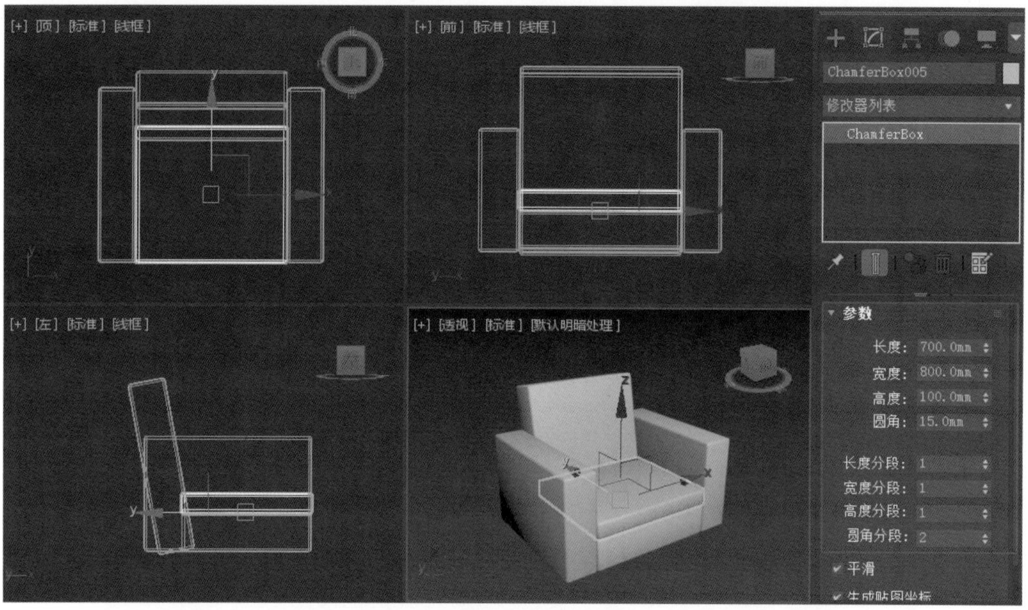

图3-27 制作沙发坐垫

⑤在顶视图中绘制切角圆柱体，并设置“半径”为40mm，“高度”为150mm，“圆角”为10mm，将图形对齐，按住<Shift>键，选择实例，复制3个，如图3-28所示。

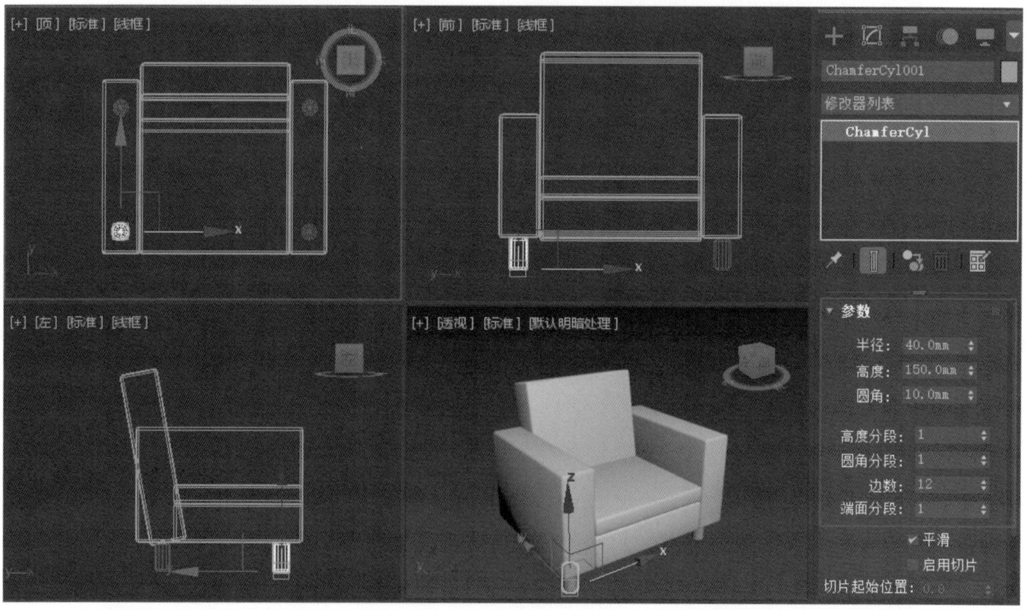

图3-28 制作沙发腿

本章习题

一、选择题

1. 3ds Max中，（　　）属于标准基本体。

A. 长方体　　B. 切角长方体　　C. 油罐　　D. 环形波

2. 3ds Max中，异面体属于（　　）基本体。

A. 标准基本体　　B. 扩展基本体

C. 复合基本体　　D. 自定义基本体

3. 扩展基本体相比标准基本体，主要增加了（　　）的特性。

A. 更丰富的形状　　B. 更简单的参数

C. 更低的系统要求　　D. 更快的渲染速度

二、填空题

1. 在3ds Max中，标准基本体中的球体参数可以通过修改半径、切除/挤压和________来设置球体的大小和形状。

2. 在标准基本体中，________和________可以用来制作墙壁、地面等物体。

3. 利用扩展基本体中的________和________可以平滑物体的边缘，创建倒角效果。

三、简答题

1. 请说明标准基本体和扩展基本体在使用上有哪些主要区别。

2. 请分别给出标准基本体和扩展基本体在实际应用中的例子。

四、上机练习题

制作简单家具组合。

练习目标：通过使用标准基本体创建简单的家具模型，如椅子、桌子等，并组合成一个简单的家具场景。

▶ 习题答案 ◀

第4章

建筑模型

本章内容

3ds Max中提供了一些植物、栏杆、墙体、门、窗和楼梯等建筑模型，利用这些建筑模型，可以快速创建建筑场景。本章主要介绍3ds Max中常用建筑模型的绘制和编辑方法。

学习目标

知识目标： 了解植物、栏杆、墙体、门、窗和楼梯等常用建筑模型的绘制方法。

能力目标： 掌握通过调节参数修改模型的方法，能将建筑模型应用于实际设计案例中。

素质目标： 培养良好的职业道德素质，具备较好的学习新知识、新技能的能力，够将所学知识应用于实际项目中；通过实践不断积累经验，具备分析问题和解决问题的能力，提升实际操作能力和职业综合素养。

4.1 AEC扩展

AEC扩展是3ds Max中内置的一个功能模块，主要用于建筑与环境设计等领域，包含诸多定制的建模工具和对象，可以直接调用这些模型进行场景布置和渲染。在系统默认状态下，单击“创建面板”→“几何体”→“AEC扩展”，列表中有3种对象类型，分别是“植物”“栏杆”“墙”，如图4-1所示。

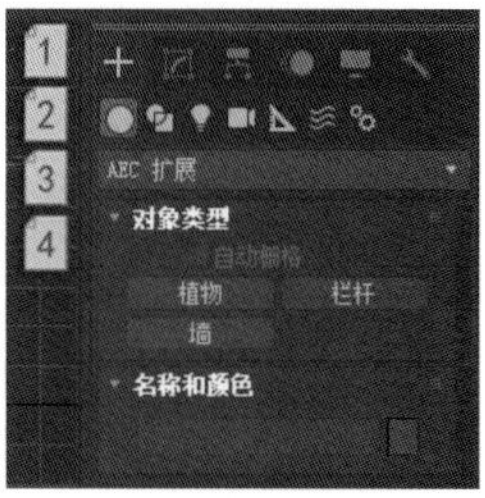

图4-1 AEC扩展

4.1.1 AEC扩展绘制方法及参数解析

4.1.1.1 植物

AEC扩展植物是3ds Max提供的植物模型，包括树木、灌木、草地等多种类型，具有高度真实感和细节特征。

（1）绘制方法

点击“创建面板”，切换到“几何体”选项卡，再切换到“AEC扩展”界面，点击“植物”按钮，在“收藏的植物”卷展栏中，选择一种植物类型，在顶视图中将光标移动到合适的位置，单击鼠标左键即可创建一株植物，可在“参数”卷展栏中设置其参数，如图4-2所示。

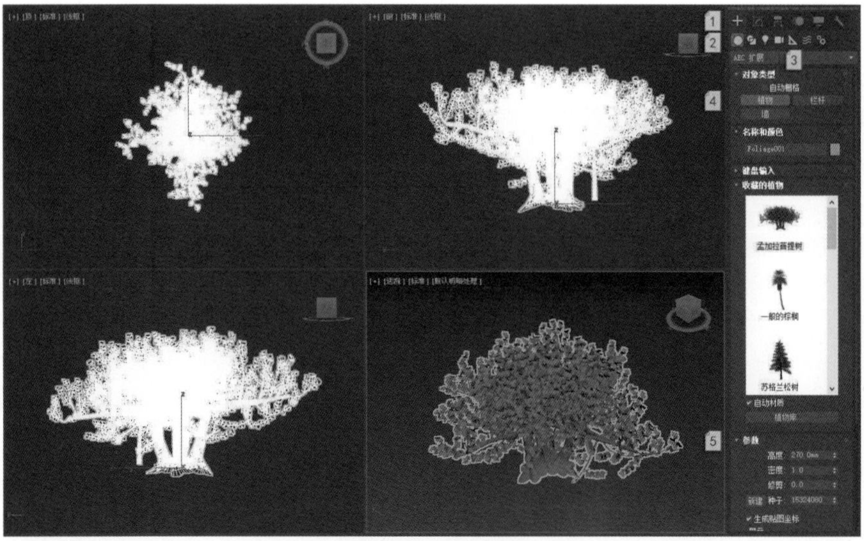

图4-2 创建植物

（2）常用参数解析

❖ 高度：设置植物的垂直高度。

❖ 密度：设置植物上叶子和花朵的疏密程度。数值为1时，表示植物具有全部的叶子或花朵；数值为0时，表示没有叶子和花朵。

❖ 修剪：对具有树枝的植物进行修剪。数值为0时，表示不进行修剪；数值为1时，表示尽可能修剪植物上的枝叶。

❖ 新建/种子：设置植物的随机变体，通过调整种子值改变植物树枝变体、叶子位置以及树干形状与角度，从而生成不同的植物外观。

❖ 生成贴图坐标：对植物应用默认的贴图坐标，渲染时将纹理贴图应用到植物上。

❖ 显示：设置植物的树叶、果实、花、树干、树枝和根的显示。

❖ 视口树冠模式：设置植物在视口中的外观显示效果。包含三个选项："未选择对象时"表示当植物不被选中时，呈现树冠模式外观；"始终"表示无论植物是否被选中，都呈现树冠模式外观；"从不"表示植物不呈现树冠模式外观，一直呈现各部分细节。

❖ 详细程度等级：设置植物在渲染结果中呈现细节的程度，等级越高，渲染的植物细节越丰富。

4.1.1.2 栏杆

AEC扩展栏杆是3ds Max中提供的栏杆模型，具有逼真的外观和精细的细节。

（1）绘制方法

点击"创建面板"，切换到"几何体"选项卡，再切换到"AEC扩展"界面，点击"栏杆"按钮，在顶视图中按住鼠标左键并拖动至适当位置松开，确定栏杆的长度；然后继续向上移动鼠标至适当位置，单击左键，确定栏杆的高度，可在"栏杆""立柱""栅栏"卷展栏中设置其参数，如图4-3所示。

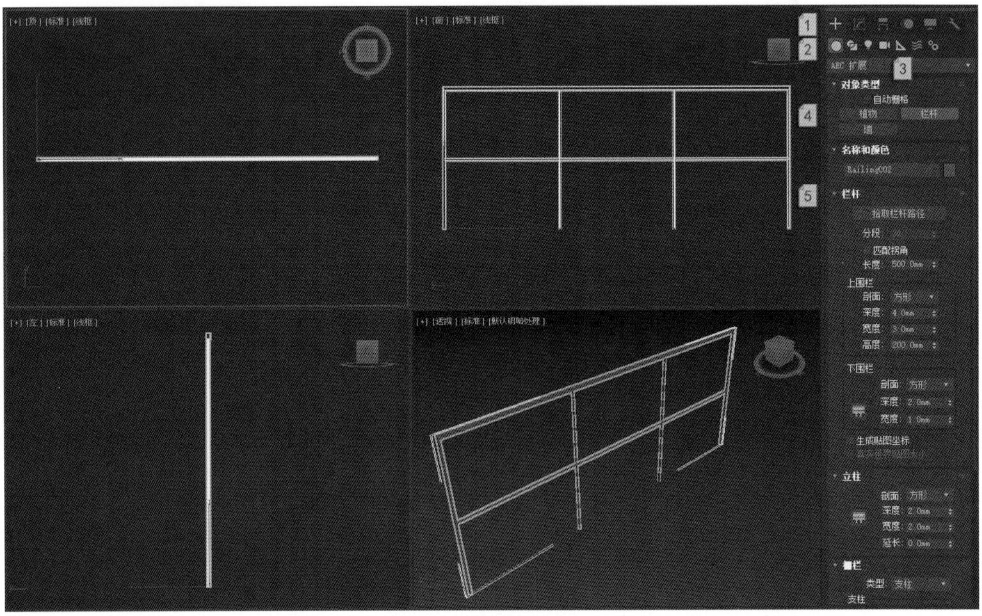

图4-3　创建栏杆

也可以通过拾取栏杆路径创建栏杆。点击“创建面板”，切换到“图形”选项卡，选择并点击一个二维图形按钮，在顶视图中创建二维图形作为栏杆的路径。切换到“几何体”选项卡，点击“栏杆”按钮，在“栏杆”卷展栏中点击“拾取栏杆路径”按钮，选中二维图形，完成栏杆创建，可在“栏杆”“立柱”“栅栏”卷展栏中设置其参数，如图4-4所示。

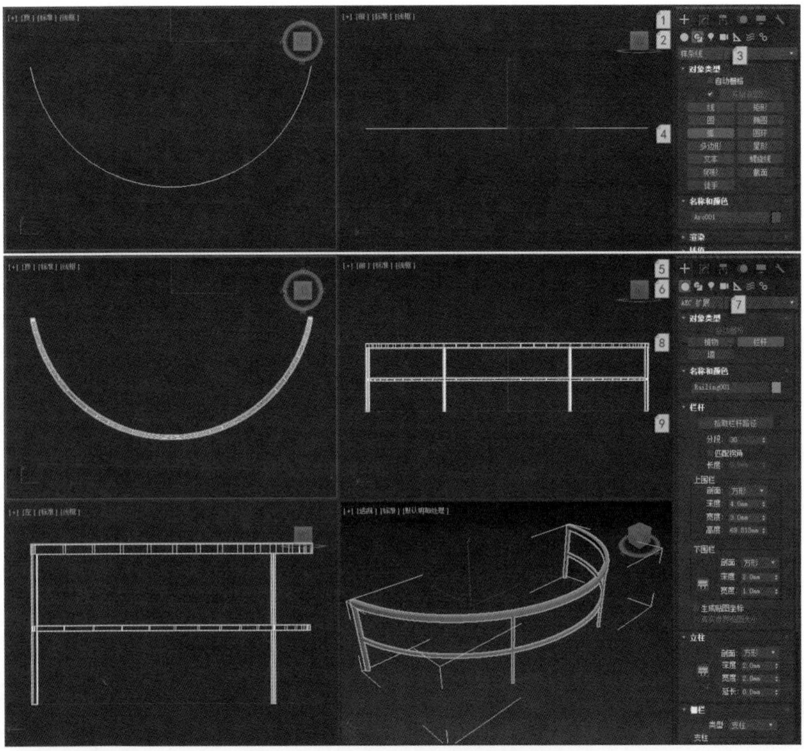

图4-4 拾取栏杆路径创建栏杆

（2）常用参数解析

- ❖ 拾取栏杆路径：拾取视图中的样条线，将其作为栏杆路径。
- ❖ 分段：设置栏杆的分段数。
- ❖ 匹配拐角：用于栏杆拐角的处理，确保栏杆在拐角处的排列连续且完整。
- ❖ 长度：设置栏杆的长度。
- ❖ 剖面：设置栏杆的横截面形状，有“无”“圆形”“方形”三个选项。
- ❖ 深度：设置栏杆围栏、立柱或支柱在垂直方向上的尺寸。
- ❖ 宽度：设置栏杆围栏、立柱或支柱在水平方向上的尺寸。
- ❖ 高度：设置栏杆的高度。
- ❖ 延长：设置栏杆立柱或支柱在高度上的延长程度。
- ❖ 下围栏间距/立柱间距/支柱间距：单击“下围栏间距/立柱间距/支柱间距”按钮，打开“下围栏间距/立柱间距/支柱间距”对话框。

［计数］：设置下围栏/立柱/支柱的数量。

［间距］：设置下围栏/立柱/支柱对象之间的距离。

［始端偏移］：设置下围栏/立柱/支柱从起始位置移动的距离。

［末端偏移］：设置下围栏/立柱/支柱从末端位置移动的距离。

［前后关系］：设置下围栏/立柱/支柱之间的对齐标准和相对位置关系，有按“边”“中心”对齐两种方式。

❖ 类型：设置立柱之间的栅栏类型，有“无”“支柱”“实体填充”三种类型。

❖ 厚度：设置实体填充部分的厚度。

❖ 顶部偏移：设置实体填充与上围栏底部的偏移量。

❖ 底部偏移：设置实体填充与栏杆底部的偏移量。

❖ 左偏移：设置实体填充与左侧立柱的偏移量。

❖ 右偏移：设置实体填充与右侧立柱的偏移量。

4.1.1.3 墙

AEC扩展墙是3ds Max中提供的墙体模型，能够根据预设的参数快速创建墙体模型。

（1）绘制方法

点击“创建面板”，切换到“几何体”选项卡，再切换到“AEC扩展”界面，点击“墙”按钮，在顶视图中将光标移动到合适的位置，单击鼠标左键并拖动，再次单击左键完成墙体创建，拖动鼠标继续创建墙体，按<Esc>键或单击右键结束创建，可在“参数”卷展栏中设置其参数，如图4-5所示。

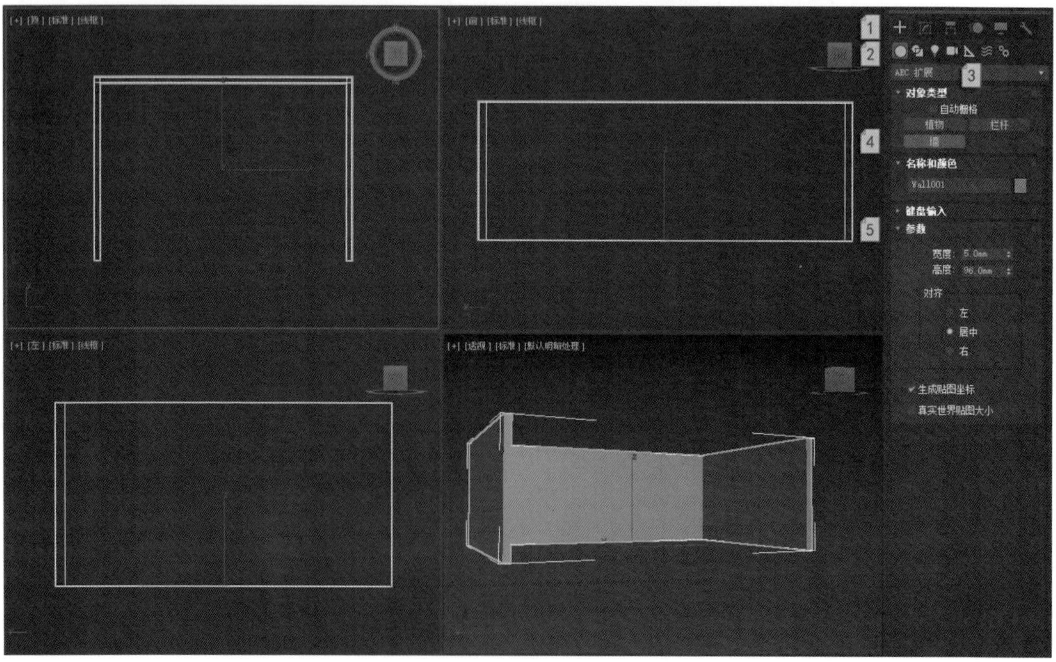

图4-5　创建墙

（2）常用参数解析

❖ 宽度：设置墙体的宽度。

❖ 高度：设置墙体的高度。

❖ 对齐：设置墙体的对齐方式，有“左”“居中”“右”三种方式。

4.1.2 AEC扩展应用案例——绿植的绘制

①点击“创建面板”，切换到“几何体”选项卡，再切换到“AEC扩展”界面，点击“植物”按钮，在“收藏的植物”卷展栏中，选择“一般的棕榈”植物类型，在顶视图中单击左键创建一棵棕榈，设置“高度”为500mm，“视口树冠模式”为“从不”；单击“所有视图最大化显示选定对象”按钮，查看植物效果，如图4-6所示。

▶ 案例视频 ◀

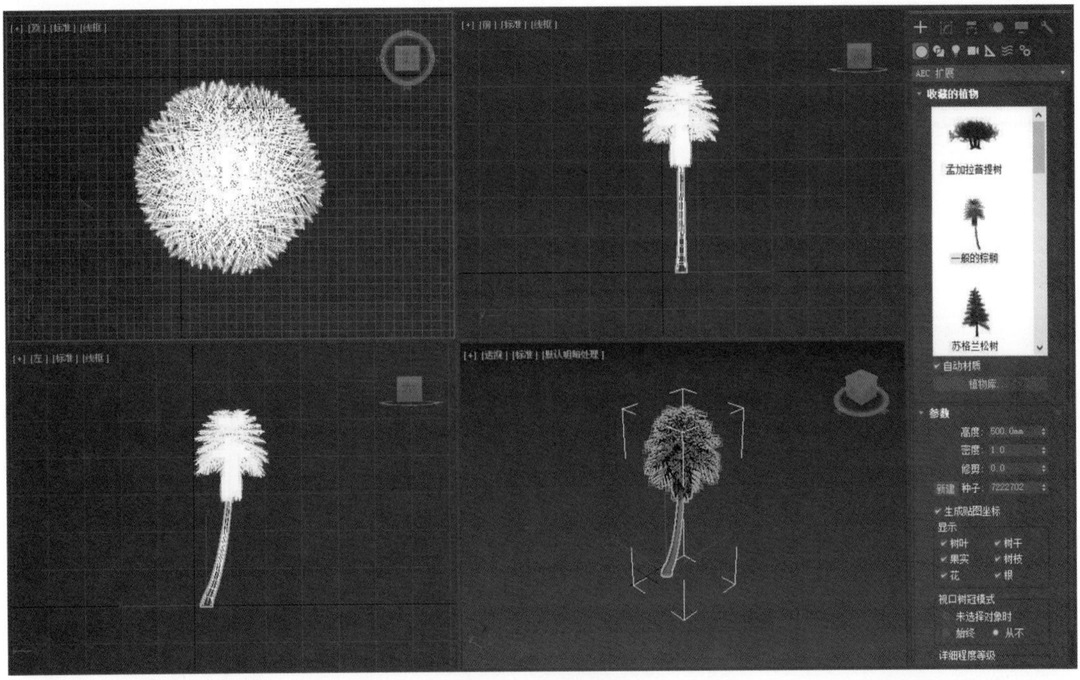

图4-6 创建绿植

②在“选择并移动”按钮上单击鼠标右键，打开“移动变换输入”对话框，在“绝对：世界”栏X、Y轴的微调器上单击鼠标右键，将参数设置为0，使棕榈处于坐标原点位置，如图4-7所示。

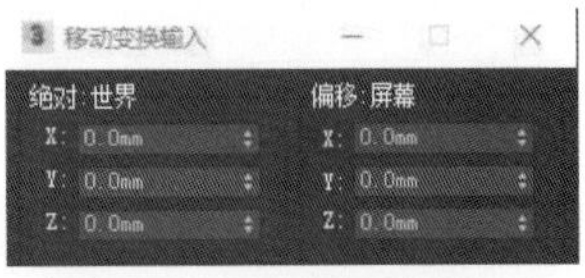

图4-7 设置坐标原点

③单击“捕捉开关”按钮，启用捕捉命令；在“捕捉开关”按钮上单击鼠标右键，打开“栅格和捕捉设置”对话框，在“捕捉”选项卡中勾选“栅格点”，如图4-8所示。

④点击“墙”按钮，将“宽度”设置为5mm，“高度”设置为30mm，在“对齐”中勾选“左”；在顶视图中围绕棕榈捕捉附近的栅格点，绘制正方形树池石，弹出“是否要焊接点”提示信息时，选择“是”进行焊接，按<Esc>键结束操作，完成树池石效果，如图4-9所示。

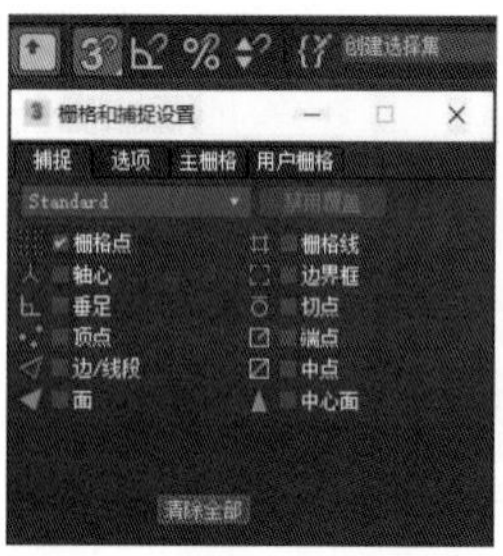

图4-8　勾选“栅格点”

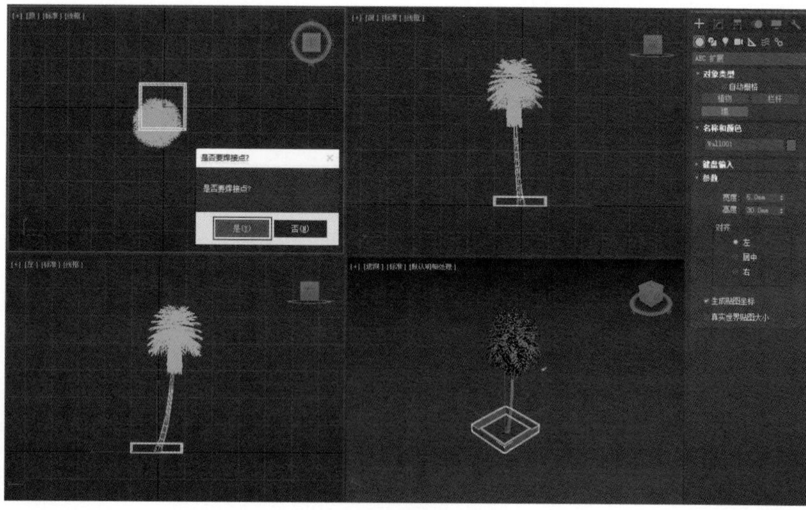

图4-9　创建树池石

⑤点击“创建面板”，切换到“图形”选项卡，选择并点击“圆”按钮，在顶视图中以坐标原点为中心，绘制半径为260mm的圆形，如图4-10所示。

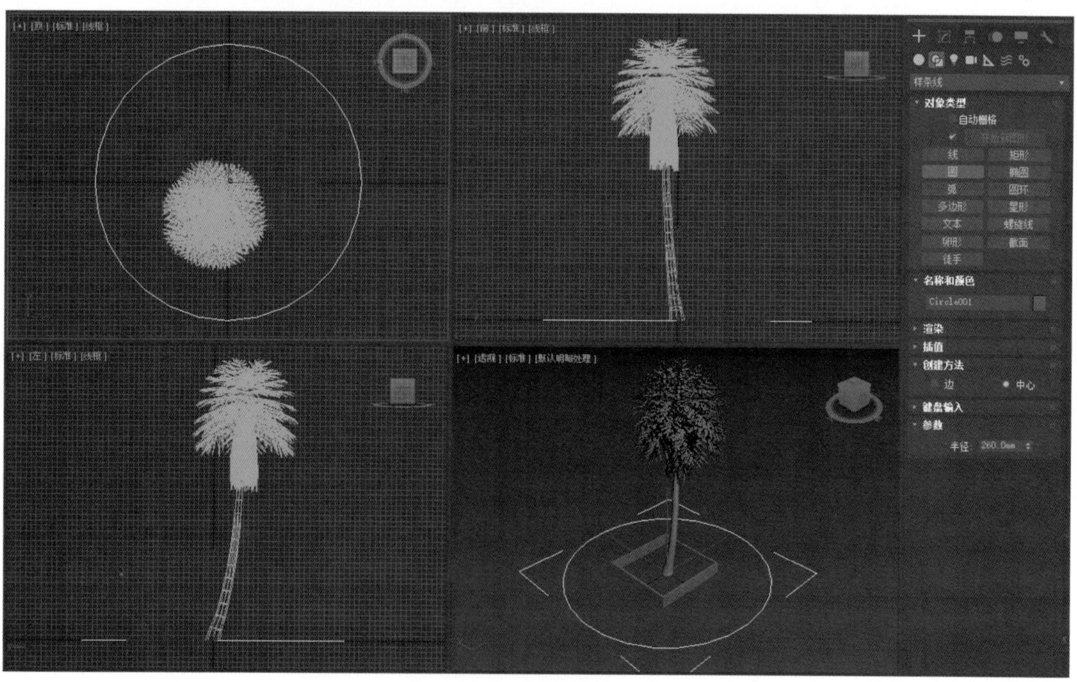

图4-10　创建圆形

⑥点击“创建面板”，切换到“几何体”选项卡，再切换到“AEC扩展”界面，点击“栏杆”按钮，再点击“拾取栏杆路径”按钮，在顶视图中选中圆形，创建圆形栏杆；设置栏杆“分段”为30；设置上围栏的“剖面”为圆形，“深度”为10mm，“宽度”为10mm，“高度”为100mm；设置下围栏“深度”为5mm，“宽度”为5mm；设置立柱“深度”为5mm，“宽度”为5mm，单击“立柱间距”按钮，在“立柱间距”对话框中将“计数”设置为6；设置支柱“深度”为2mm，“宽度”为2mm，“底部偏移”为44mm，调整栏杆参数，完成案例效果，如图4-11所示。

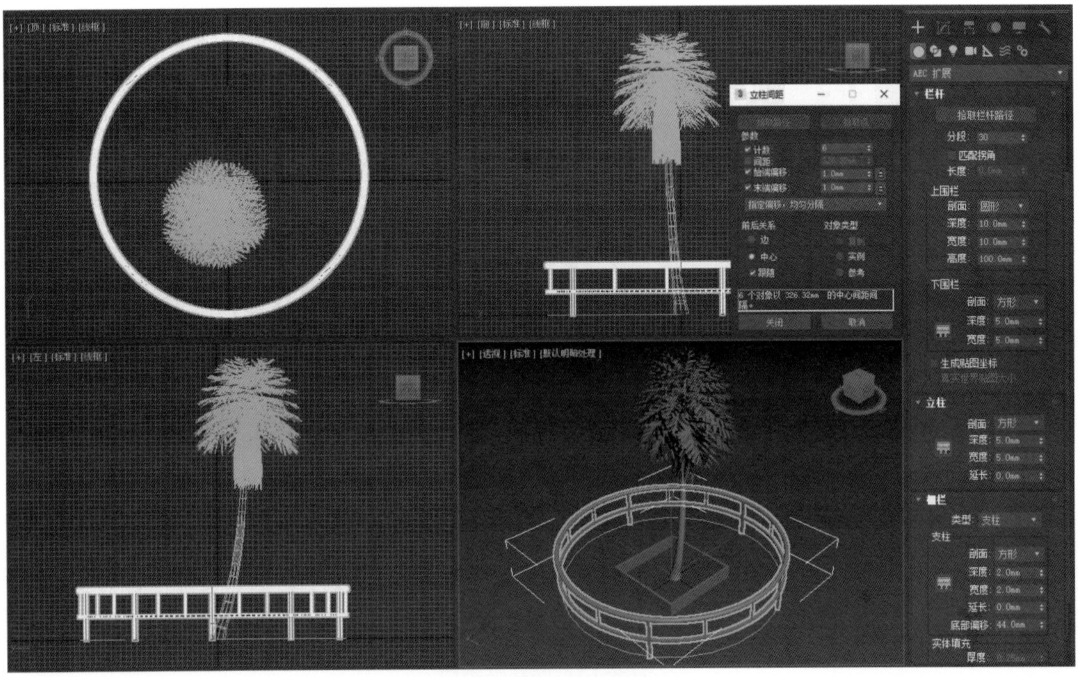

图4-11 创建圆形栏杆

4.2 门

门在居家环境中扮演着重要角色，3ds Max中提供了多种门的类型。在系统默认状态下，单击“创建面板”→“几何体”→“门”，列表中有3种对象类型，分别是“枢轴门”“推拉门”“折叠门”，各种门的参数类似，如图4-12所示。

图4-12 门

4.2.1 门绘制方法及参数解析

4.2.1.1 枢轴门

在3ds Max中，枢轴门是围绕枢轴（即门轴）进行开合的门。

（1）绘制方法

点击“创建面板”，切换到“几何体”选项卡，再切换到“门”界面，点击“枢轴门”按钮，选择“创建方法”卷展栏中默认的“宽度/深度/高度”选项，在顶视图中按住鼠标左键并拖动至适当位置松开，确定门的宽度；接着移动鼠标至适当位置并单击左键，确定门的深度；然后继续移动鼠标至适当位置单击左键，确定门的高度。可在“参数”“页扇参数”卷展栏中设置其参数，如图4-13所示。

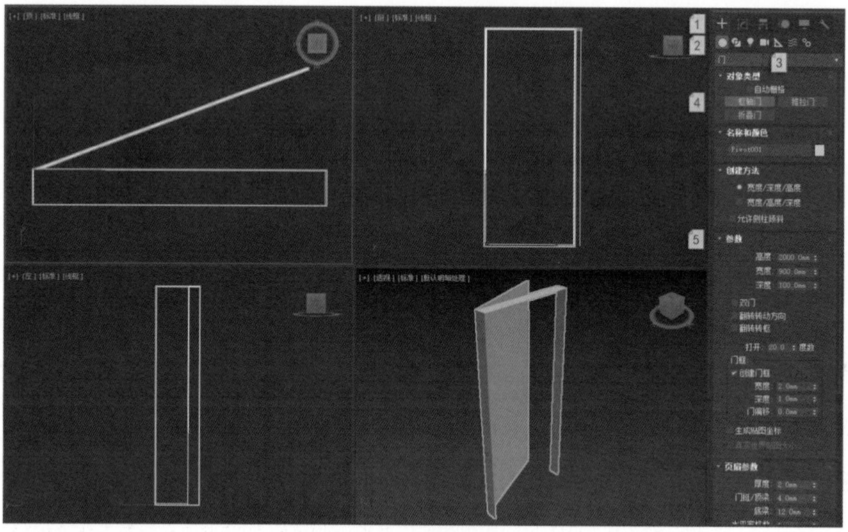

图4-13 创建枢轴门

（2）常用参数解析

❖ 创建方法：用于设置创建门的参数顺序。

❖ 高度：设置门的垂直尺寸。

❖ 宽度：设置门的水平尺寸。

❖ 深度：设置门的厚度。

❖ 双门：用于将门设置为两扇门板。

❖ 翻转转动方向：用于改变门扇的开启方向。

❖ 翻转转枢：用于改变门扇转轴位置。该选项不可用于双门。

❖ 打开度数：设置门打开的角度。

❖ 创建门框：默认为勾选状态，用于显示门框。

❖ 门偏移：设置门扇在门框中的位置。

❖ 厚度：设置门扇的厚度。

❖ 门挺/顶梁：设置门扇顶部和两侧横梁的宽度。

❖ 底梁：设置门扇底部横梁的宽度。

❖ 水平窗格数：设置门扇上水平方向的窗格数量。

❖ 垂直窗格数：设置门扇上垂直方向的窗格数量。

❖ 镶板间距：设置门扇上镶板之间的间隔距离。

4.2.1.2 推拉门

在3ds Max中，推拉门是通过滑动方式实现开启和关闭的门。

（1）绘制方法

点击“创建面板”，切换到“几何体”选项卡，再切换到“门”界面，点击“推拉门”按钮，选择“创建方法”卷展栏中默认的“宽度/深度/高度”选项，在顶视图中按住鼠标左键并拖动至适当位置松开，确定门的宽度；接着移动鼠标至适当位置并单击左键，确定门的深度；然后继续移动鼠标至适当位置并单击左键，确定门的高度。可在“参数”“页扇参数”卷展栏中设置其参数，如图4-14所示。

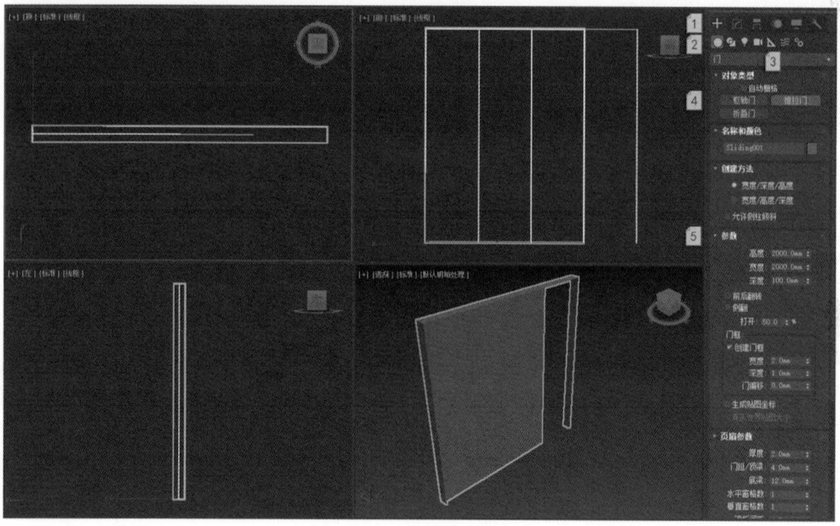

图4-14　创建推拉门

（2）常用参数解析

❖ 前后翻转：用于改变推拉门门扇的前后位置。

❖ 侧翻：用于改变推拉门门扇的左右位置。

❖ 打开：设置门开启程度的百分比。

4.2.1.3 折叠门

在3ds Max中，折叠门是通过多个门板相互折叠来实现开启和关闭的门。

（1）绘制方法

点击“创建面板”，切换到“几何体”选项卡，再切换到“门”界面，点击“折叠门”按钮，选择“创建方法”卷展栏中默认的“宽度/深度/高度”选项，在顶视图中按住鼠标左键并拖动至适当位置松开，确定门的宽度；接着移动鼠标至适当位置并单击左键，确定门的深度；然后继续移动鼠标至适当位置并单击左键，确定门的高度。可在“参数”“页扇参数”卷展栏中设置其参数，如图4-15所示。

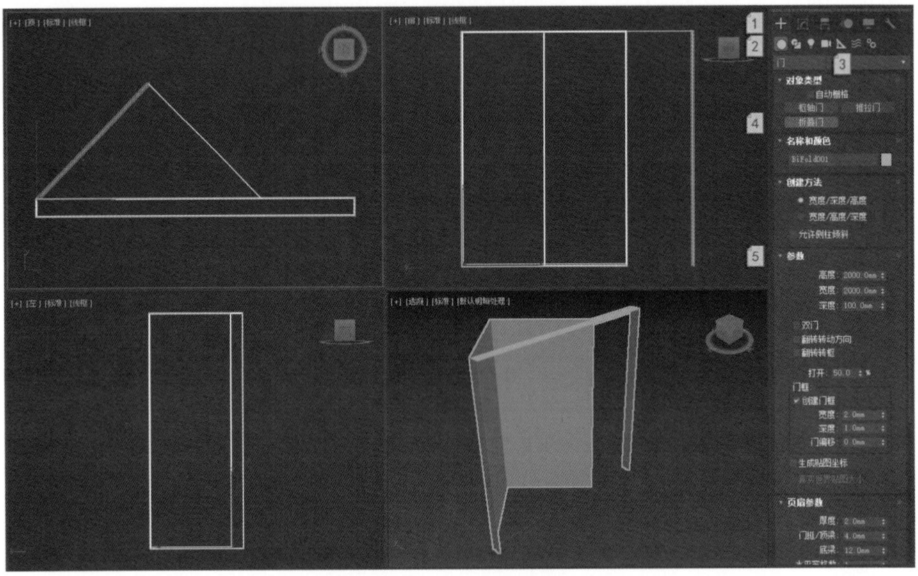

图4-15　创建折叠门

（2）常用参数解析

❖ 双门：将门设置为四扇门板。

4.2.2 门应用案例——LOFT公寓门的绘制

▶ 案 例 视 频 ◀

①打开“LOFT公寓-门”案例素材，在“捕捉开关”按钮上长按鼠标左键，选择“2.5维”捕捉方式，启用捕捉命令；在“捕捉开关”按钮上单击鼠标右键，打开“栅格和捕捉设置”对话框，勾选“顶点”“端点”“中点”，如图4-16所示。

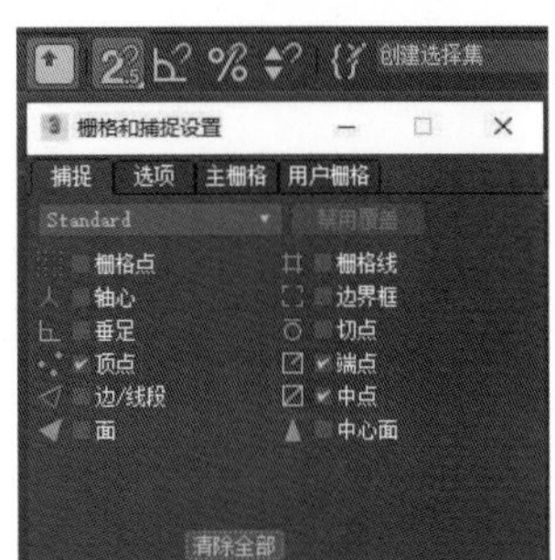

图4-16　设置捕捉点

②点击“创建面板”，切换到“几何体”选项卡，再切换到“门”界面，点击“枢轴门”按钮，“创建方法”使用默认的“宽度/深度/高度”选项，在顶视图中找到LOFT平面图的入户门，捕捉门洞对应的点，确定门的宽度、深度和高度，修改名称为“入户门”，将颜色设置为黄色；在“参数”卷展栏中设置门的“高度”为2100mm，勾选“翻转转动方向”复选框；设置门框“高度”为60mm、“深度”为10mm；设置页扇“厚度”为40mm，“门挺/顶梁”为2mm，“底梁”为0mm，完成入户门的绘制，如图4-17所示。

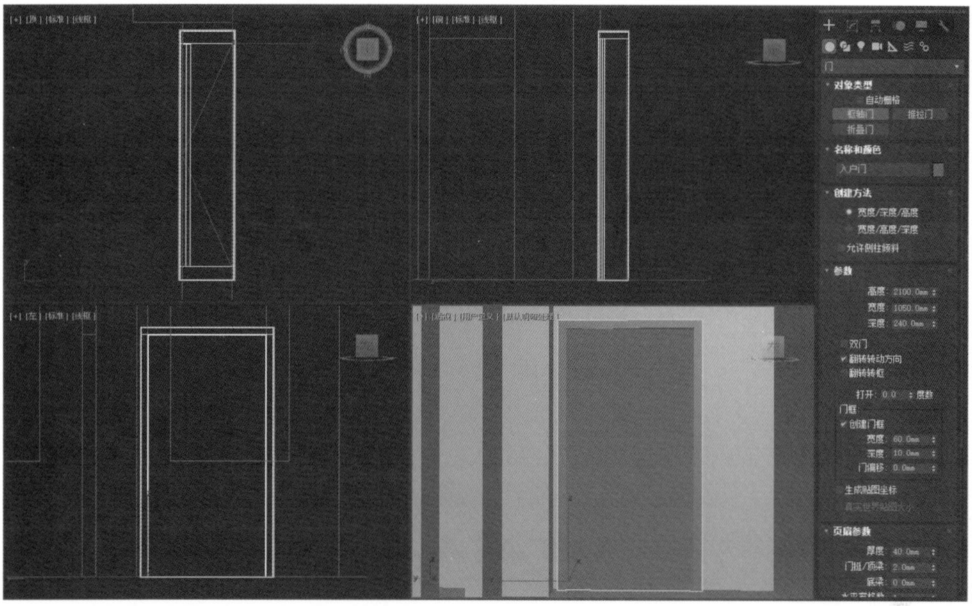

图4-17　创建入户门

③重复上一步操作，创建卫生间门。修改名称为“卫生间门”，将颜色设置为白色；在“参数”卷展栏中设置门的“高度”为2100mm，取消选择“翻转转动方向”复选框，将“打开”设置为40°；设置页扇“水平窗格数”为2、“垂直窗格数”为5，设置“镶板间距”为30，完成卫生间门的绘制，如图4-18所示。

④点击“文件”→“另存为”菜单命令，选择文件保存的位置，将文件命名为“LOFT公寓-门”，点击“保存”按钮，存储该文件以备后期使用。

图4-18　创建卫生间门

4.3 窗

窗户的类型多种多样，3ds Max中提供了6种窗户。在系统默认状态下，单击“创建面板”→“几何体”→“窗”，列表中将出现6种对象类型，分别是“遮篷式窗”“平开窗”“固定窗”“旋开窗”“伸出式窗”“推拉窗”，各种窗户的参数也较为类似，如图4-19所示。

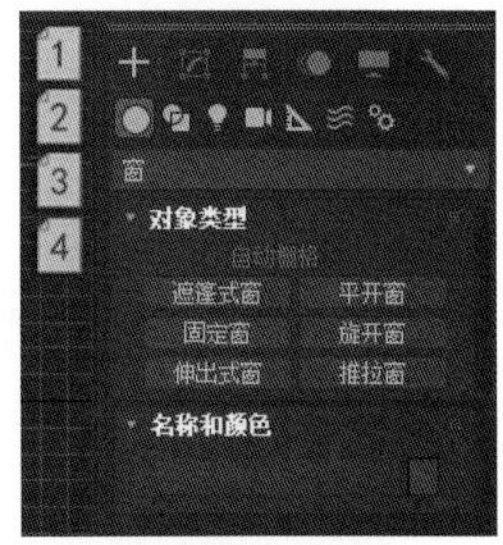

图4-19　窗

4.3.1 窗绘制方法及参数解析

4.3.1.1 遮篷式窗

在3ds Max中，遮篷式窗是一种具有一个或多个可在顶部转枢的窗框的窗户。

（1）绘制方法

点击“创建面板”，切换到“几何体”选项卡，再切换到“窗户”界面，点击“遮篷式窗”按钮，选择“创建方法”卷展栏中默认的“宽度/深度/高度”选项，在顶视图中按住鼠标左键并拖动至适当位置松开，确定窗户的宽度；接着移动鼠标至适当位置并单击左键，确定窗户的深度；然后继续移动鼠标至适当位置并单击左键，确定窗户的高度。可在“参数”卷展栏中设置其参数，如图4-20所示。

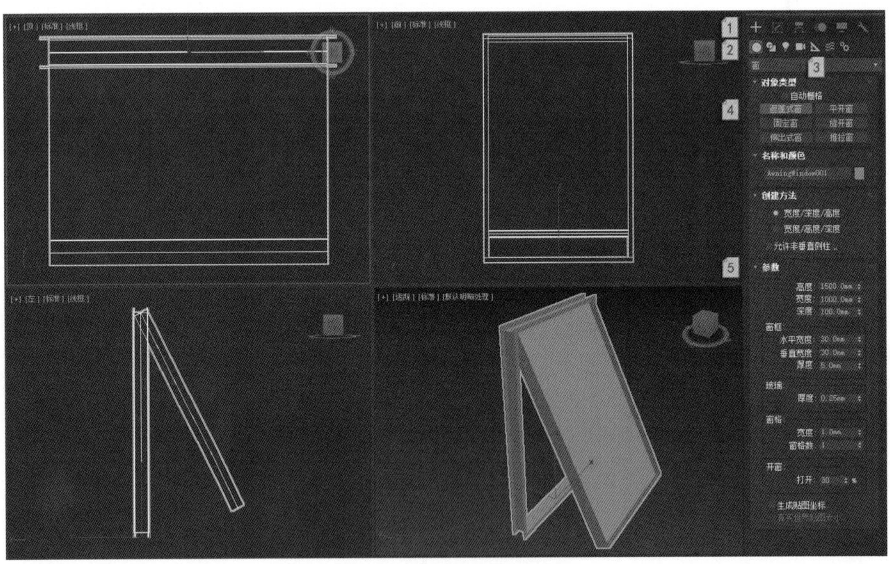

图4-20　创建遮篷式窗

（2）常用参数解析

❖ 创建方法：用于设置创建窗户的参数顺序。

❖ 高度：设置窗户的垂直尺寸。

❖ 宽度：设置窗户的水平尺寸。
❖ 深度：设置窗户的厚度。
❖ （窗框）水平宽度：设置窗户边框水平方向（横向）的宽度。
❖ （窗框）垂直宽度：设置窗户边框垂直方向（纵向）的宽度。
❖ （窗框）厚度：设置窗户边框的厚度。
❖ （玻璃）厚度：设置玻璃的厚度。
❖ （窗格）宽度：设置窗扇边框的宽度。
❖ 窗格数：设置窗格的数量。
❖ 打开：设置窗扇开启的程度。

4.3.1.2 平开窗

在3ds Max中，平开窗是一种沿窗户轴水平开启和关闭的窗户。

（1）绘制方法

点击“创建面板”，切换到“几何体”选项卡，再切换到“窗户”界面，点击“平开窗”按钮，选择“创建方法”卷展栏中默认的“宽度/深度/高度”选项，在顶视图中按住鼠标左键并拖动至适当位置松开，确定窗户的宽度；接着移动鼠标至适当位置并单击左键，确定窗户的深度；然后继续移动鼠标至适当位置并单击左键，确定窗户的高度。可在“参数”卷展栏中设置其参数，如图4-21所示。

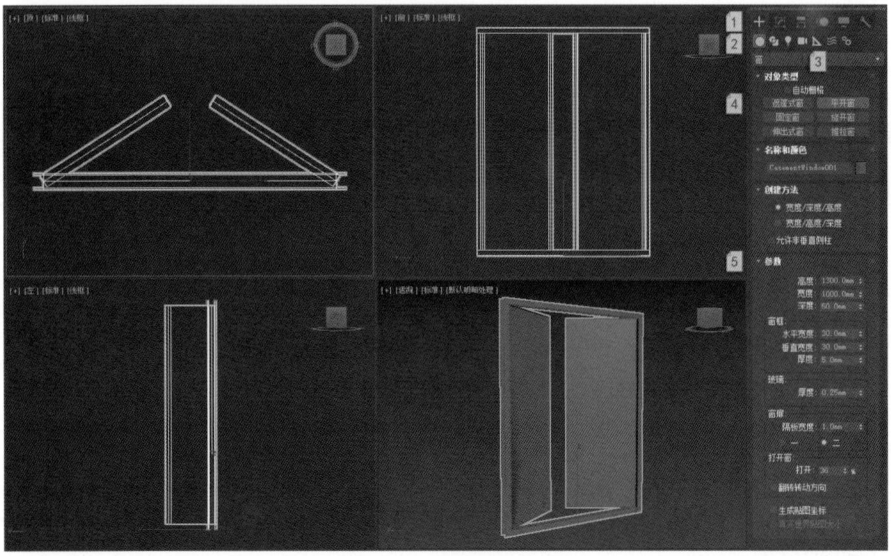

图4-21 创建平开窗

（2）常用参数解析

❖ 隔板宽度：设置窗扇边框的宽度。
❖ 一/二：通过选择“一”或“二”选项，设置窗扇的数量。
❖ 翻转转动方向：用于改变窗扇的开启方向。

4.3.1.3 固定窗

在3ds Max中，固定窗是一种无法开启的窗户。

（1）绘制方法

点击“创建面板”，切换到“几何体”选项卡，再切换到“窗户”界面，点击“固定窗”按钮，选择“创建方法”卷展栏中默认的“宽度/深度/高度”选项，在顶视图中按住鼠标左键并拖动至适当位置松开，确定窗户的宽度；接着移动鼠标至适当位置并单击左键，确定窗户的深度；然后继续移动鼠标至适当位置并单击左键，确定窗户的高度。可在“参数”卷展栏中设置其参数，如图4-22所示。

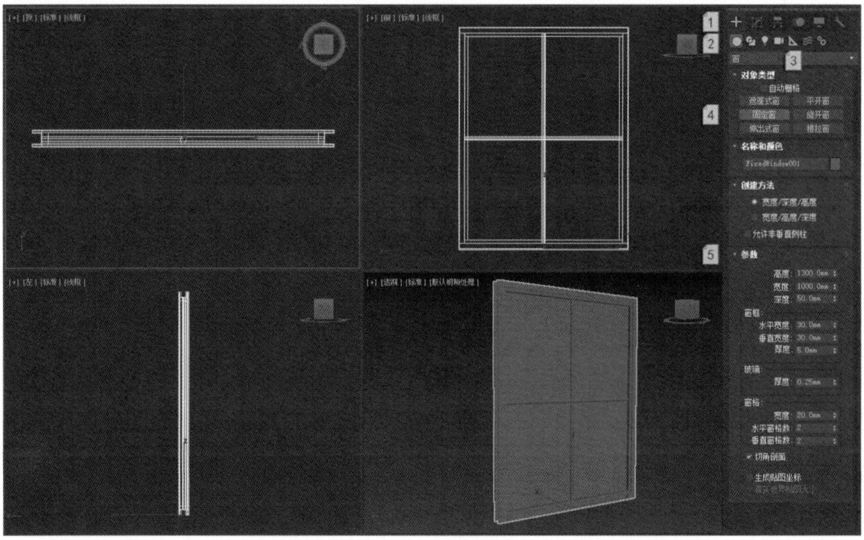

图4-22　创建固定窗

（2）常用参数解析

- ❖ （窗格）宽度：设置窗扇边框的宽度。
- ❖ 水平窗格数：设置窗户在水平方向上窗格的数量。
- ❖ 垂直窗格数：设置窗户在垂直方向上窗格的数量。
- ❖ 切角剖面：勾选时，窗户的窗格之间将添加切角效果。

4.3.1.4 旋开窗

在3ds Max中，旋开窗是一种窗扇围绕窗框中心轴进行水平或垂直旋转开启的窗户。

（1）绘制方法

点击“创建面板”，切换到“几何体”选项卡，再切换到“窗户”界面，点击“旋开窗”按钮，选择“创建方法”卷展栏中默认的“宽度/深度/高度”选项，在顶视图中按住鼠标左键并拖动至适当位置松开，确定窗户的宽度；接着移动鼠标至适当位置并单击左键，确定窗户的深度；然后继续移动鼠标至适当位置并单击左键，确定窗户的高度。可在“参数”卷展栏中设置其参数，如图4-23所示。

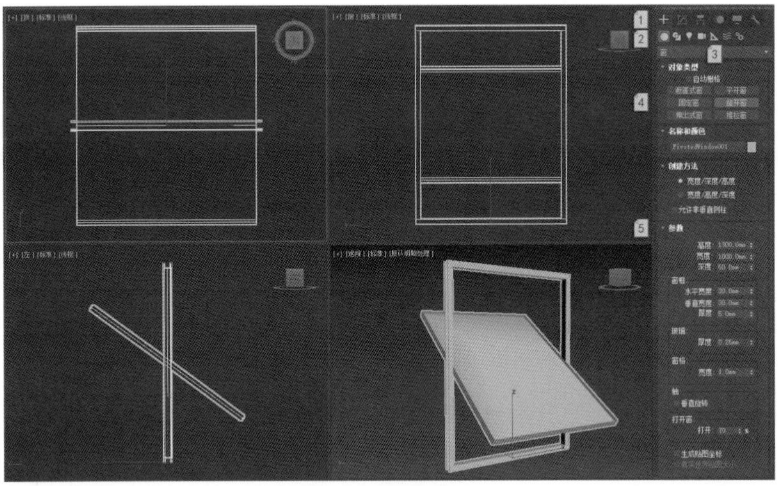

图4-23 创建旋开窗

（2）常用参数解析

❖ 垂直旋转：在系统默认状态下，窗扇围绕窗框水平中心轴进行旋转。勾选该项时，窗扇围绕窗框垂直中心轴进行旋转。

4.3.1.5 伸出式窗

在3ds Max中，伸出式窗是一种部分窗扇可以向外伸出或内缩的窗户，有三扇窗格，其中两扇窗格打开时像反向的遮篷。

（1）绘制方法

点击“创建面板”，切换到“几何体”选项卡，再切换到“窗户”界面，点击“伸出式窗”按钮，选择“创建方法”卷展栏中默认的“宽度/深度/高度”选项，在顶视图中按住鼠标左键并拖动至适当位置松开，确定窗户的宽度；接着移动鼠标至适当位置并单击左键，确定窗户的深度；然后继续移动鼠标至适当位置并单击左键，确定窗户的高度。可在“参数”卷展栏中设置其参数，如图4-24所示。

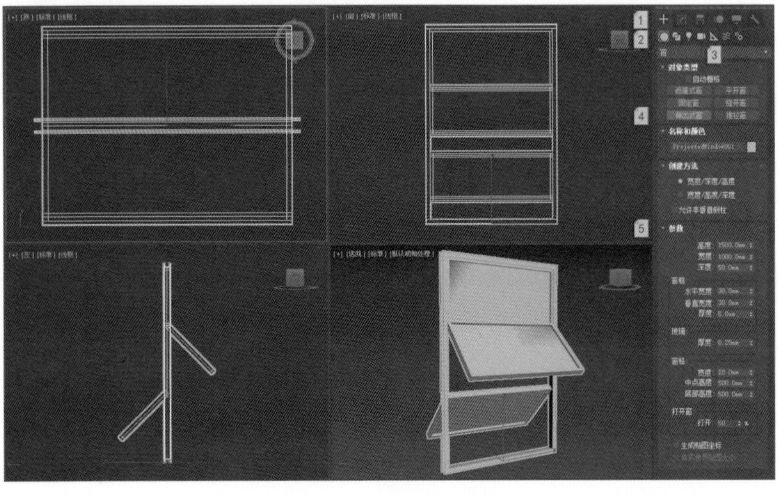

图4-24 创建伸出式窗

（2）常用参数解析

❖（窗格）宽度：设置窗扇边框的宽度。

❖（窗格）中点高度：设置中间窗格的顶部转枢在垂直方向上的位置高度。

❖（窗格）底部高度：设置底部窗格的顶部转枢在垂直方向上的位置高度。

4.3.1.6 推拉窗

在3ds Max中，推拉窗是一种沿着垂直或水平方向滑动的窗户。

（1）绘制方法

点击“创建面板”，切换到“几何体”选项卡，再切换到“窗户”界面，点击“推拉窗”按钮，选择“创建方法”卷展栏中默认的“宽度/深度/高度”选项，在顶视图中按住鼠标左键并拖动至适当位置松开，确定窗户的宽度；接着移动鼠标至适当位置并单击左键，确定窗户的深度；然后继续移动鼠标至适当位置并单击左键，确定窗户的高度。可在“参数”卷展栏中设置其参数，如图4-25所示。

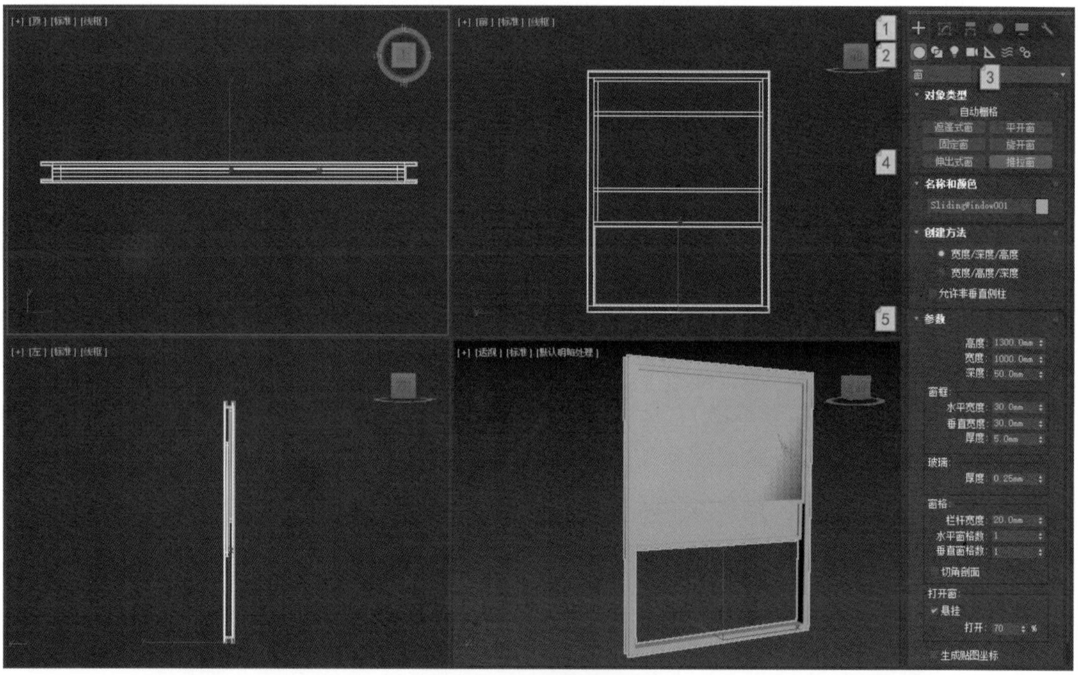

图4-25　创建推拉窗

（2）常用参数解析

❖ 栏杆宽度：设置窗扇边框的宽度。

❖ 水平窗格数：设置窗户在水平方向上窗格的数量。

❖ 垂直窗格数：设置窗户在垂直方向上窗格的数量。

❖ 切角剖面：勾选时，窗户的窗格之间将添加切角效果。

❖ 悬挂：勾选时，窗扇的打开方式为垂直方向的上下推拉；不勾选时，窗扇的打开方式为水平方向的左右推拉。

4.3.2 窗应用案例——LOFT公寓窗的绘制

▶ 案例视频 ◀

①打开“LOFT公寓-窗”案例素材，按快捷键<S>，打开“2.5维”捕捉。点击“创建面板”，切换到“几何体”选项卡，再切换到“窗”界面，点击“伸出式窗”按钮，“创建方法”使用默认的“宽度/深度/高度”选项，在顶视图中找到LOFT平面图的窗户，捕捉窗洞对应的点，确定窗户的宽度、深度和高度，修改名称为“窗户001”，将颜色设置为白色；在“参数”卷展栏设置窗户的“高度”为3000mm；在左视图中按快捷键<W>，执行“选择并移动”命令，捕捉窗户左下角的点并将其移动对齐到窗洞左下角的点上；点击“修改面板”，设置窗框“水平宽度”为60mm、“垂直宽度”为60mm、“厚度”为5mm；设置窗格“宽度”为30mm、“中点高度”为1000mm、“底部高度”为1000mm；设置“打开”为50%，完成一扇窗户的绘制，如图4-26所示。

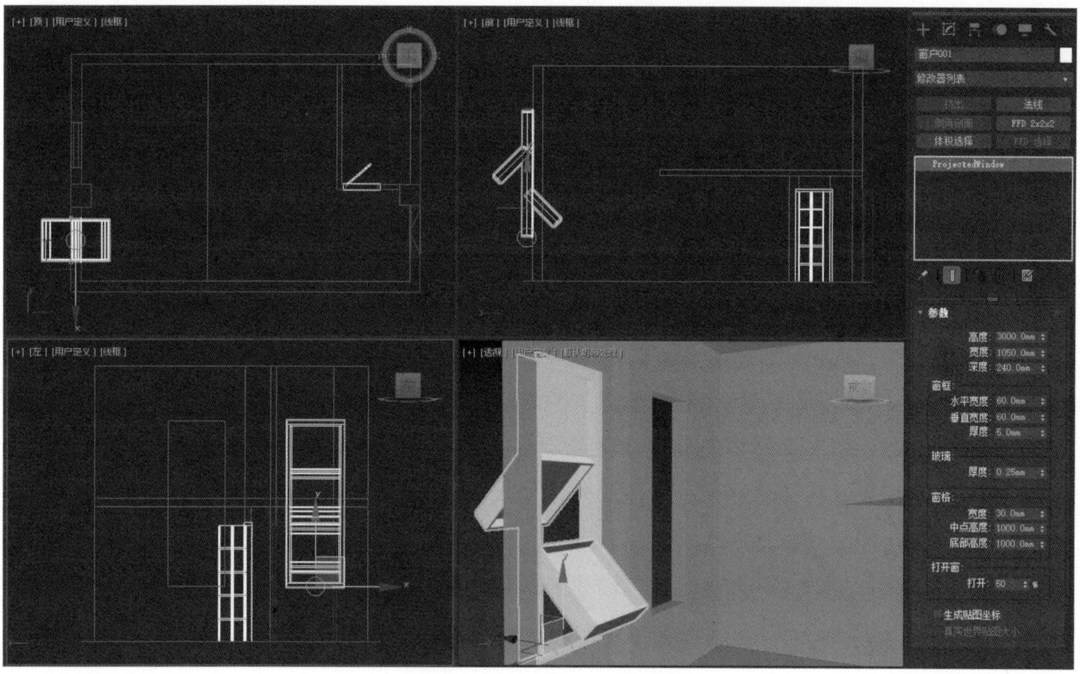

图4-26　创建打开伸出式窗

②在左视图中捕捉窗户左下角的点，按住<Shift>键进行移动复制，移动至另一个窗洞左下角的点上，在弹出的“克隆选项”对话框中选择对象为“复制”，完成另一扇窗户的绘制，设置“打开”为0%，如图4-27所示。

③点击“文件”→“另存为”菜单命令，选择文件保存的位置，将文件命名为“LOFT公寓-窗”，点击“保存”按钮，存储该文件以备后期使用。

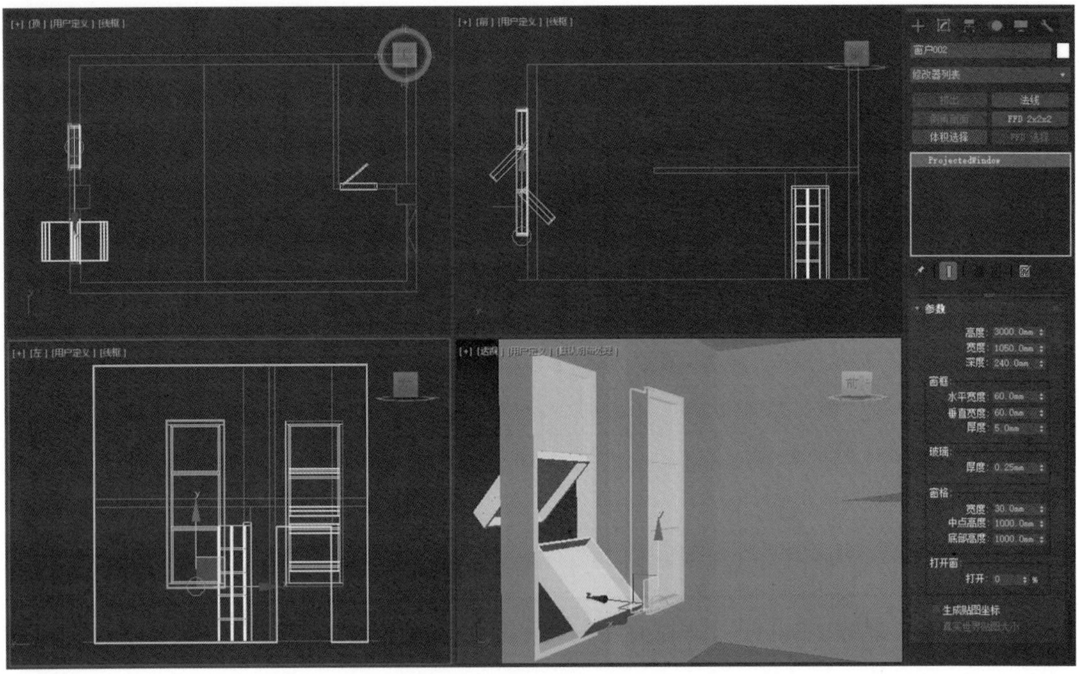

图4-27　创建闭合伸出式窗

4.4 楼梯

楼梯是串联上下两个不同水平面建筑空间，起到过渡和引导作用的建筑构造。3ds Max中提供了4种类型的楼梯样式。在系统默认状态下，单击“创建面板”→“几何体”→“楼梯”，列表中有4种对象类型，分别是“直线楼梯”“L型楼梯”“U型楼梯”“螺旋楼梯”，各种楼梯的参数设置也较为类似，如图4-28所示。

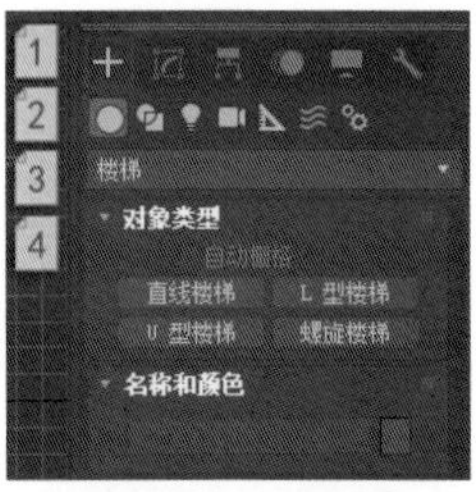

图4-28　楼梯

4.4.1 楼梯绘制方法及参数解析

4.4.1.1 直线楼梯

在3ds Max中，直线楼梯结构简单，沿直线方向升高。

（1）绘制方法

点击“创建面板”，切换到“几何体”选项卡，再切换到“楼梯”界面，点击“直线楼梯”按钮，在顶视图中按住鼠标左键并拖动至适当位置松开，确定楼梯的长度；接着移动鼠标到适当位置并单击左键，确定楼梯的宽度；然后继续移动鼠标至适当位置并单击左键，确定楼梯的高度。可在“参数”“支撑梁”“栏杆”“侧弦”卷展栏中设置其参数，如图4-29所示。

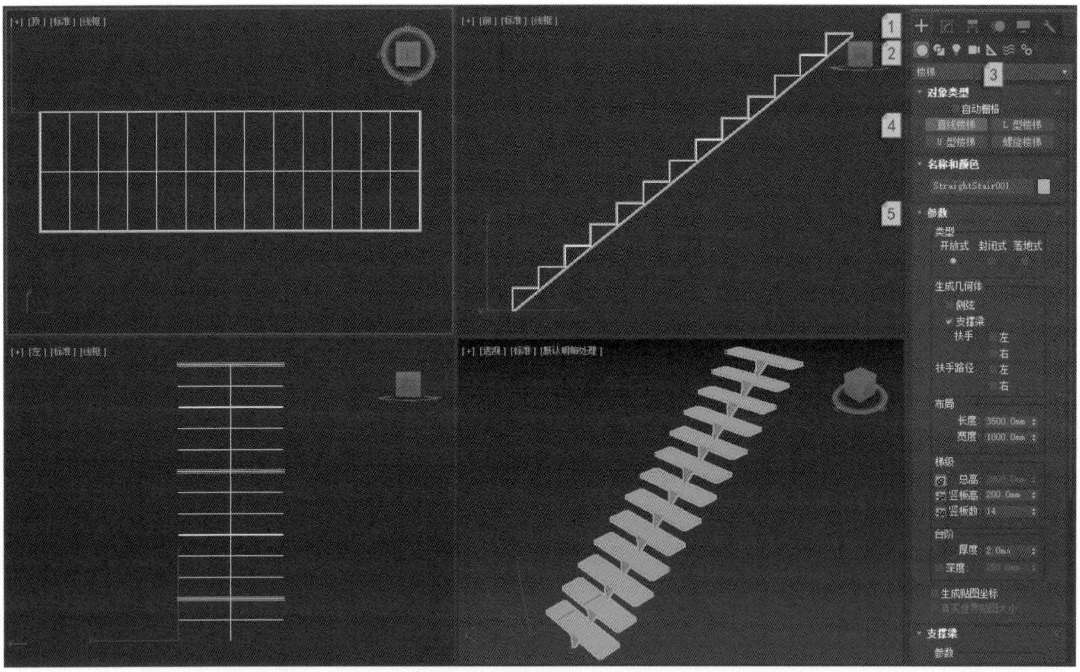

图4-29 创建直线楼梯

（2）常用参数解析

- ❖ 类型：设置楼梯的类型，有“开放式”“封闭式”“落地式”三种形式。
- ❖ 侧弦：楼梯两侧的边缘部分。勾选时，方可调整“侧弦”卷展栏中的参数。
- ❖ 支撑梁：楼梯下方的纵向构件，用于支撑楼梯的重量和传递荷载。勾选时，方可调整“支撑梁”卷展栏中的参数。
- ❖ 扶手：楼梯一侧或两侧的纵向构件。勾选时，方可调整“栏杆”卷展栏中的参数。
- ❖ 扶手路径：扶手沿着楼梯边缘延伸的轨迹，用于创建栏杆。勾选时，方可调整“栏杆”卷展栏中的部分参数。
- ❖ 长度：设置楼梯的水平长度。
- ❖ 宽度：设置楼梯台阶的宽度。
- ❖ 总高：设置楼梯的垂直高度。
- ❖ 竖板高：设置梯级竖板的高度。
- ❖ 竖板数：设置梯级竖板的数量。
- ❖ 厚度：设置楼梯台阶的厚度。
- ❖ 深度：设置楼梯台阶的深度。

4.4.1.2 L型楼梯

在3ds Max中，L型楼梯是一种具有两段成一定角度的楼梯并且带有一个楼梯平台的楼梯类型。

（1）绘制方法

点击“创建面板”，切换到“几何体”选项卡，再切换到“楼梯”界面，点击“L型楼梯”按钮，在顶视图中按住鼠标左键并拖动至适当位置松开，确定第一段楼梯的长度；接着移动鼠标到适当位置并单击左键，确定第二段楼梯的长度；然后继续移动鼠标至适当位置并单击左键，确定楼梯的高度。可在“参数”“支撑梁”“栏杆”“侧弦”卷展栏中设置其参数，如图4-30所示。

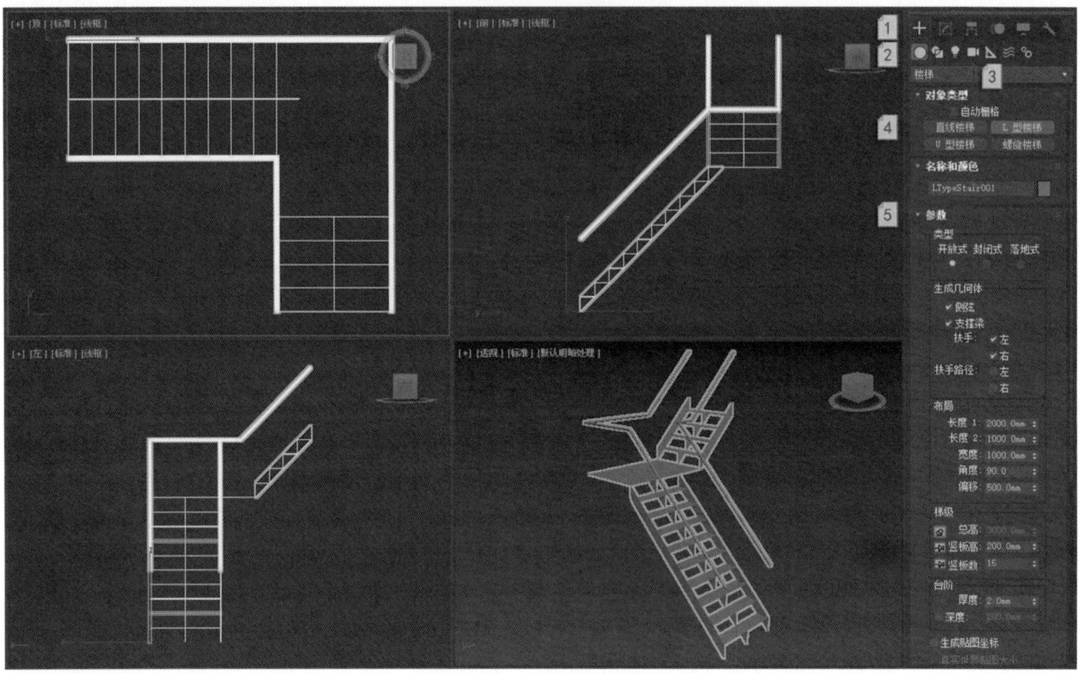

图4-30　创建L型楼梯

（2）常用参数解析

- 长度1：设置第一段楼梯的水平长度。
- 长度2：设置第二段楼梯的水平长度。
- 角度：设置楼梯平台与第二段楼梯之间的角度，角度范围为－90°～90°。
- 偏移：设置楼梯平台与第二段楼梯之间的距离。

4.4.1.3 U型楼梯

在3ds Max中，U型楼梯是一种平面呈U形结构的楼梯，有两段楼梯并且带有一个楼梯平台。

（1）绘制方法

点击“创建面板”，切换到“几何体”选项卡，再切换到“楼梯”界面，点击“U型楼梯”按钮，在顶视图中按住鼠标左键并拖动至适当位置松开，确定楼梯的长度；接着移动鼠标到适当位置并单击左键，确定楼梯平台的长度；然后继续移动鼠标至适当位置并单击左键，确定楼梯的高度。可在“参数”“支撑梁”“栏杆”“侧弦”卷展栏中设置其参数，如图4-31所示。

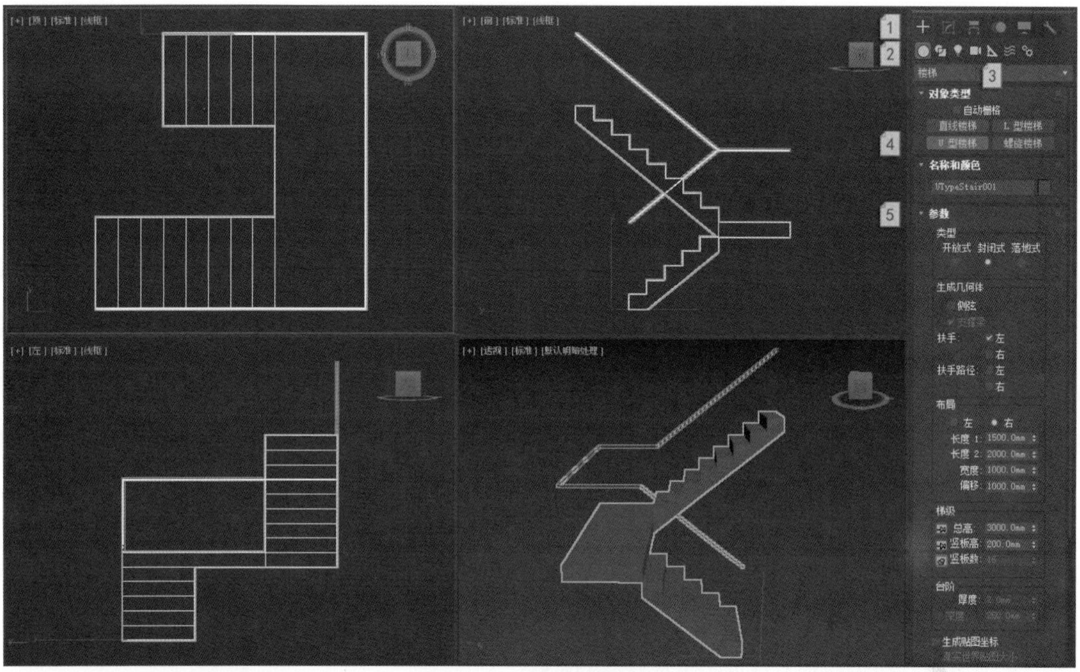

图4-31 创建U型楼梯

（2）常用参数解析

❖ 左/右：通过选择“左”或“右”选项，设置楼梯起始点的位置及走向。

4.4.1.4 螺旋楼梯

在3ds Max中，螺旋楼梯是一种围绕中心轴呈螺旋状旋转上升的楼梯。

（1）绘制方法

点击“创建面板”，切换到“几何体”选项卡，再切换到“楼梯”界面，点击“螺旋楼梯”按钮，在顶视图中按住鼠标左键并拖动至适当位置松开，确定楼梯的半径；接着继续移动鼠标到适当位置并单击左键，确定楼梯的高度。可在“参数”“支撑梁”“栏杆”“侧弦”“中柱”卷展栏中设置其参数，如图4-32所示。

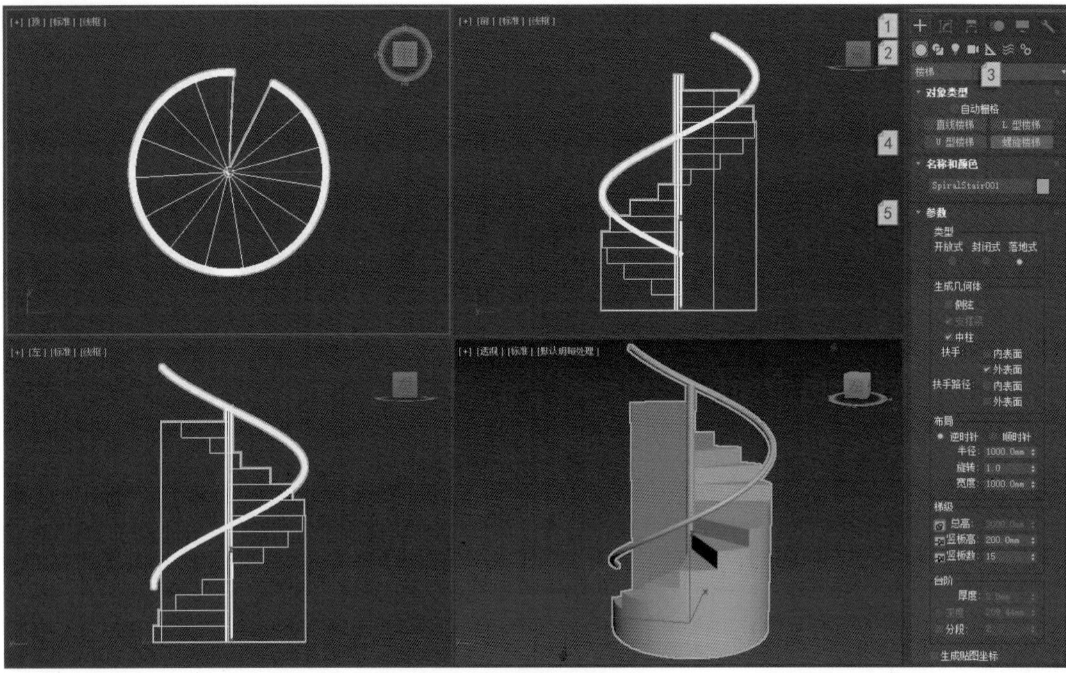

图4-32 创建螺旋楼梯

（2）常用参数解析

- ❖ 中柱：螺旋楼梯的中心支撑结构。勾选时，方可调整“中柱”卷展栏中的参数。
- ❖ 逆时针/顺时针：设置楼梯的旋转方向。
- ❖ 半径：楼梯旋转路径的半径，即楼梯中心轴到楼梯边缘的距离。
- ❖ 旋转：楼梯围绕中柱旋转的角度或圈数。
- ❖ 分段：楼梯台阶的分段数。分段越多，越平滑。

4.4.2 楼梯应用案例——LOFT公寓楼梯的绘制

①打开“LOFT公寓-楼梯”案例素材，打开“2.5维”捕捉。点击“创建面板”，切换到“几何体”选项卡，再切换到“楼梯”界面，点击“L型楼梯”按钮，在顶视图中依次捕捉LOFT平面图左上角内墙线对应的点，确定楼梯的第一段长度、第二段长度和高度。

▶ 案例视频 ◀

②修改名称为“L型楼梯”，将颜色设置为黄色；在“参数”卷展栏中勾选“支撑梁”和“右扶手”；在“梯级”栏中，先锁定“竖板数”参数，设置梯级“总高”为2800mm，再锁定“总高”参数，设置梯级“竖板高”为200mm，自动计算出“竖板数”为14；设置布局“长度1”为600mm、“长度2”为2200mm、“宽度”为1000mm、“角度”为90°、“偏移”为0mm；设置台阶“厚度”为50mm；设置支撑梁“宽度”为30mm；设置栏杆“高度”为1000mm、“偏移”为50mm、“分段”为30、“半径”为25mm，完成L型楼梯的绘制，如图4-33所示。

③点击“文件”→“另存为”菜单命令，选择文件保存的位置，将文件命名为“LOFT公寓-楼梯”，点击“保存”按钮。

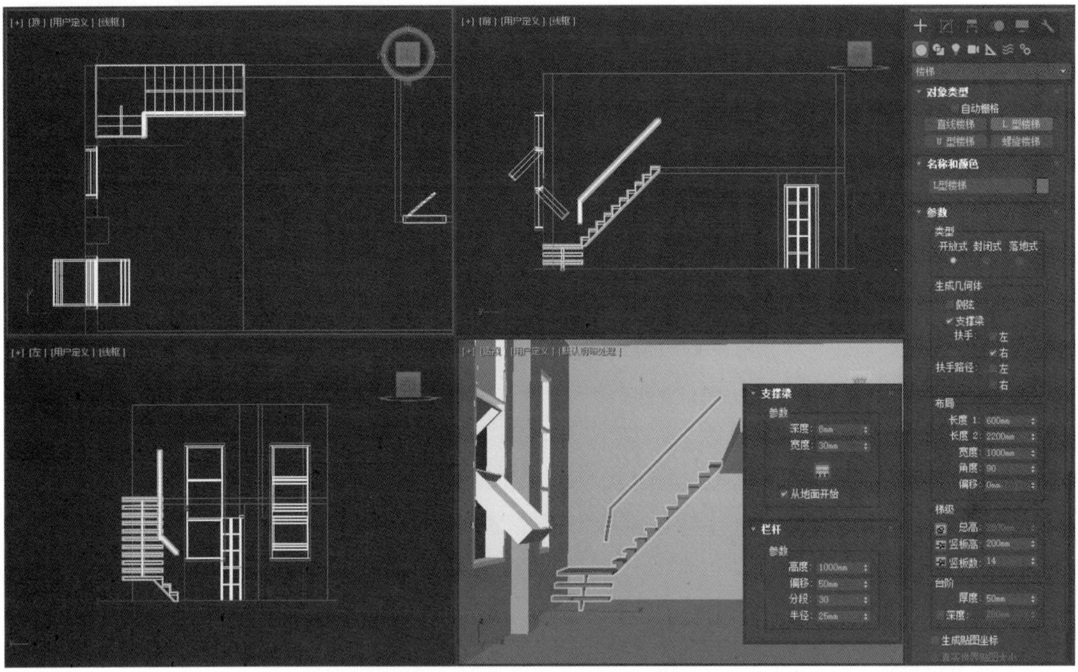

图4-33 创建LOFT公寓L型楼梯

本章习题

一、选择题

1. 在3ds Max中，AEC扩展主要用于（　　）领域。

A. 动画制作　　B. 建筑与环境设计

C. 角色建模　　D. 游戏开发

2. 在3ds Max中，提供了（　　）种门的对象类型。

A. 2　　B. 3　　C. 4　　D. 5

3. 在3ds Max提供的窗户类型中，（　　）无法打开窗户。

A. 遮篷式窗　　B. 平开窗　　C. 伸出式窗　　D. 固定窗

4. 在3ds Max楼梯的参数中，围绕中心轴呈螺旋状旋转上升的楼梯类型是（　　）。

A. 直线楼梯　　B. L型楼梯　　C. 螺旋楼梯　　D. U型楼梯

二、填空题

1. 在3ds Max中，AEC扩展提供了__________、__________和__________物体模型，方便用户进行建筑与环境设计。

2. 在AEC扩展的“栏杆”卷展栏中，“剖面”选项用于设置栏杆的__________形状。

3. __________具有一个或多个可在顶部转枢的窗框。

4. 在3ds Max中可以创建直线楼梯、________、________和螺旋楼梯4种不同类型的楼梯，每一种又可以分为开放式、________和________3种类型。

三、简答题

1. 请简述在3ds Max中创建一扇门的基本步骤。

2. 请说明3ds Max提供的楼梯模型有何异同点。

四、上机练习题

制作多样化门窗模型。

练习目标：通过创建门窗并调整门窗参数绘制多样化的门窗模型，如双开枢轴门、四扇折叠门、双扇遮篷窗、水平推拉窗等。

▶ 习题答案 ◀

第5章

二维图形建模

本章内容

前面的章节介绍了三维模型的创建与编辑，但在实际应用中，有些复杂的场景无法利用基本的三维模型来实现，利用二维图形生成三维建模的方法则可以解决这个难题。本章主要介绍二维图形的创建与编辑技巧，以及二维转三维常用的一些修改器。利用修改器可以改变模型的外观，重塑对象的形体。

学习目标

知识目标： 熟悉二维图形的创建方法，掌握样条线的编辑方法和技巧，掌握【挤出】【倒角】【倒角剖面】【车削】修改器的用法。

能力目标： 能够绘制基本的二维图形，能够通过编辑样条线得到更加丰富的图形效果，能够利用【挤出】【倒角】【倒角剖面】【车削】修改器将二维图形转化成三维模型。

素质目标： 培养创新能力、组织能力和团队协作能力，具备细致认真、精益求精的精神品质。

5.1 创建二维图形

5.1.1 线

在三维建模中，样条线是一种重要的建模工具，利用“线”按钮可以创建任何形状的开放型或封闭型的直线或曲线。通过调整线的节点或线段可以改变线的形状，生成更复杂的图形。下面来学习线的创建方法。

（1）绘制直线

单击“创建”面板，切换到“图形”选项卡，在“对象类型”卷展栏中点击“线”按钮，如图5-1所示。在顶视图中单击鼠标左键确定线的起点，然后移动鼠标指针至合适的位置，再次单击鼠标左键确定节点，生成一条直线，如图5-2所示。单击鼠标右键完成绘制。

（2）绘制曲线

在顶视图中单击鼠标左键确定线的起点，然后移动鼠标指针至合适的位置，按住鼠标左键不放，并拖曳鼠标，生成一条弧线，如图5-3所示。单击鼠标右键完成绘制。

（3）绘制闭合样条线

如果要绘制连续的直线或弧线，确定起点后，可多次移动鼠标至合适的位置确定节点，绘制线形过程中，如果将鼠标移动到起点位置并单击鼠标左键，将弹出“样条线”对话框，如图5-4所示，提示“是否闭合样条线”，点击“是”按钮即可闭合样条线。

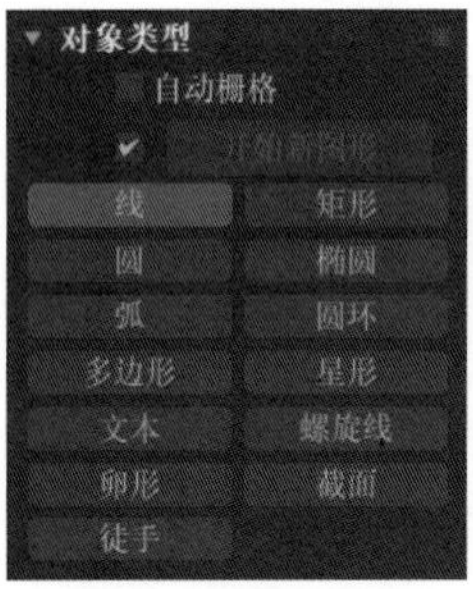

图5-1　选择“线”

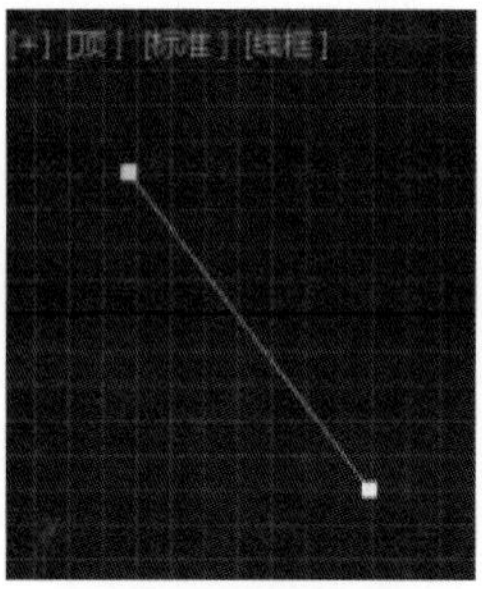

图5-2　绘制直线

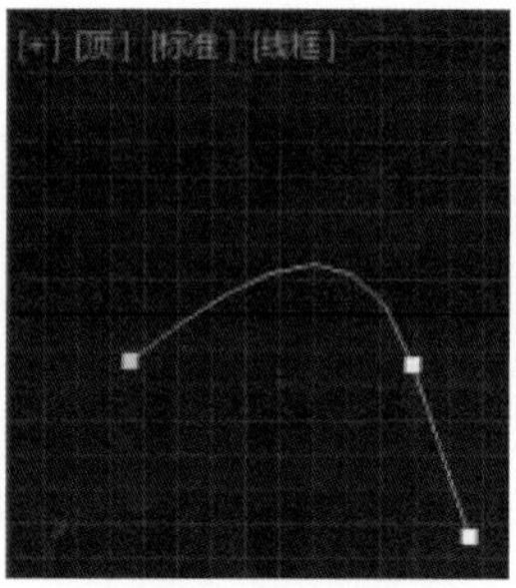

图5-3　绘制曲线

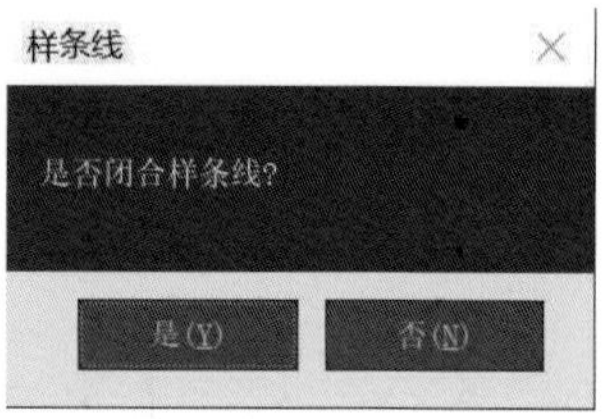

图5-4　“样条线”对话框

5.1.2 矩形

利用图形选项卡中的“矩形”工具可以绘制矩形或者正方形，如果想绘制正方形，在绘制矩形时按住Ctrl键即可。

（1）绘制方法

单击“创建”面板，切换到“图形”选项卡，在“对象类型”卷展栏中点击“矩形”按钮。在顶视图中，按住鼠标左键拖曳到适当的位置，松开鼠标即可生成一个矩形，如图5-5所示。

绘制完成后，可以在“参数”卷展栏中修改相应的参数，如图5-6所示。如果设置“角半径”为50mm，可以得到一个圆角矩形，效果如图5-7所示。

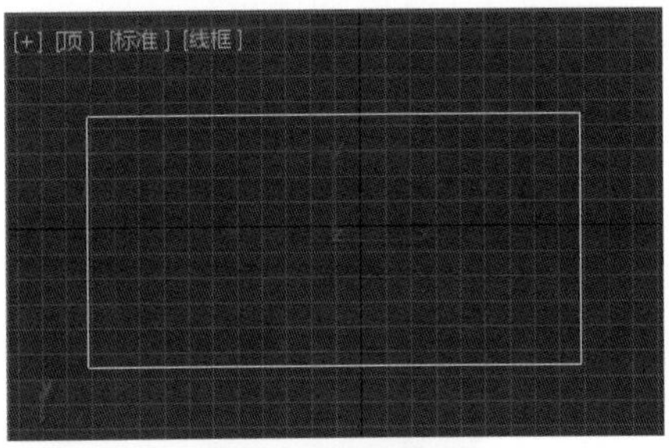

图5-5　绘制矩形

图5-6　“参数”卷展栏

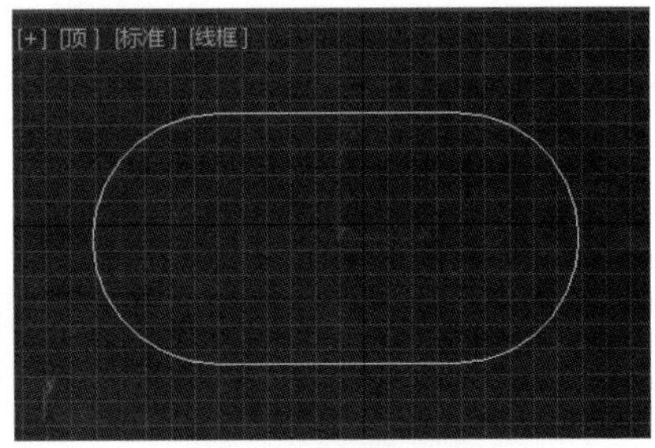

图5-7　绘制圆角矩形

（2）常用参数解析

❖ 长度：用来设置矩形的长度。

❖ 宽度：用来设置矩形的宽度。

❖ 角半径：用来设置矩形的四个角是直角还是圆角。

5.1.3 圆和椭圆

（1）绘制圆

单击“创建”面板，切换到“图形”选项卡，在“对象类型”卷展栏中点击“圆”按钮。在顶视图中，按住鼠标左键拖曳到适当的位置，松开鼠标即可生成一个圆形，如图5-8所示。如果要修改圆的大小，选中圆，打开“修改”面板，在“参数”卷展栏中可以设置半径。

（2）绘制椭圆

椭圆的绘制方法与圆类似，打开椭圆的“参数”卷展栏，如图5-9所示，可以设置长度和宽度，长度用来设置椭圆的长轴值，宽度用来设置椭圆的短轴值。

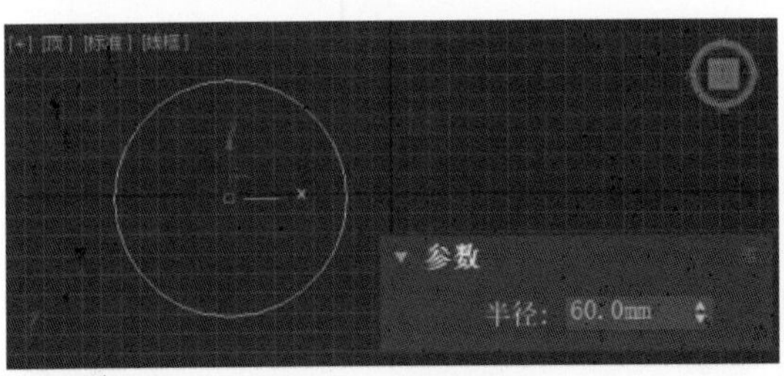

图5-8　绘制圆

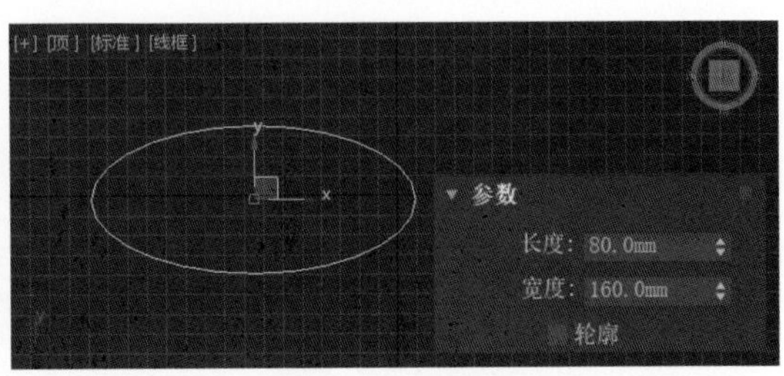

图5-9　绘制椭圆

5.1.4 弧

利用“弧”工具可以绘制弧形或者饼形。绘制方法如下。

①单击“创建”面板，切换到“图形”选项卡，在“对象类型”卷展栏中点击“弧”按钮。

②按住鼠标左键拖曳到适当的位置后松开鼠标左键，再次移动鼠标到适当的位置，单击鼠标即可完成绘制，如图5-10所示。弧形的创建方法有两种，如图5-11所示，默认的是“端点－端点－中央”的绘制方法，也可采用“中间－端点－端点”的绘制方法。

③选中刚创建的弧形，打开“修改”面板，在参数面板中选择“饼形切片”，如图5-12所示，可以得到一个饼形，如图5-13所示。

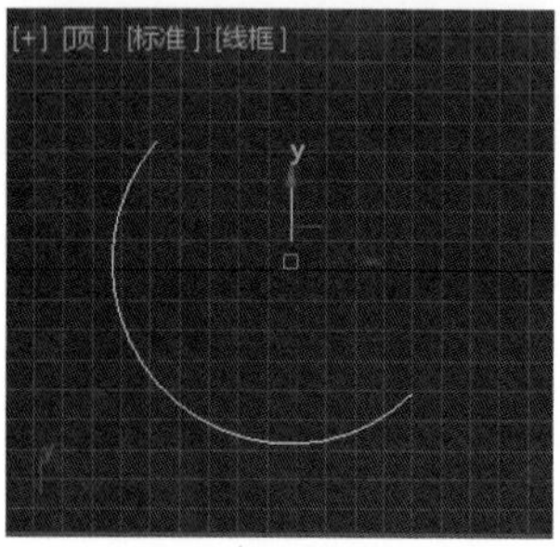

图5-10　绘制弧

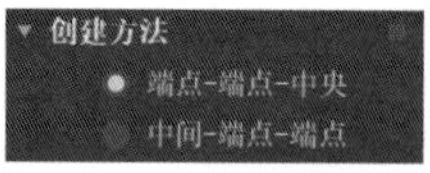

图5-11　创建方法

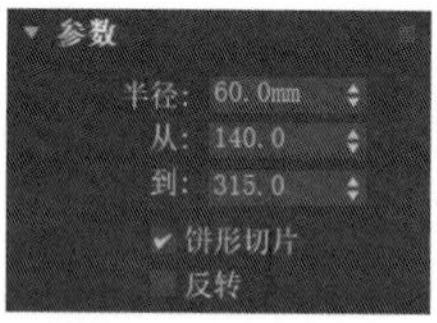

图5-12　弧的参数

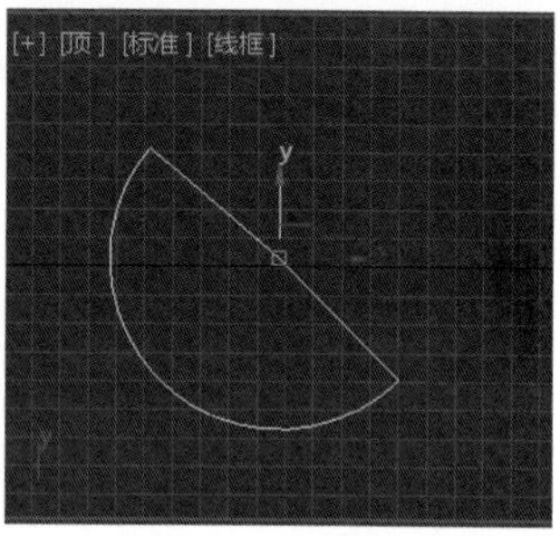

图5-13　绘制饼形

5.1.5 多边形

利用“多边形”工具可以创建任意边数的正多边形，也可以创建圆角多边形。

（1）绘制方法

单击“创建”面板，切换到“图形”选项卡，在“对象类型”卷展栏中点击“多边形”按钮。在视图中按住鼠标左键拖曳到适当位置释放鼠标，即可创建一个多边形，如图5-14所示。

（2）参数设置

在“参数”卷展栏中通过设置不同的参数（图5-15），可以创建各种形态的多边形，如图5-16所示。

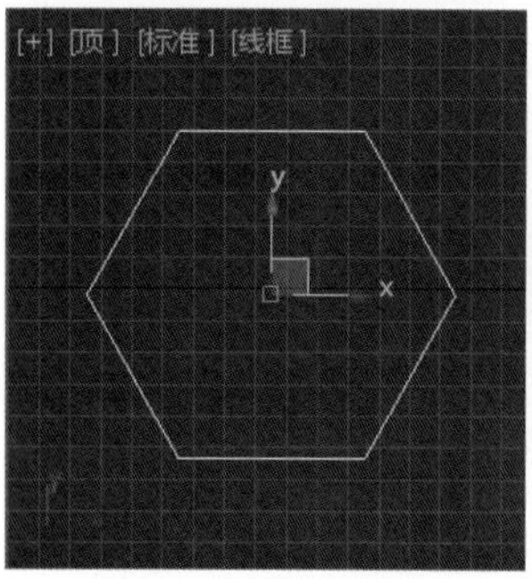

图5-14　绘制六边形

图5-15　多边形的参数

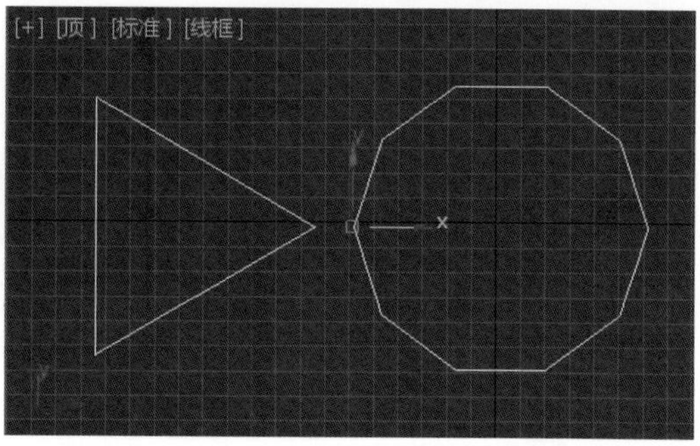

图5-16　各种形态的多边形

5.1.6 星形

利用“星形”工具可以创建多角星形，还可以制作齿轮图案。

（1）绘制方法

单击“创建”面板，切换到“图形”选项卡，在“对象类型”卷展栏中点击“星形”按钮。在视图中按住鼠标左键拖曳到合适位置松开鼠标，确定星形外半径，然后移动鼠标到合适位置后单击，确定内半径，星形绘制完成，如图5-17所示。

（2）参数设置

在“参数”卷展栏中通过设置不同的参数（图5-18），可以创建各种形态的星形，如图5-19所示。“参数”卷展栏中各项参数的功能如下。

❖ 半径1：设置星形的外半径。

❖ 半径2：设置星形的内半径。

❖ 点：设置星形角的数量。

❖ 扭曲：设置外角与内角的扭曲程度。

❖ 圆角半径1：设置外角为圆角。

❖ 圆角半径2：设置内角为圆角。

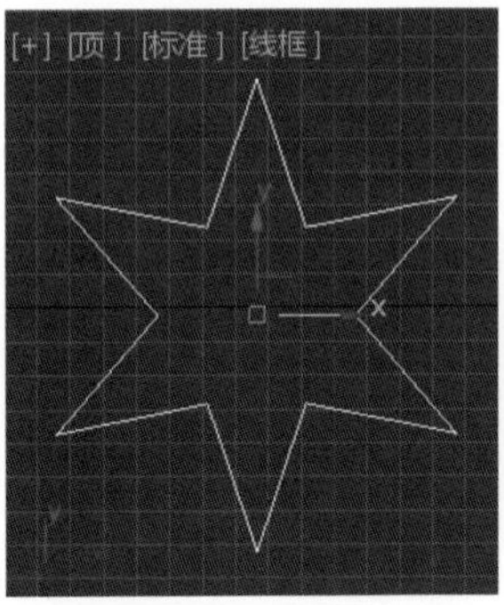

图5-17 绘制星形

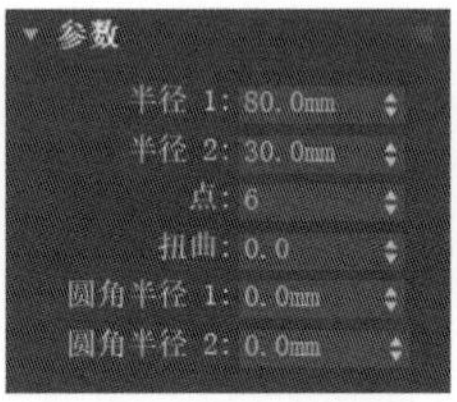

图5-18 星形的参数

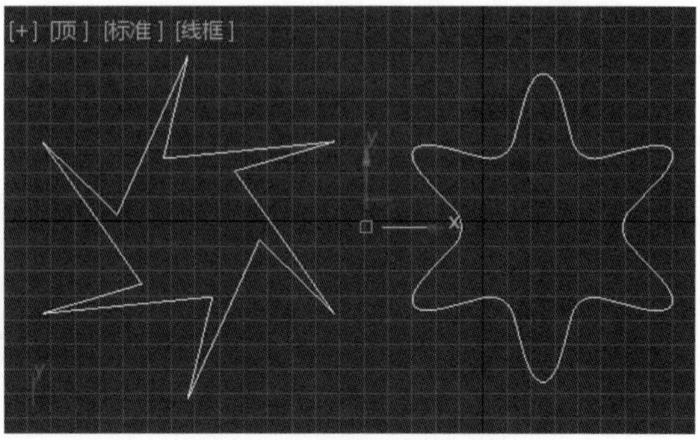

图5-19 各种形态的星形

5.1.7 文本

利用“文本”工具可以绘制文字图形。

（1）绘制方法

单击“创建”面板，切换到“图形”选项卡，在“对象类型”卷展栏中点击“文本”按钮。在“参数”卷展栏中设置字体为新宋体，设置文本大小为100mm，在文本输入框中输入“文本内容”，如图5-20所示，设置完成后，将鼠标移动到前视图并单击，即可生成文本，如图5-21所示。

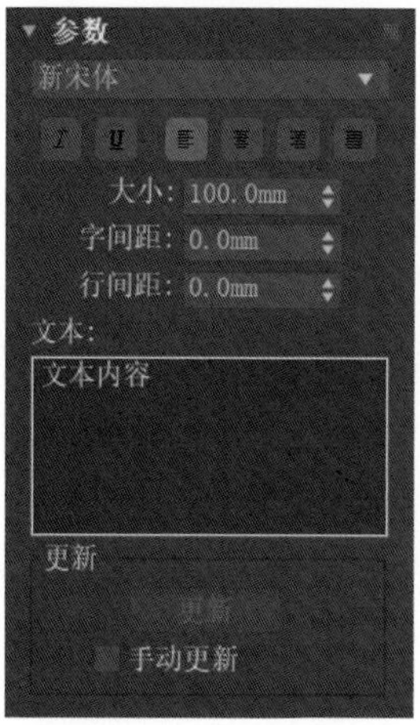

图5-20　文本参数

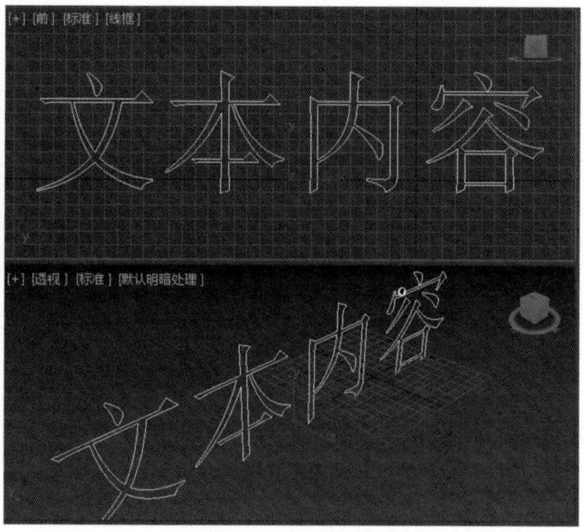

图5-21　绘制文本

（2）各项参数解析

- ❖ 字体下拉列表框：设置字体类型。
- ❖ 按钮：设置斜体字体。
- ❖ 按钮：设置下划线。
- ❖ 按钮：设置左对齐。
- ❖ 按钮：设置居中对齐。
- ❖ 按钮：设置右对齐。
- ❖ 按钮：设置两端对齐。
- ❖ 大小：设置文本的大小。
- ❖ 字间距：设置文字之间的距离。
- ❖ 行间距：设置行与行之间的距离。
- ❖ 文本输入框：用于输入文本内容，并进行编辑。
- ❖ 更新：修改文本内容后，设置视图自动更新。
- ❖ 手动更新：设置手动更新。当文本内容非常复杂，系统无法实现自动更新时，可以选择手动更新。

5.2 编辑二维图形

二维图形绘制完成后，除了基本的参数设置外，还可以通过顶点、线段和样条线三个子对象对图形进行更加精细的调整。

5.2.1 顶点

（1）绘制方法

①单击“创建”面板，切换到“图形”选项卡，在“对象类型”卷展栏中点击“线”按钮。

②在顶视图中创建线形，如图5-22所示，选择线形图形，打开修改面板，在堆栈编辑器中展开Line，可以看到“顶点”“线段”“样条线”三个层级，其与“选择”卷展栏中的“顶点”“线段”“样条线”三个按钮用法一致，如图5-23所示。

③选择“顶点”层级，在绘制的线形中选择一个顶点，并单击鼠标右键弹出快捷菜单，如图5-24所示，可以设置顶点的类型，如图5-25所示。

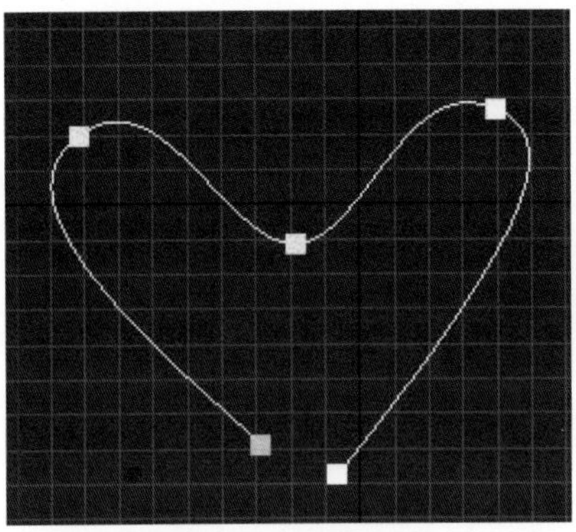

图5-22 创建曲线

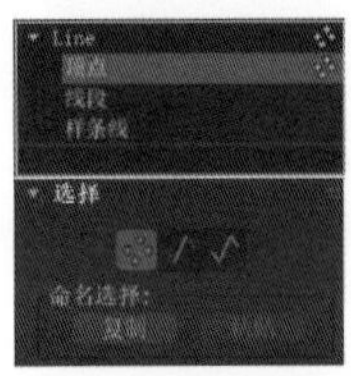

图5-23 线的子层级

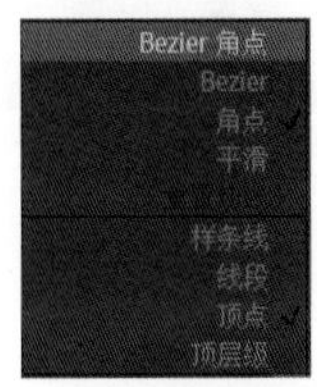

图5-24 顶点快捷菜单

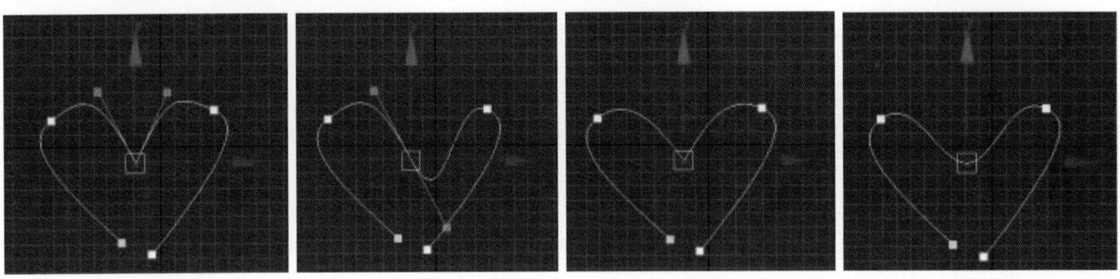

Bezier角点　Bezier　角点　平滑

图5-25 顶点的类型

（2）常用参数解析

❖ Bezier角点：顶点两侧的调节杆不关联，可以各自调节每一侧的曲线。

❖ Bezier：两根调节杆在一条直线上，调整一侧调节杆的方向，另一侧的方向会同步改变。

❖ 角点：创建锐角转角，无调节手柄。

❖ 平滑：强制调整线段为平滑曲线，无调节手柄。

5.2.2 线段

（1）线段的拆分

在顶视图中创建线形，选中线形，打开修改面板，在堆栈编辑器中选择“线段”层级。被选中的线段显示为红色，在“几何体”卷展栏中找到“拆分”按钮，在右侧的文本框中输入“7”，然后单击“拆分”按钮，被选中的线段即被拆分成7段，如图5-26所示。

（2）线段的分离

选中线性图形中的线段，在“几何体”卷展栏中单击“分离”按钮，弹出“分离”对话框，如图5-26所示，单击“确定”按钮，被选择的线段就分离出来了，如果在分离前选择了“分离”按钮参数列表中的“复制”选项，则会保留被选中的线段，分离出一个线段的复制品。

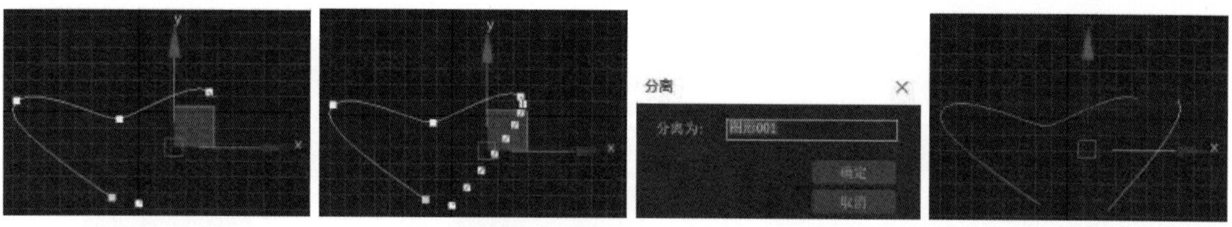

选中线段　　拆分线段　　分离对话框　　分离线段

图5-26　线段的拆分和分离

5.2.3 编辑样条线

编辑样条线是在二维图形修改中最重要的，也是最常用的修改方式。绘制二维图形时，如果是用“线”按钮绘制的图形，可以直接在修改面板的堆栈编辑器中选择“样条线”子层级。否则，需要将图形转化成可编辑样条线，才能进入“样条线”子层级，方法如下。

方法一：打开修改面板，在堆栈修改器中选中图形，单击鼠标右键，在弹出的快捷菜单中选择“可编辑样条线”。

方法二：打开修改面板，在修改器列表中选择“可编辑样条线”。

“几何体”卷展栏中提供了很多修改参数，常用的参数如下。

（1）附加

当场景中有两个以上的二维图形时，才能使用附加功能。例如，在前视图中绘制一个五角星和一个圆形，打开“修改”面板，在堆栈修改器中选中星形，单击鼠标右键，在弹出的快捷菜单中选择“可编辑样条线”，选择“样条线”子层级，在“几何体”卷展栏中单击“附加” 附加 按钮，在当前视图中选择圆形，两个图形就变成了一个整体，如图5-27所示。

（2）附加多个

原理与“附加”相同。单击该按钮后，将弹出“附加多个”对话框，如图5-27所示，在对话框中可以选择多个二维图形，然后单击“附加”按钮，可以将多个二维图形变成一个整体。

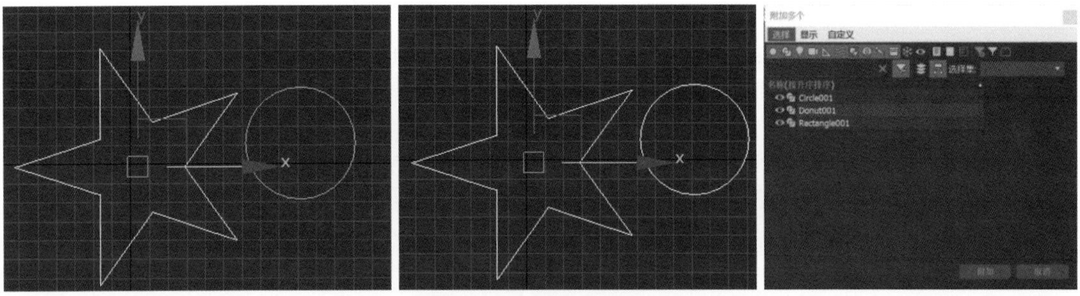

图5-27　附加和附加多个

（3）优化

用于在线段上添加节点，方便进行更精细的调整。操作方法：进入“线段”子层级，单击“优化” 优化 按钮，然后在选中的图形上单击鼠标左键，即可插入新的节点。

（4）圆角

用于将尖角节点改成圆角。操作方法：进入“顶点”子层级，选中需要修改的节点，然后单击“圆角” 圆角 按钮，将鼠标移动到被选中的节点上，按住鼠标左键不放并拖曳，节点会变成圆角，也可以通过输入数值或使用微调器来设置圆角。

（5）轮廓

用于给选择的线设置轮廓，如果线性图形不是封闭的，设置轮廓后其会自动封闭。例如，在顶视图中绘制五角星，打开“修改”面板，在堆栈修改器中选中星形，单击鼠标右键，在弹出的快捷菜单中选择“可编辑样条线”，选择“样条线”子层级。

在“几何体”卷展栏中单击“轮廓” 轮廓 按钮，将鼠标移动到五角星上并拖曳，即可创建轮廓，如图5-28所示。也可以通过在轮廓框中输入数值来设置轮廓。

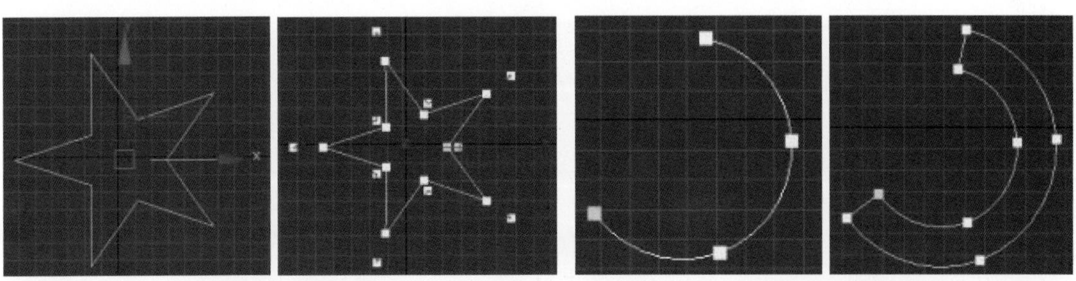

封闭图形设置轮廓　　开放图形设置轮廓

图5-28　设置轮廓

（6）布尔运算

布尔运算包含“并集”“差集”和“交集”三种运算方式。利用布尔运算可以绘制更加复杂的二维图形。进行布尔运算的图形必须是封闭的，图形之间要有重叠，并且同属于一个对象。

例如，在顶视图中绘制一个五角星和一个圆形。选中五角星，打开修改面板，在堆栈修改器中选中星形，单击鼠标右键，在弹出的快捷菜单中选择“可编辑样条线”，将图形转化成可编辑样条线，然后选择“几何体”卷展栏中的“附加”按钮，移动鼠标选择圆形，将两个图形附加在一起。进入“样条线”子层级，选择五角星，然后单击“几何体”卷展栏中的“布尔” 布尔 按钮后，再单击并集、差集或交集按钮，然后将鼠标移动到圆形对象上单击。得到的最终效果如图5-29所示。

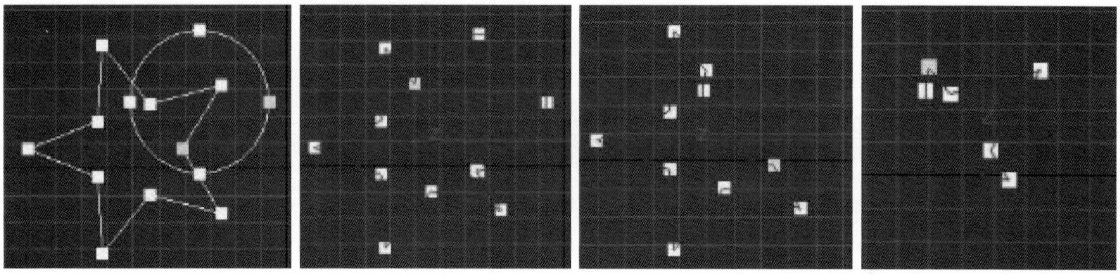

样条线　　并集　　差集　　交集

图5-29　布尔运算效果

（7）镜像

利用“镜像”功能可以对二维图形进行水平、垂直和双向镜像。

在顶视图中绘制弧形，打开修改面板，在堆栈修改器中选中弧形，单击鼠标右键，在弹出的快捷菜单中选择“可编辑样条线”，将图形转化成可编辑样条线。选择“样条线”子层级，在镜像之前，先选中“几何体”卷展栏中的“复制” 复制 复选框，会产生一个镜像复制品。单击“水平镜像”按钮，然后再单击“镜像” 镜像 按钮，生成一个水平镜像的曲线。使用同样的方法可以生成垂直镜像和双向镜像，最后效果如图5-30所示。

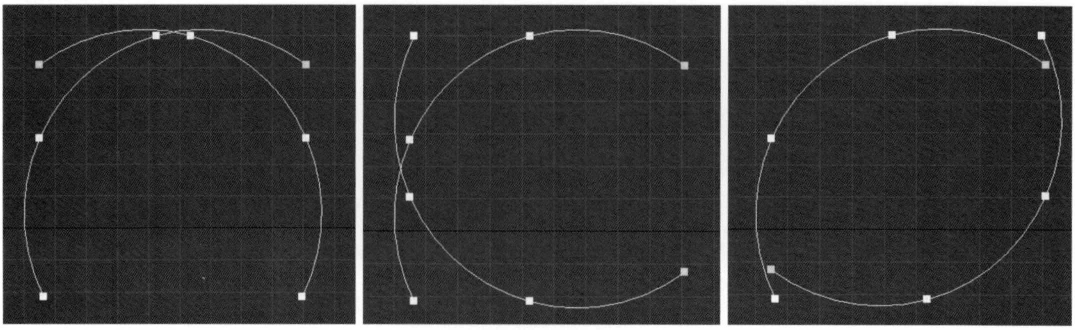

水平镜像　　垂直镜像　　双向镜像

图5-30　二维线形的镜像

（8）渲染

对于二维线形的修改，除了上述常用的方法外，还可以通过“渲染”卷展栏中的一些参数来设置二维线形的可渲染属性，如图5-31所示。“渲染”卷展栏中的常用参数如下。

- ❖ 在渲染中启用：选中该复选框后，可将图形渲染为3D网格。
- ❖ 在视口中启用：选中该复选框后，图形将作为3D网格显示在视图中。
- ❖ 径向：“厚度”用来设置渲染时横截面的粗细，“边”用来设置渲染二维图形剖面的边数，“角度”用来设置横截面的旋转角度。
- ❖ 矩形：“长度”用来设置横截面的长度，“宽度”用来设置横截面的宽度，“角度”用来设置横截面旋转的角度。

在视图中绘制长方形，选中“在渲染中启用”和“在视口中启用”复选框，设置径向厚度为8，边数为10，角度为0，渲染后的效果如图5-32所示。

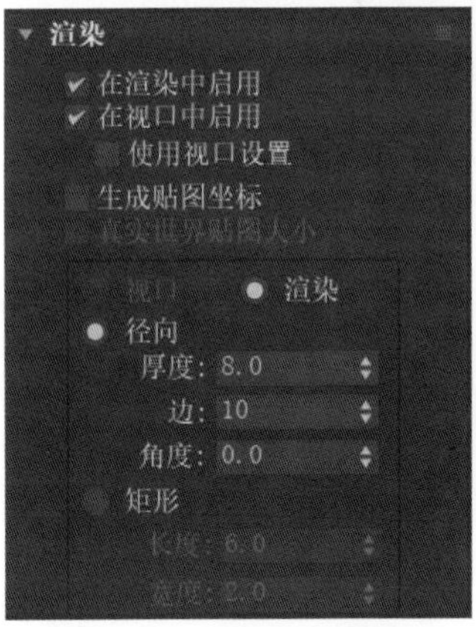

图5-31 “渲染”卷展栏

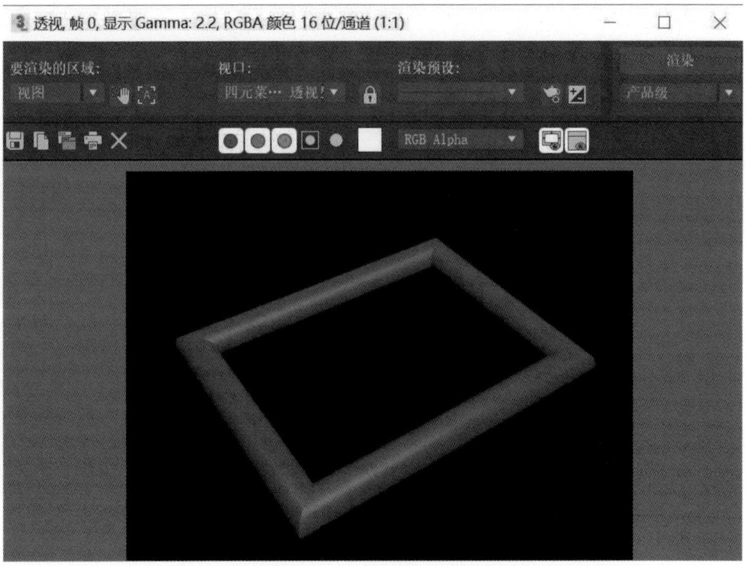

图5-32 渲染后的效果

5.3 二维转三维常用的修改器

在3ds Max中，经常用到的二维转三维的修改器有【挤出】【倒角】【倒角剖面】【车削】等，下面分别介绍这几个命令。

5.3.1 挤出

【挤出】修改器能将二维图形挤出一定的厚度，将其转换为三维对象，它是在制作效果图时最常用的命令之一。

（1）操作方法

①单击“创建”面板，切换到“图形”选项卡，在“对象类型”卷展栏中点击“多边形”按钮，在顶视图中绘制六边形。

②单击“修改”面板，在“修改器列表”下拉列表中选择【挤出】命令，在其“参数”卷展栏中设置参数，多边形的厚度会发生变化，如图5-33所示。

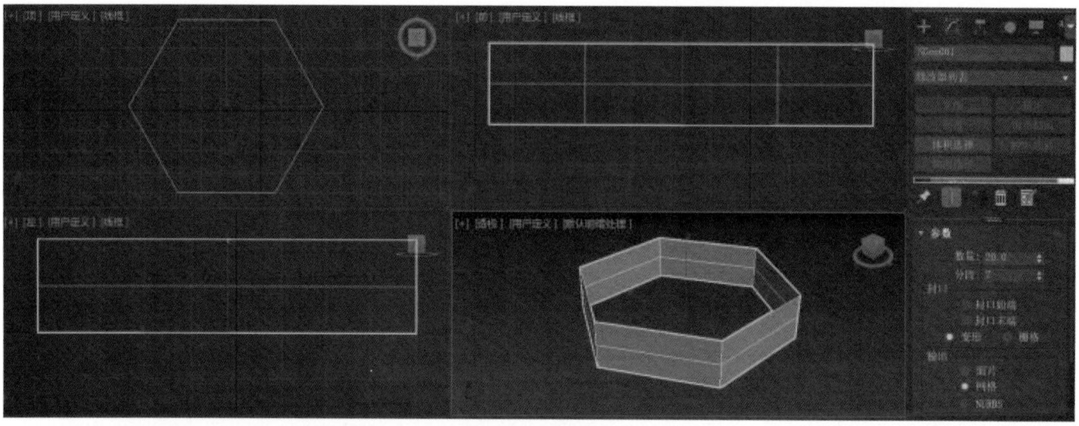

图5-33　挤出

（2）常用参数解析

❖ 数量：设置挤出的厚度。

❖ 分段：设置挤出厚度上的段数。

❖ 封口始端：在顶端加面封盖物体。

❖ 封口末端：在末端加面封盖物体。

❖ 平滑：对挤出的表面进行光滑处理。

设置不同段数和封口的效果如图5-34所示。

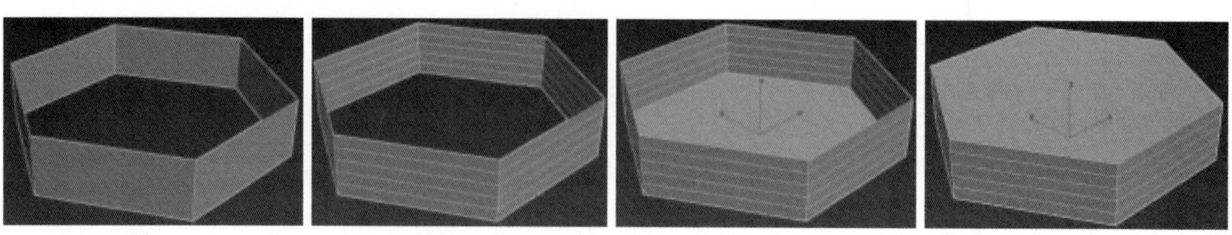

数量=1　　数量=5　　封口始端　　封口末端

图5-34　设置不同段数和封口的效果

5.3.2 倒角

【倒角】修改器可以对二维图形进行挤出，生成三维物体，并且在边缘应用直角或圆滑的倒角效果。使用该修改器可以将图形挤出为3个级别，并对每个级别设置不同的高度和轮廓。

（1）操作方法

①单击“创建”面板，切换到“图形”选项卡，在“对象类型”卷展栏中点击“文本”按钮，在“参数”卷展栏中输入文本内容并设置各项参数，参数设置如图5-35所示。然后在前视图中单击，生成文本。

②单击“修改”面板，在“修改器列表”下拉列表中选择【倒角】命令，在其“参数”卷展栏中设置参数，在“倒角值”卷展栏中设置3个级别的高度和轮廓，如图5-36所示。设置完成后的效果图如图5-37所示。

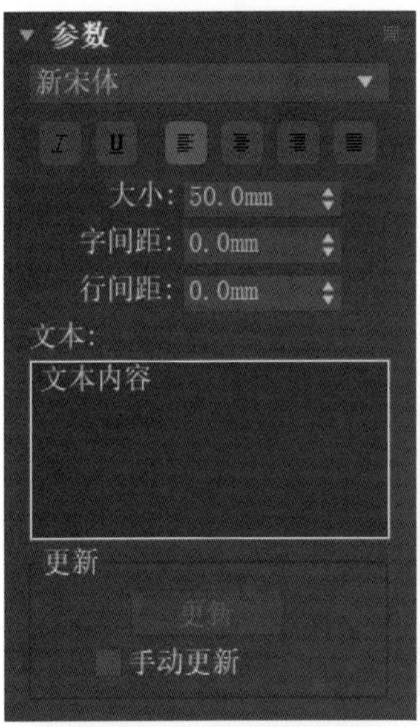

图5-35　文本参数设置

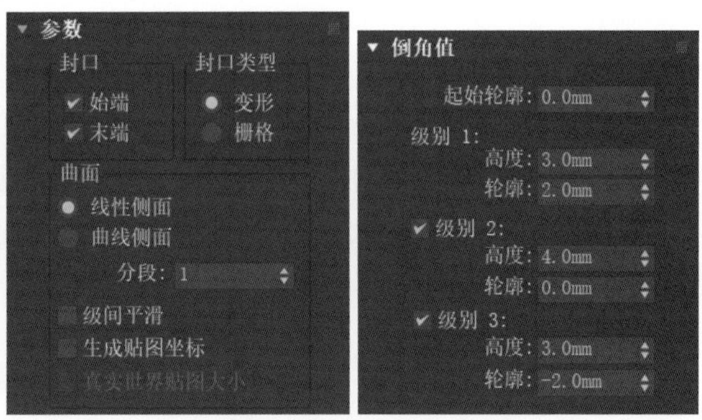

图5-36　设置参数和倒角值

图5-37　制作倒角文字

（2）常用参数解析

①“封口”选项组。用于在对象的两端进行封口，生成封闭的实体。

❖ 始端：在起始截面加盖封顶。

❖ 末端：在结束截面加盖封顶。

②“曲面”选项组。用于设置曲面的曲率和光滑度。

❖ 线性侧面：将倒角内部片段划分设置为直线方式。

❖ 曲线侧面：将倒角内部片段划分设置为弧形方式。

❖ 分段：设置倒角内部的段数，数值越大，倒角越平滑。

❖ 级间平滑：对倒角进行光滑处理，顶盖除外。

❖ 生成贴图坐标：为对象添加贴图坐标。

③“相交”选项组。用于防止因尖锐的折角而产生的凸出变形。

❖ 避免线相交：防止尖锐折角产生的凸出变形。

❖ 分离：设置两个边界线之间保持的间隔距离，防止越界交叉。

④“倒角值”选项组。用于设置不同倒角级别的挤出高度和轮廓。

❖ 起始轮廓：原始对象的外轮廓大小。

❖ 级别1/级别2/级别3：可以分别设置3个级别的挤出高度和轮廓。

5.3.3 倒角剖面

【倒角剖面】修改器可以一条线为路径，以另一条线为截面而得到三维模型，其功能和【倒角】修改器类似，但是比【倒角】修改器功能更强大。使用【倒角剖面】修改器要求必须有两个二维线形做前提，一个二维线形用来做截面，另一个二维线形用来做路径。一般用于制作线框、立柱、石膏线、有弧角的桌面等，剖面可以是封闭的也可以是开放的。

（1）操作方法

①单击“创建”面板，切换到“图形”选项卡，单击“星形”按钮，在顶视图中绘制一个五角星，单击“圆”按钮，在顶视图中绘制一个圆形，如图5-38所示。

②在顶视图中选中五角星，用其做截面，单击“修改”按钮，在“修改器列表”下拉列表中选择【倒角剖面】命令，在“参数”卷展栏中选择“经典”，单击“拾取剖面”按钮，然后拾取圆形，产生一个倒角剖面造型，图形效果如图5-39所示。

③应用【倒角剖面】命令后，如果删除作为剖面的图形“圆形”，则产生的剖面造型也会消失。如果在“参数”卷展栏中选择的是“改进”，则不再需要剖面图形，可以直接设置“改进”卷展栏中的相关参数，得到不同效果的三维造型，如图5-40所示，是采用“壁架”模型的效果。

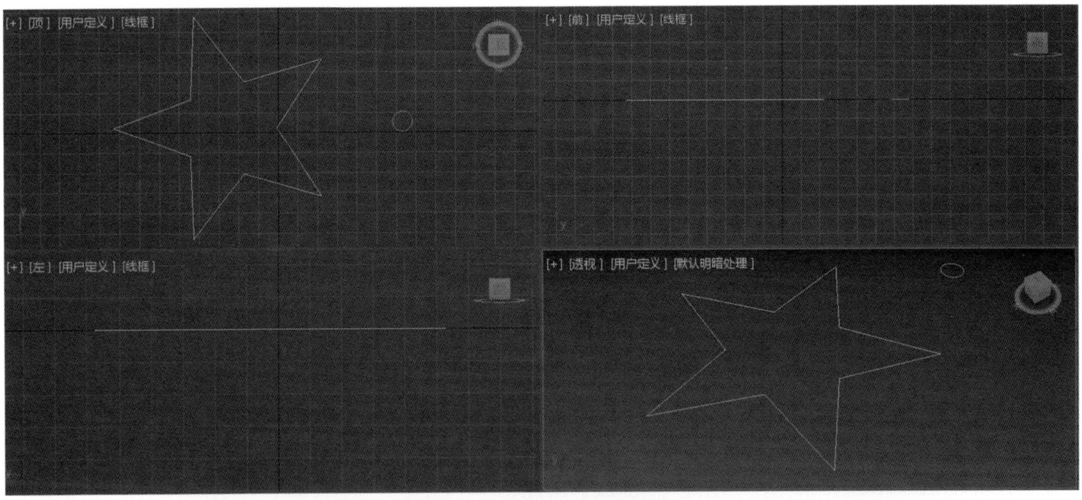

图5-38　绘制五角星和圆形

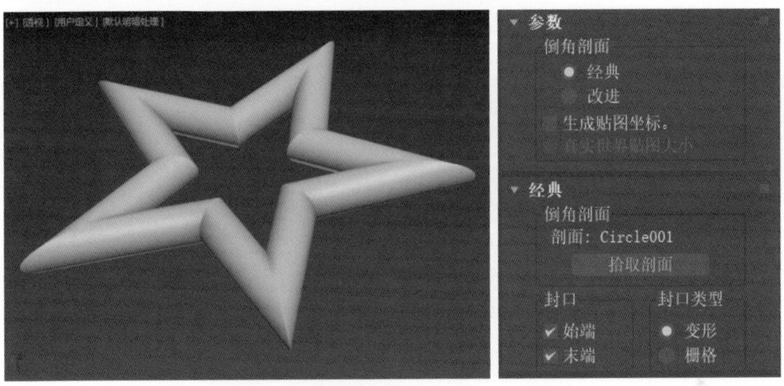

图5-39　应用【倒角剖面】效果

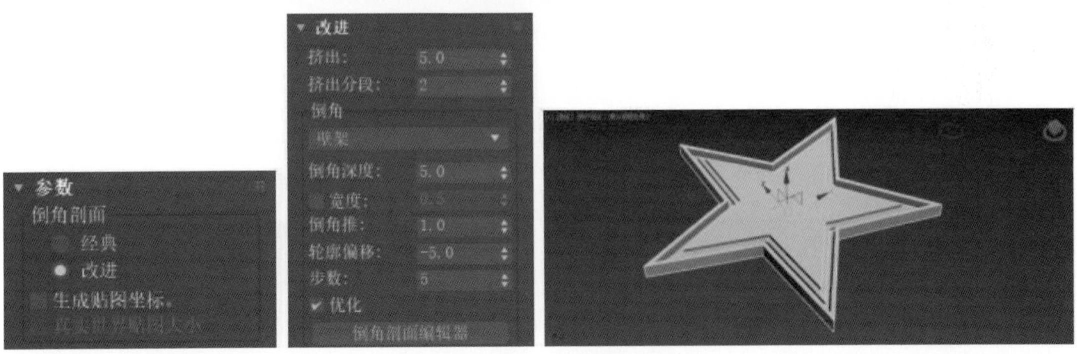

图5-40　应用“壁架”效果

（2）“改进”模式

“改进”模式提供了一些设定好的功能模块，能够快速生成相应的三维模型。其常用参数如下。

①挤出：设置挤出厚度，与【挤出】修改器类似。

②挤出分段：设置挤出曲面的段数。

③倒角：可以直接使用倒角模型，或者自定义。

❖ 倒角深度：正数是向外产生的倒角深度，负数是向内产生的倒角深度。

❖ 倒角推：正数是向外产生倒角的程度，负数是向内产生倒角的程度。

❖ 轮廓偏移：正数是向外偏移，负数是向内偏移。

❖ 步数：数值越大，曲面越平滑，模型越复杂。

5.3.4 车削

【车削】修改器可以通过绕轴旋转一个二维图形而产生三维形体，一般用来制作瓷器、瓶子、碗、盘子、酒杯等。下面通过绘制瓷碗的案例来介绍【车削】修改器的用法。

（1）操作方法

①启动3ds Max，单击“创建”面板，切换到“图形”选项卡，单击“矩形”按钮，在前视图中绘制一个长度为100、高度为150的矩形作为辅助图形，如图5-41所示。

②单击“线”按钮，在辅助矩形内绘制线形，并调整节点，如图5-42所示。

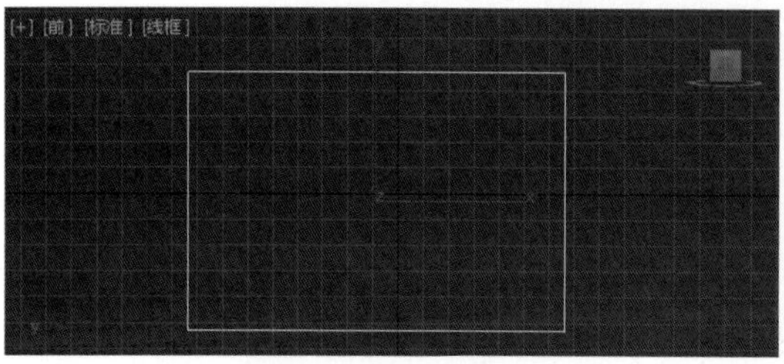

图5-41　绘制辅助矩形

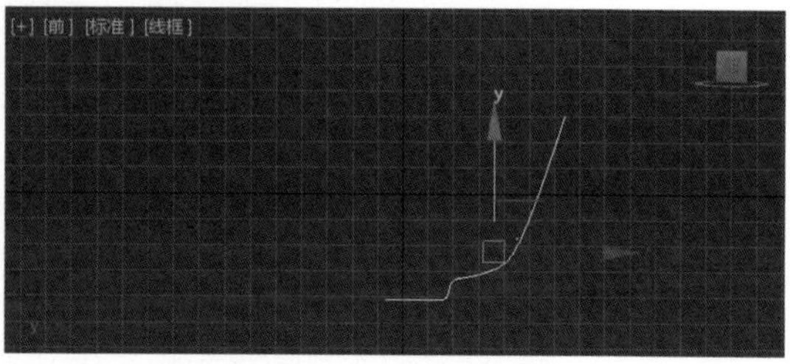

图5-42　绘制线形

③单击“修改”面板，在“选择”卷展栏中单击“样条线”按钮，进入“样条线”子层级。在“几何体”卷展栏中，设置轮廓值为3，然后单击“轮廓”按钮，添加轮廓后的效果如图5-43所示。

④在“选择”卷展栏中单击“顶点”按钮，进入“顶点”子层级。调整线形右上角的顶点为圆角，效果如图5-44所示。

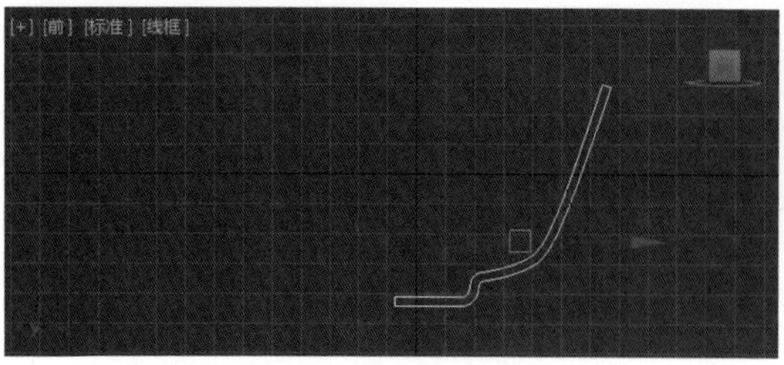

图5-43　添加轮廓

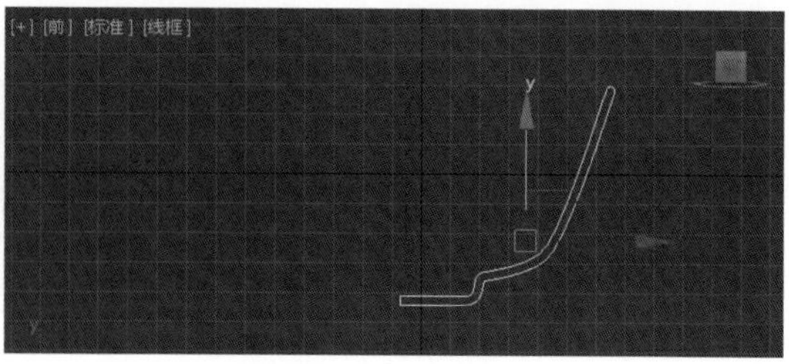

图5-44　调整顶点

⑤单击“修改”面板，选择“修改器列表”下拉列表中的【车削】命令，在“参数”卷展栏中，单击“方向”下的“Y”按钮，然后单击“对齐”下的“最小”按钮，并设置“度数”为360，“分段”为50，选中“焊接内核”复选框，参数设置和效果如图5-45所示。

图5-45　应用【车削】命令

(2)常用参数解析

- ❖ 度数：设置旋转的角度。设置不同的旋转角度，会产生不同的三维效果，如图5-46所示，分别为60度、90度、180度的旋转效果。

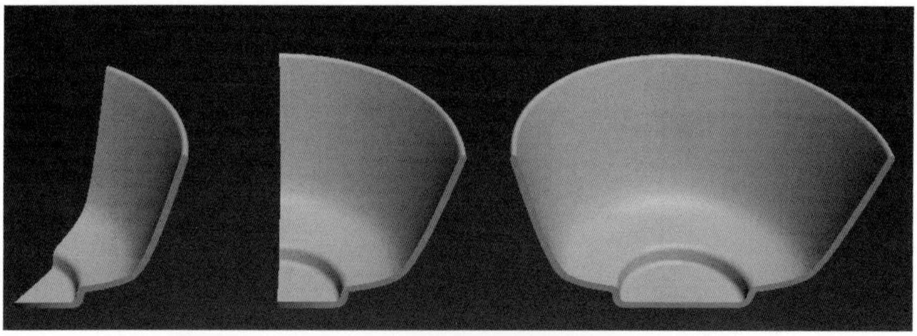

图5-46　旋转不同角度的效果

- ❖ 焊接内核：将旋转轴上重合的点进行焊接精简。
- ❖ 翻转法线：翻转造型表面的法线方向。
- ❖ 分段：设置旋转表面上的段数，段数越多，表面越光滑。设置段数为4、6、15的效果如图5-47所示。

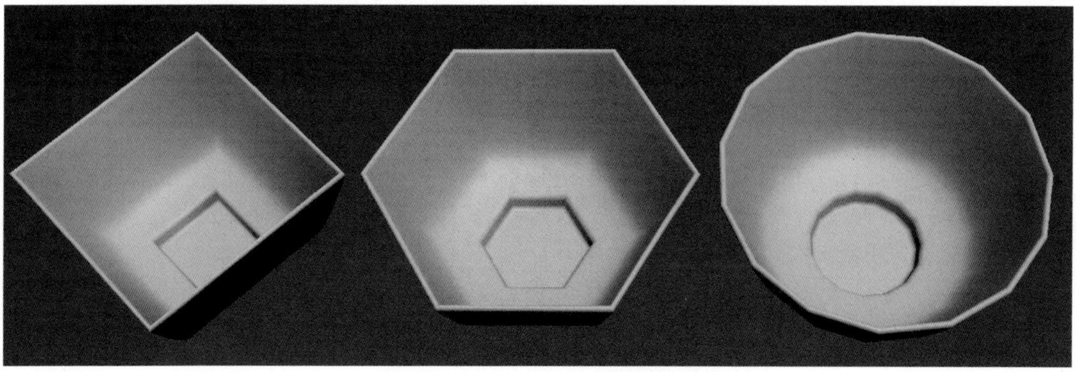

图5-47　设置不同段数的效果

❖ 封口始端：将对象顶端加面封口。
❖ 封口末端：将对象末端加面封口。
❖ 方向：用于设置旋转中心轴的方向。
❖ 对齐：设置曲线与中心轴线的对齐方式。
❖ 最小：将曲线内边界与中心轴线对齐。
❖ 中心：将曲线中心与中心轴线对齐。
❖ 最大：将曲线外边界与中心轴线对齐。

5.3.5 综合应用案例——制作水杯

①启动3ds Max，重新设置系统，执行“自定义”→“单位设置”命令，设置系统单位为“毫米”。

▶ 案例视频 ◀

②单击“创建”面板，切换到“图形”选项卡，单击“矩形”按钮，在前视图中绘制一个长度为100、宽度为35的矩形，如图5-48所示。

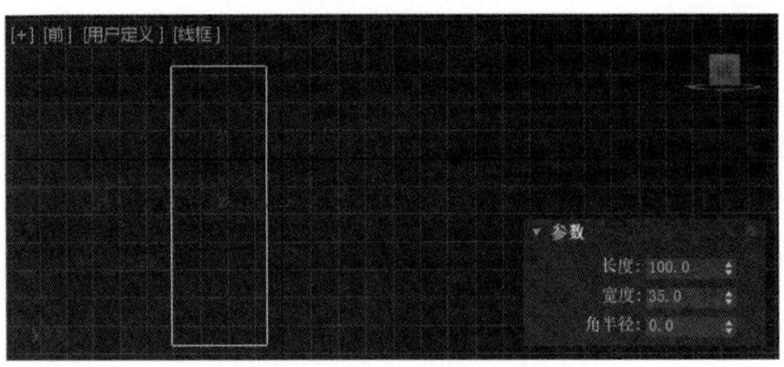

图5-48 在前视图中绘制矩形

③选中矩形，打开“修改”面板，在“修改器列表”下拉列表中，选择“编辑样条线”，将矩形转换成样条线，在“选择”卷展栏中，选择“分段”子层级，选中矩形顶部线段和左侧线段，如图5-49所示，然后单击键盘上的删除按钮<Delete>，将选中的线段删除，效果如图5-50所示。选择“顶点”子层级，设置线段上的顶点类型为角点，选择线段右上角的顶点，利用移动工具，调整顶点的位置，效果如图5-51所示。

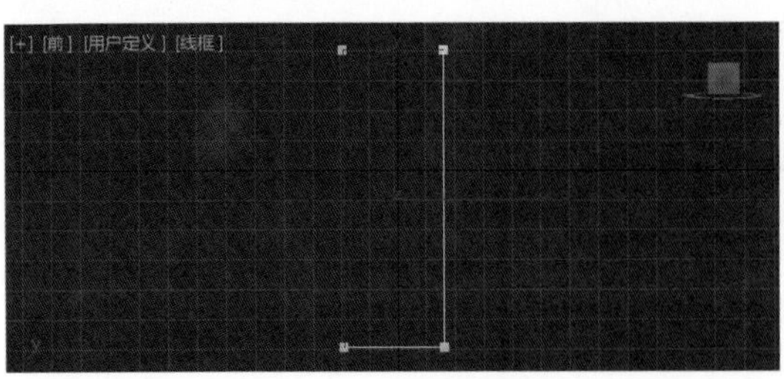

图5-49 选中线段

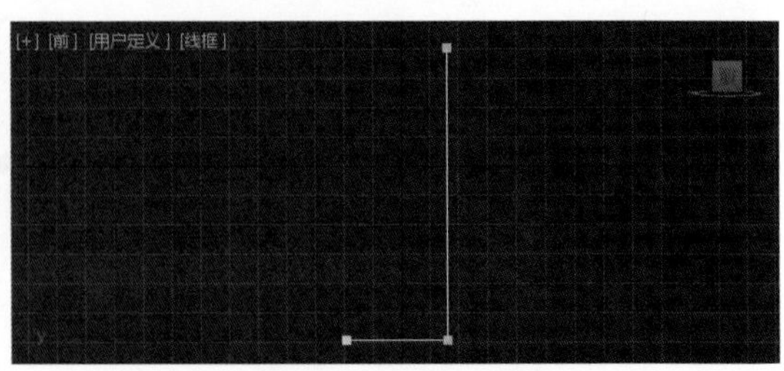

图5-50 删除线段

④在“选择”卷展栏中，选择“样条线”子层级，在“几何体”卷展栏中，设置“轮廓”值为5，然后单击“轮廓”按钮，为线段添加轮廓，效果如图5-52所示。

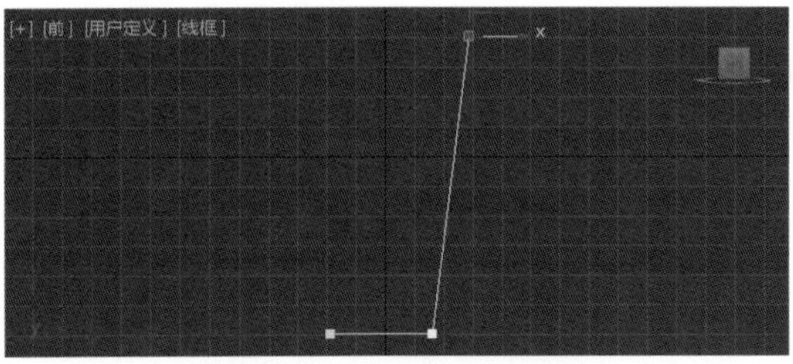

图5-51 调整顶点位置

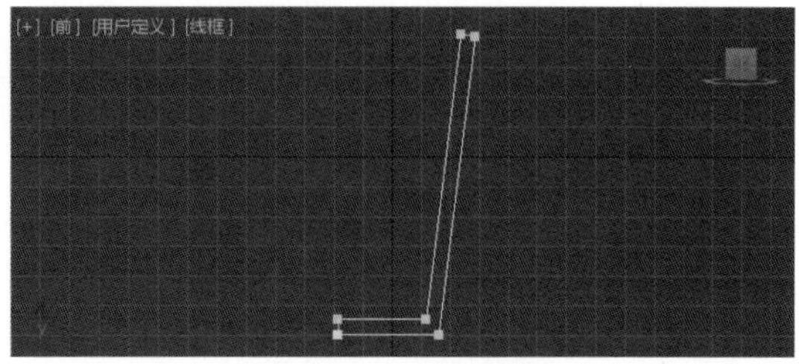

图5-52 应用轮廓

⑤在“选择”卷展栏中，选择“顶点”子层级，设置线段右上角的顶点为“圆角”，并利用“几何体”卷展栏中的“熔合”和“焊接”按钮，调整节点，效果如图5-53所示。然后将线段右下角的顶点也设置为圆角。

图5-53 调整顶点为圆角

⑥选中样条线，在“修改器列表”下拉列表中选中【车削】命令，将参数中的“方向”设置为“Y”，在“对齐”中选择“最小”，将“分段”值设置为45，水杯的杯体制作完成，效果如图5-54所示。

图5-54 应用【车削】命令绘制杯体

⑦在前视图中，利用“线”工具绘制曲线，如图5-55所示。在顶视图中绘制矩形，长度为10mm，宽度为5mm，将矩形转化成可编辑样条线，进入“顶点”子层级，调整4个顶点为圆角，圆角值设为3，如图5-56所示。

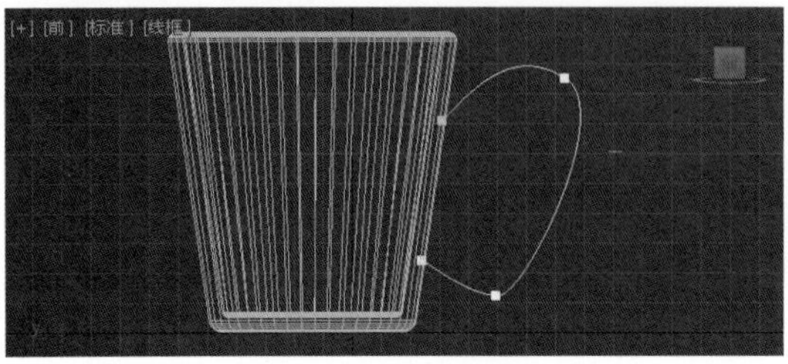

图5-55　绘制样条线

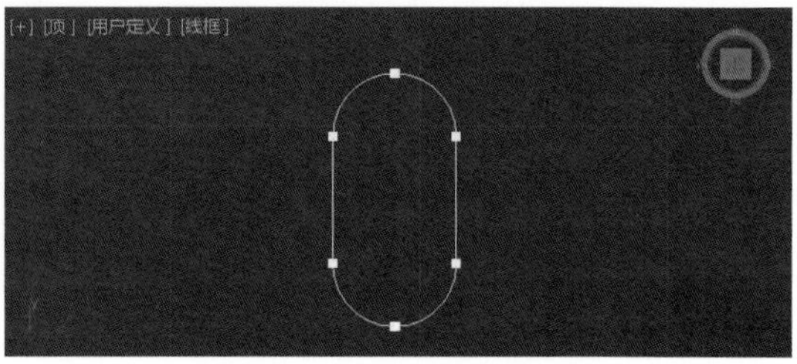

图5-56　绘制圆角矩形

⑧选择图5-55中的曲线，将其作为路径，在“修改器列表”下拉列表中选中【倒角剖面】命令，在“参数”卷展栏中选择“经典”，单击“拾取剖面”按钮，然后拾取圆角矩形，水杯的把手绘制完成，水杯最终效果如图5-57所示。

图5-57　应用【倒角剖面】命令绘制把手

本章习题

一、选择题

1. 编辑样条线时，不包含下列哪一项？（ ）

A. 顶点　B. 线段　C. 边界　D. 样条线

2. 下列哪个参数可以控制挤出的厚度？（ ）

A. 数量　B. 分段　C. 面片　D. 网格

3. 用“车削”命令将二维图形转换成三维图形时，可以使顶盖和底盖平整的参数是（ ）。

A. 反转发现　B. 焊接内核　C. 对齐节点　D. 平滑节点

二、填空题

1. 绘制矩形时，配合__________键，可以绘制正方形。

2. __________命令可以通过旋转一个二维图形从而生成三维图形。

3. 布尔运算有__________、__________、__________三种运算方式。

三、简答题

1. 样条线中的节点有几种类型？它们分别有什么特征？

2.将二维图形转换为三维图形时常用的修改器有哪些？

四、上机练习题

利用【车削】修改器绘制酒瓶和酒杯，如图5-58所示。

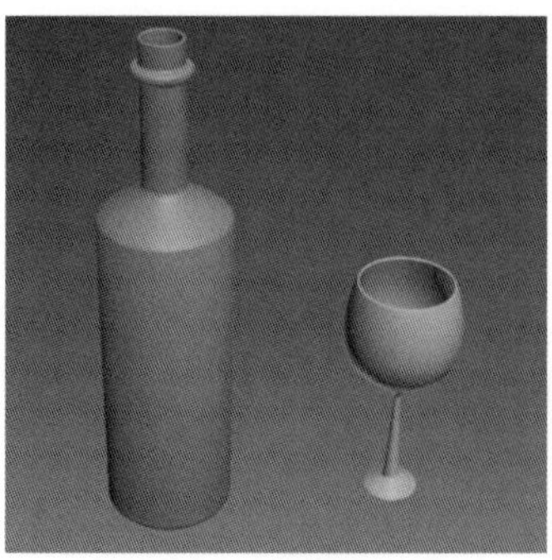

图5-58　酒瓶和酒杯

▶ 习题答案 ◀

第6章

复合对象

本章内容

本章将对复合对象的创建以及12种复合对象类型进行介绍，重点讲解“散布”“图形合并”“布尔”“放样”工具的使用方法。通过本章内容的学习，可以掌握复合对象的创建方法和技巧，并创建出复杂且富有创意的三维模型。

学习目标

知识目标： 了解3ds Max中复合对象的定义，以及它在三维建模中的作用和重要性。

能力目标： 能够熟练使用3ds Max的复合对象命令，创建各种复杂的几何形状和模型；能够编辑和调整复合对象的参数，以优化模型的质量和效果；能够将复合对象的知识和技巧应用于实际的三维建模项目中，解决建模过程中遇到的各种问题。

素质目标： 培养创新思维和解决问题的能力，尝试采用不同的方法和技巧来创建和编辑复合对象，从而培养出灵活多变的思维方式和解决问题的能力。

6.1 复合对象创建工具简介

3ds Max中的复合对象命令是一种强大的建模工具，通常能将两个或多个现有对象通过特定的合成方式结合为一个新对象。这种合成方式不仅可以反复调节，还可以表现为动画形式，极大地丰富了建模和动画制作的可能性。

执行“创建”→“几何体”→“复合对象”命令，可以看到复合对象的创建面板包括12种类型，不同复合对象可以用于制作不同的模型效果，如图6-1所示。

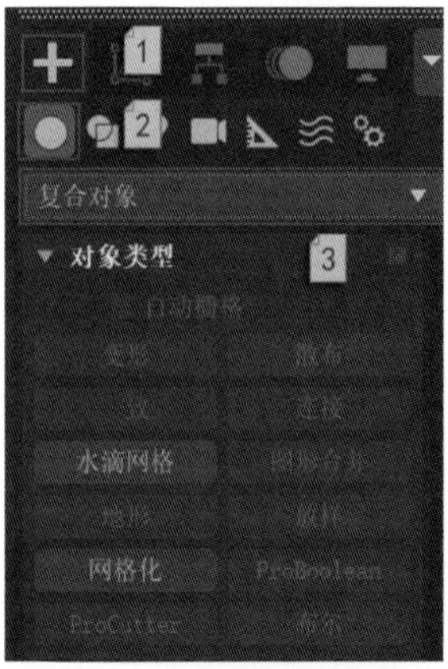

图6-1 复合对象面板

①“变形”工具：该工具类似于2D动画中的中间动画技术，通过插补第一个对象的顶点位置使其与另一个对象的顶点位置相符，从而实现模型变形。

应用场景：主要用于动画制作中模型形态的渐变。

操作方式：选择“变形”命令，然后依次拾取源对象和目标对象。

②“散布”工具：该工具可将所选的源对象阵列或随机散布到另一个对象的表面。

应用场景：常用于制作如道路上散布的石子、山脉上生长的植物等效果。

操作方式：选择“散布”命令，拾取源对象和分布对象（可选），然后设置散布参数。

③“一致”工具：该工具可通过将某个对象（包裹器）的顶点投影至另一个对象（包裹对象）的表面来创建复合对象。

应用场景：适用于制作如山上盘旋曲折的公路等效果。

操作方式：选择“一致”命令，拾取包裹器和包裹对象，然后设置相关参数。

④“连接”工具：该工具可通过对象表面的“洞”连接两个或多个对象。

应用场景：不太常用，但在特定情况下可用于连接两个几何体。

操作方式：选择“连接”命令，在需要连接的对象上创建“洞”，然后拾取其他对象进行连接。

⑤“水滴网格”工具：该工具可通过几何体或粒子创建一组球体，并可将球体连接起来，模拟柔软液态物质的效果。

应用场景：较少使用，但在模拟如水滴、泡沫等效果时可能有用。

操作方式：选择“水滴网格”命令，设置相关参数以生成球体并连接它们。

⑥“图形合并”工具：该工具可创建一个包含网格对象和一个或多个图形的复合对象，图形可嵌入网格中或从网格中消失。

应用场景：适用于制作如牌匾、公章等具有文字或图案的三维模型。

操作方式：选择“图形合并”命令，拾取网格对象和图形对象，然后设置嵌入或消失效果。

⑦“地形”工具：该工具可通过轮廓线数据生成地形对象。

应用场景：专门用于制作地形模型，如山脉、丘陵等。

操作方式：选择“地形”命令，导入轮廓线数据，然后设置地形参数以生成地形模型。

⑧“放样”工具：该工具是创建3D对象的重要工具之一，可通过路径和横截面来生成复杂的三维形状。

应用场景：适用于制作如窗帘、罗马柱、雕塑等具有复杂截面的物体。

操作方式：首先创建路径和横截面图形，然后选择“放样”命令，依次拾取路径和横截面。

⑨“网格化”工具：该工具可将程序物体（如粒子系统）或类似对象转换为标准的网格物体。可以进一步编辑和修改转换后的网格物体，比如应用扭曲变形、产生贴图坐标等，从而增强对象的可塑性和视觉效果。

应用场景：适用于需要将粒子系统或其他程序物体转换为可编辑网格的场景。例如，在制作特效动画时，可能需要将喷射的粒子转换为实体网格，以便对其进行更精细地调整和渲染。

操作方式：单击“网格化”按钮，在视图中拖拽鼠标来创建一个网格化对象。这个对象初始时可能看起来与粒子系统无关，但接下来可通过特定操作将其与粒子系统关联。

⑩“ProBoolean”工具：该工具是一个高级布尔运算工具，允许用户将两个或多个多边形对象进行复杂的布尔运算，包括并集、交集和差集等。与标准的布尔运算相比，ProBoolean具有更多的灵活性和精确性。

应用场景：常用于制作抠除、凹陷等效果，是建模中常用的工具之一。

操作方式：选择第一个对象，进入布尔运算模式，然后拾取第二个对象，并选择所需的运算类型。

⑪“ProCutter”工具：该工具允许用户通过切割或分离几何体的面来实现布尔运算的效果，但操作更为直观和灵活。

应用场景：ProCutter运算的结果尤其适合在动态模拟中使用，在动态模拟中，使对象炸开，或用外力使另一个对象破碎。

操作方式：在3ds Max的视图中创建切割器对象和原料对象。单击ProCutter按钮，拾取切割器和原料对象，设置切割选项，完成切割。

⑫“布尔”工具：该工具通过对两个对象执行布尔运算（并集、交集、差集）来组合它们。

应用场景：常用于制作抠除、凹陷等效果，是建模中常用的工具之一。

操作方式：选择第一个对象，进入布尔运算模式，然后拾取第二个对象，并选择所需的布尔运算类型（并集、交集、差集）。

6.2 散布

6.2.1 散布工具参数解析

“散布”工具可以将一个模型以阵列或者随机的方式分布到另一个物体的表面，可用它来制作道路上的石子、一片树林、沙滩上的贝壳、创意灯具等随机性较强的模型，其详细参数如图6-2所示。

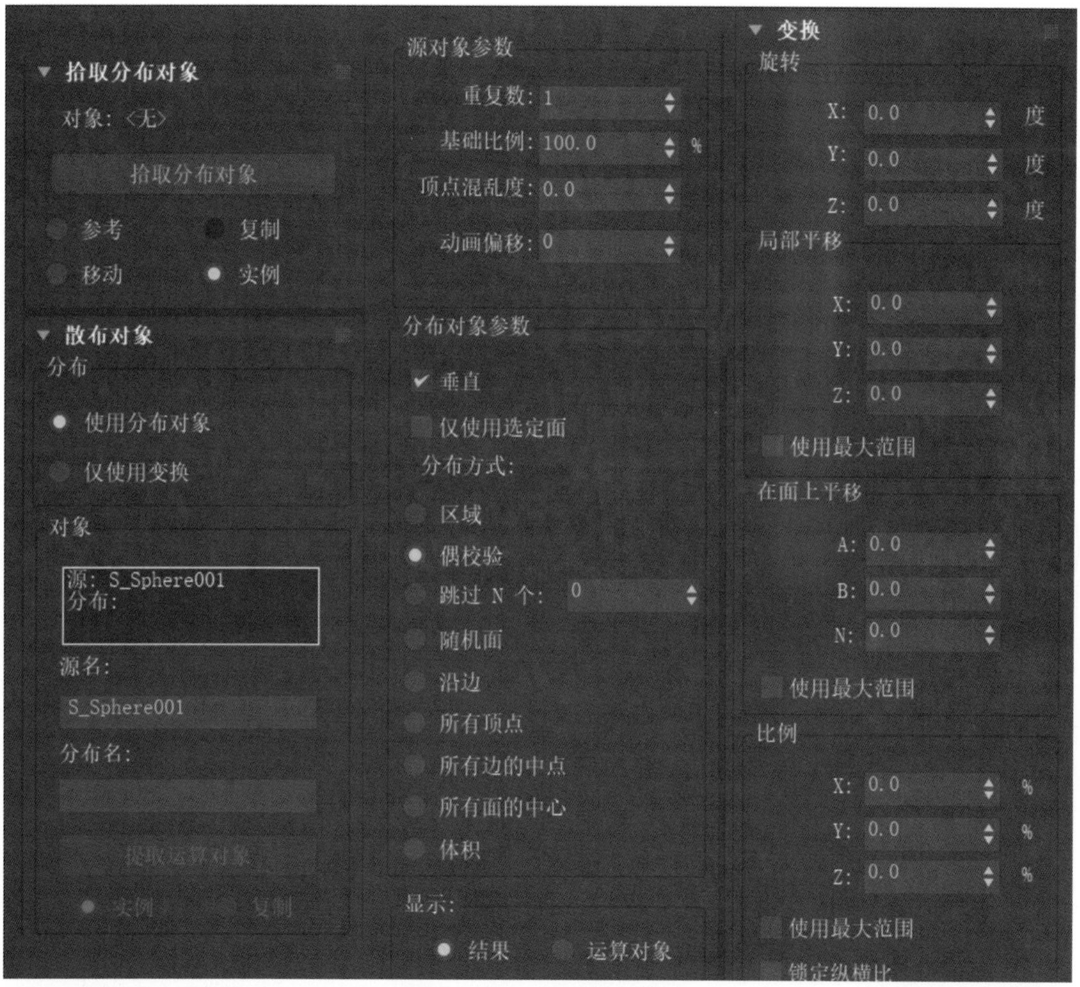

图6-2 散布工具参数面板

①“拾取分布对象”：源对象将按照一定规则分布在这个物体上。先选择一个A物体作为分布对象，然后单击“散布”工具，接着单击该按钮，最后在场景中单击B物体，即可将A分布在B表面。

②“散布对象”：决定了源对象如何在分布对象上排列和定位。通过调整“分布”部

分的参数，可以实现不同的散布效果。

❖ “使用分布对象”：根据分布对象的几何体来散布源对象。

❖ “仅使用变换”：无需分布对象，而是使用“变换”卷展栏上的偏移值来定位源对象的重复项。

③“源对象参数”：在该选项组中可设置散布源对象的重复数、基础比例、顶点混乱度、动画偏移。

④“分布对象参数”：用于设置源对象重复项相对于分布对象的排列方式。

⑤“变换”：专门针对散布对象或源对象进行变换操作，如旋转、局部平移、比例等，这些参数共同决定了源对象在分布对象上的散布效果。

⑥“显示”选项组：可展示或者隐藏最终的散布效果。

6.2.2 散布工具应用案例——制作藤球灯模型

①打开3ds Max，使用“创建”→“几何体”→“标准基本体”中的“球体”，在顶视图中创建一个“半径”为100mm、“分段”为32的球体模型，以此作为藤球灯模型的基础，如图6-3所示。

▶案例视频◀

②使用“创建”→“几何体”→“图形”→“样条线”中的“圆”，在旁边创建一个“半径”为100mm的圆形，并在“渲染”卷展栏中将“在渲染中启用”“在视口中启用”勾选上，使圆从二维形态转变为三维形态，以此作为藤球灯的藤条模型基础，便于使用散布工具将其分散到球体模型上，如图6-4所示。

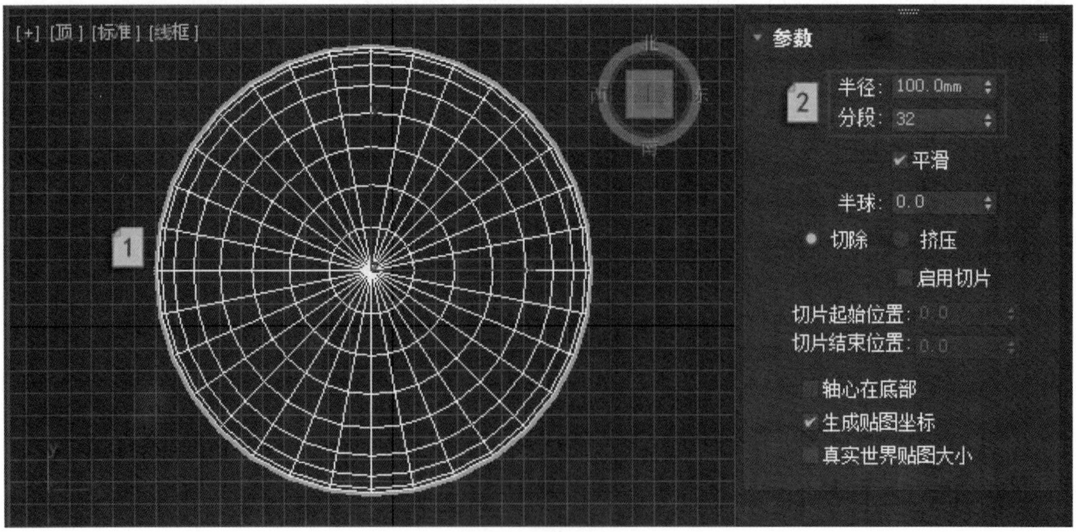

图6-3 创建球体

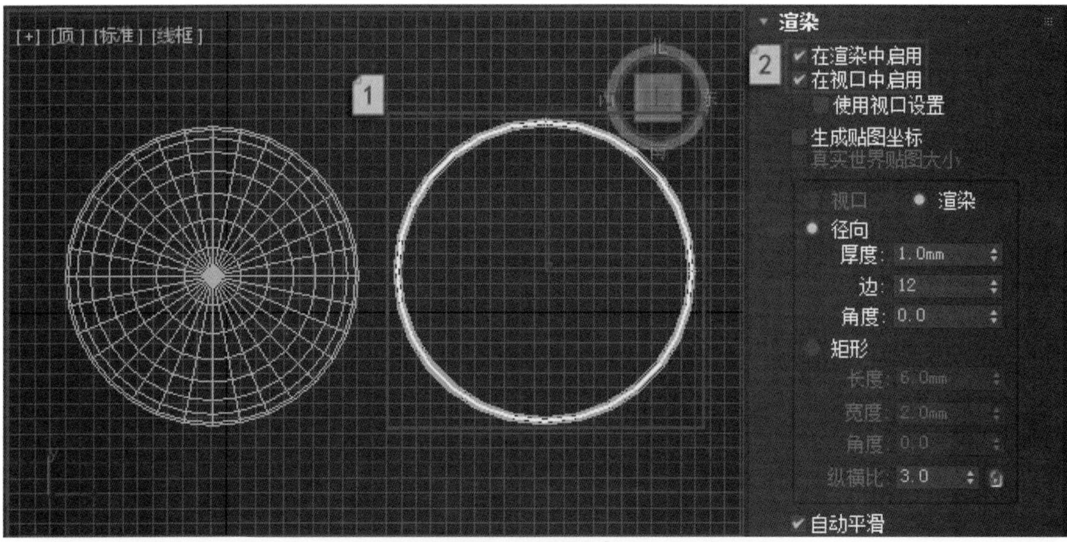

图6-4　创建圆形

③点击刚创建的圆，打开“几何体”→“复合对象”→“散布”工具，点击“拾取分布对象”，再点击开始创建的球体模型，此时会有一个圆散布到球体模型上，如图6-5所示。

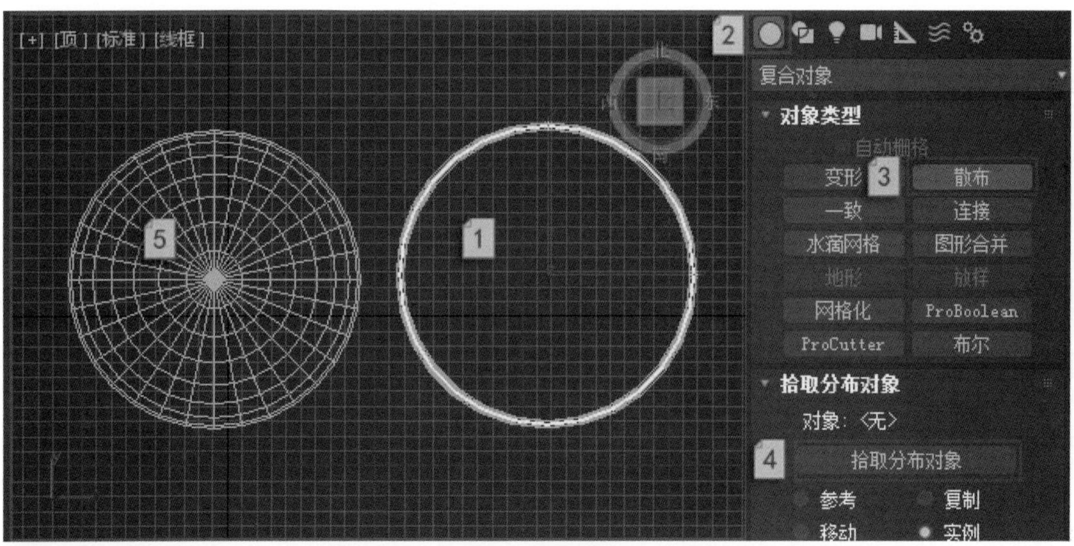

图6-5　执行散布

④点击“修改”面板，将“源对象参数”中“重复数”设置为200，在“分布对象参数”的分布方式中选择“区域”，将会有200个圆沿着球的形状随机分布在球体模型上，此时效果如图6-6所示。

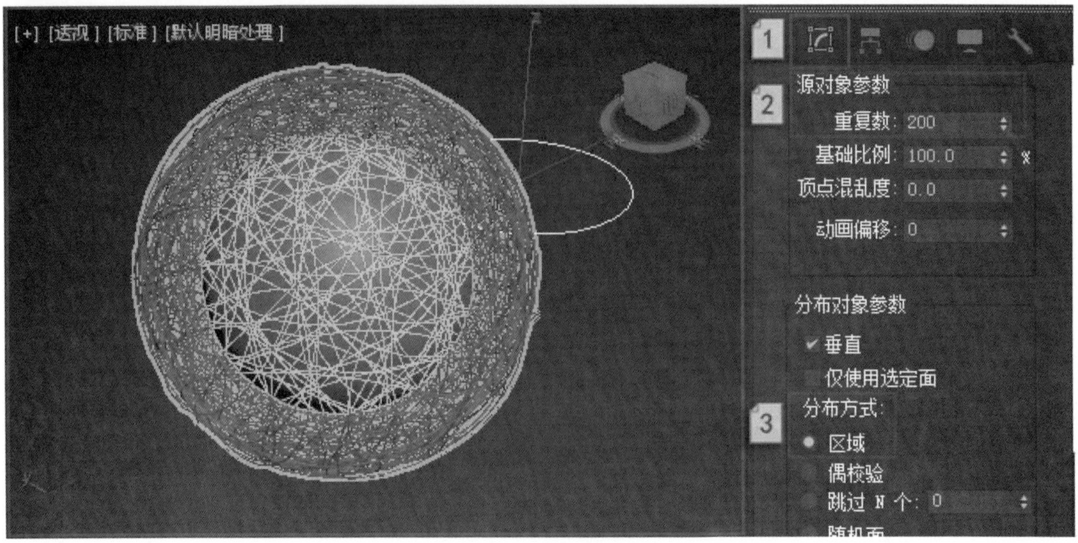

图6-6　修改散布参数

⑤在刚得到的复合对象模型上单击鼠标右键，在弹出的列表中点击将其转化为“可编辑多边形”，打开“修改”面板，选择“元素”层级，选中复合对象中间的球体并将其删除（按<Delete>键删除），删除完成后，中间剩下的球体是最开始创建的球体，此球体不用删除，如图6-7所示。

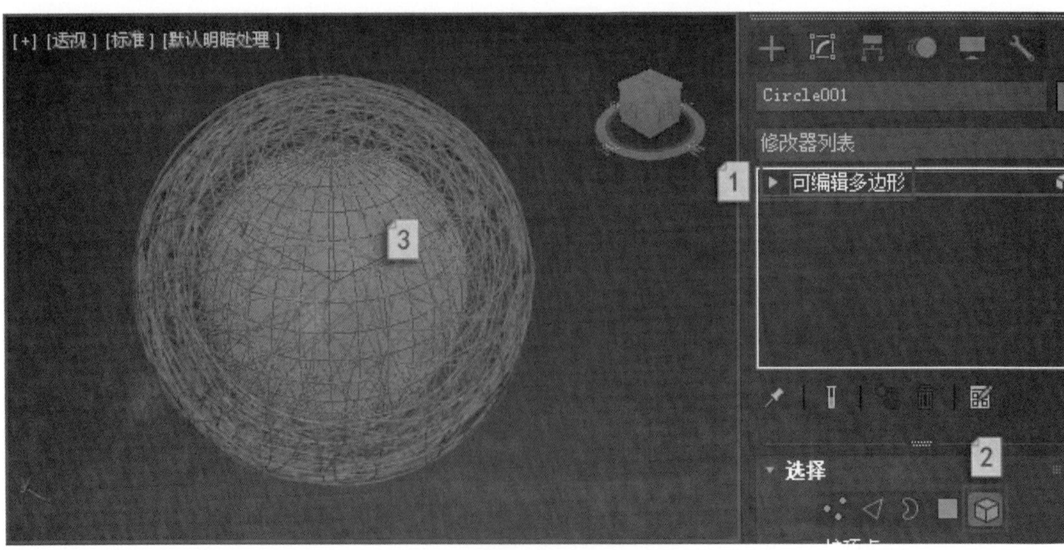

图6-7　删除复合对象中球体

⑥选择最开始创建的球体，使用“选择并均匀缩放”工具，在透视图中将球体均匀缩放至与复合对象模型一样大小（三个轴同时缩放），并单击鼠标右键，在弹出的列表中点击将其转化为“可编辑多边形”，在“修改”面板中选择“面”层级，并在前视图中从下往上选中大部分面并删除（按<Delete>键删除），剩余的部分作为灯座模型，将其往上移动至合适的位置，如图6-8所示。

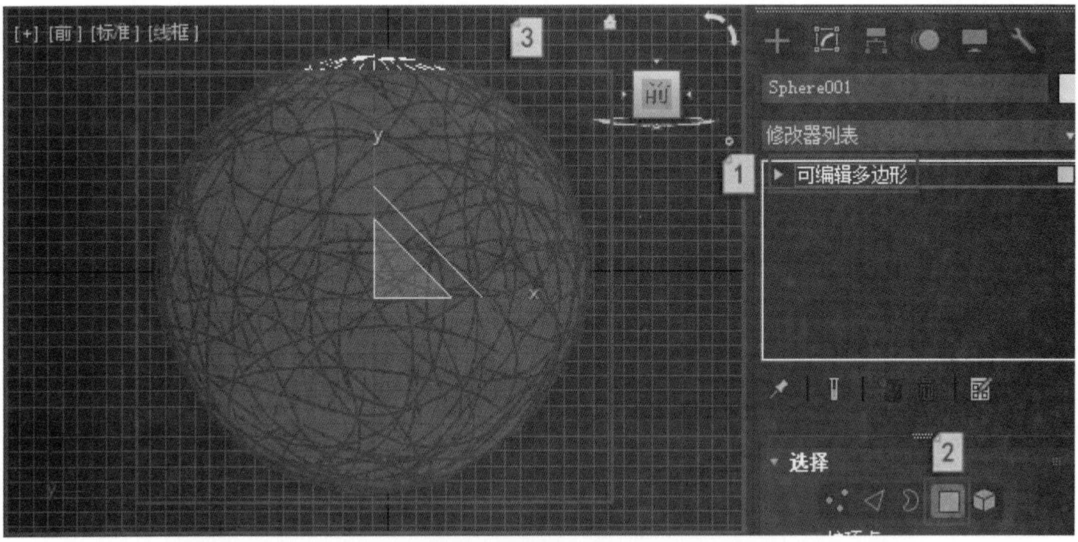

图6-8 修改原始球体

⑦选中剩下的球体，在“修改器列表”中选择“壳”，将“外部量”设置为1，使其变得有厚度，最后在顶视图中，使用“圆柱体”创建一个“半径”为0.5mm、“高度”为500mm的圆柱体作为电线模型，并将其移动至灯座模型的正上方位置。组合调整藤球灯模型、灯座模型和电线模型，此时效果如图6-9所示。

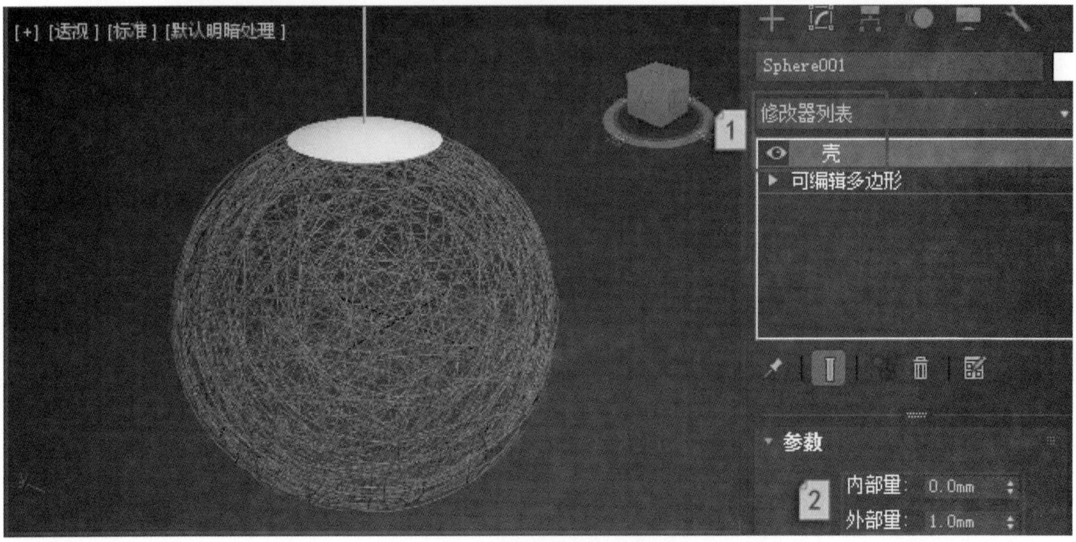

图6-9 组合藤球灯模型

6.3 图形合并

6.3.1 图形合并工具参数解析

"图形合并"工具用于将二维图形（如线条、形状、文本等）投影到三维物体上，并将其与三维物体合并，创建出具有特殊形状或纹理的三维对象。这一工具在处理文字浮雕、标志嵌入等场景时尤为有用，其详细参数如图6-10所示。

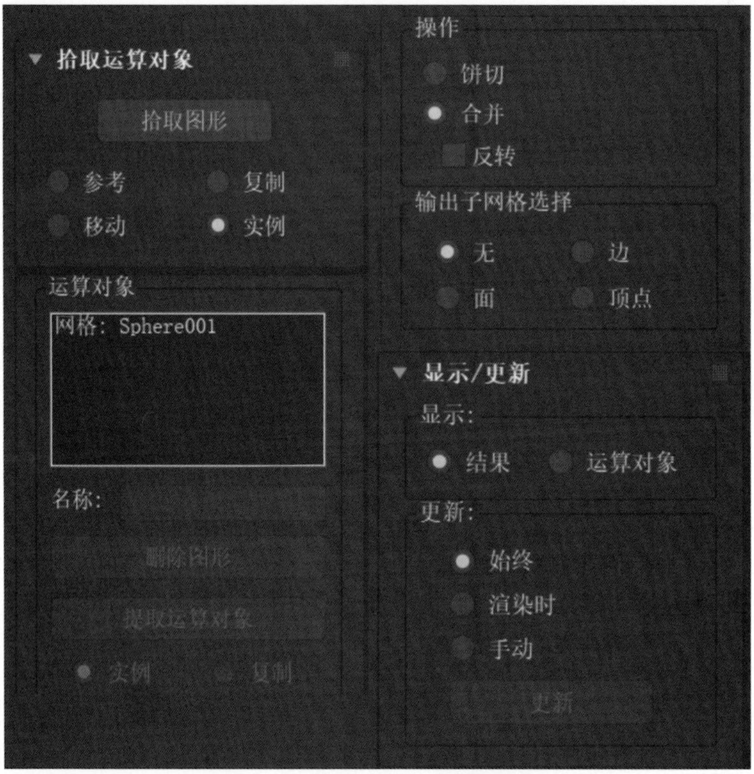

图6-10　图形合并工具参数面板

- ❖ "拾取图形"：点击此按钮后，在视图中选择需要合并的二维图形，二维图形就会被投影到三维模型上。
- ❖ "运算对象"：在复合对象中列出所有操作对象。
- ❖ "名称"：如果选择列表中的对象，则此处将显示其名称。
- ❖ "删除图形"：从复合对象中删除选中图形。
- ❖ "提取运算对象"：提取选中操作对象的副本或实例。
- ❖ "饼切"：切去网格对象曲面外部的图形。
- ❖ "合并"：将图形与网格对象曲面合并。
- ❖ "反转"：反转"饼切"或"合并"效果。

6.3.2 图形合并工具应用案例——制作中国象棋棋子模型

▶案例视频◀

①打开3ds Max，使用“创建”→“几何体”→“扩展基本体”中的“切角圆柱体”创建一个切角圆柱体模型，参数设置为：“半径”600mm，“高度”300mm，“圆角”60mm，“高度分段”3，“圆角分段”2，“边数”30，“端面分段”8。如图6-11所示。

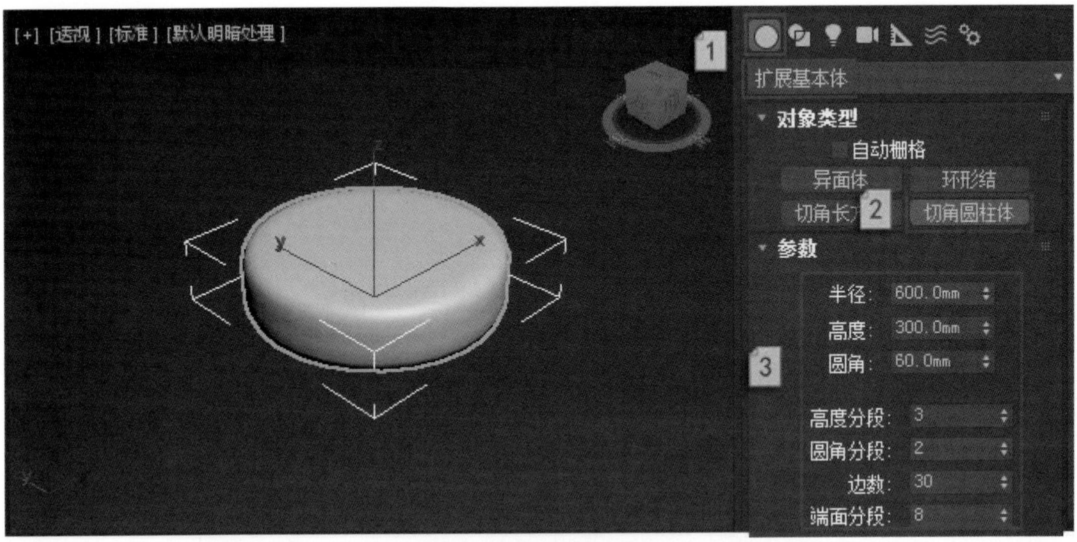

图6-11　创建切角圆柱体

②打开“修改器列表”，为切角圆柱体模型添加【FFD（圆柱体）】修改器，单击“设置点数”，将“侧面”设置为12并确定。打开【FFD（圆柱体）】的控制点，在前视图选中中间两排控制点，在透视图中使用“选择并均匀缩放”工具对其进行适当扩大，如图6-12、图6-13中的步骤所示。

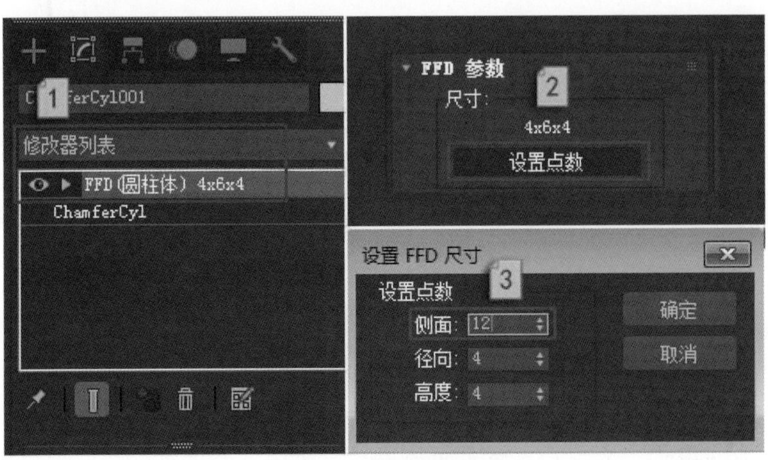

图6-12　添加修改器

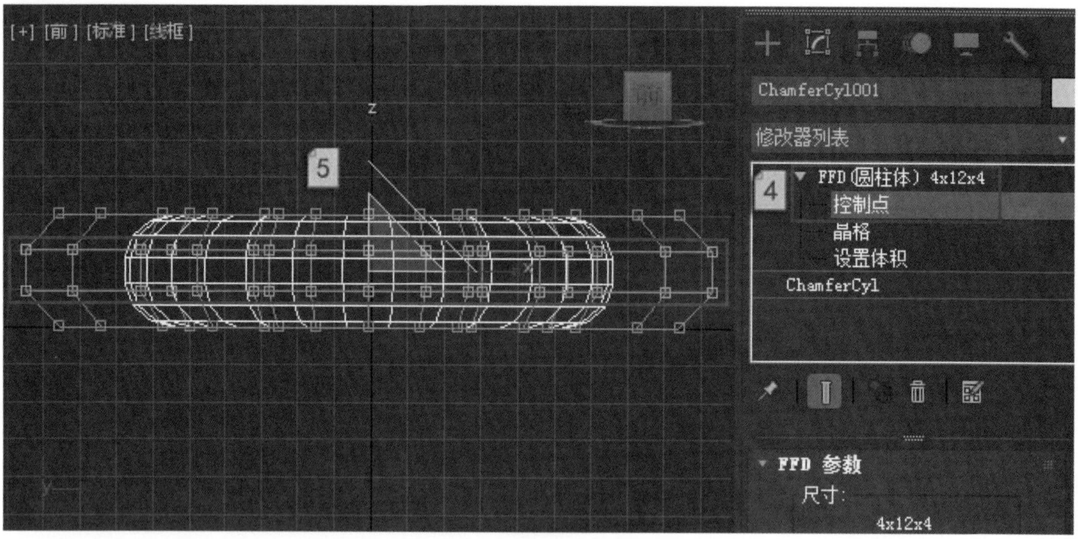

图6-13　修饰切角圆柱

③在顶视图中使用“样条线”→“圆环”绘制圆环，设置“半径1”为550mm，“半径2”为505mm，并与切角圆柱体模型进行中心对齐，将其移动至模型的正上方，如图6-14所示。

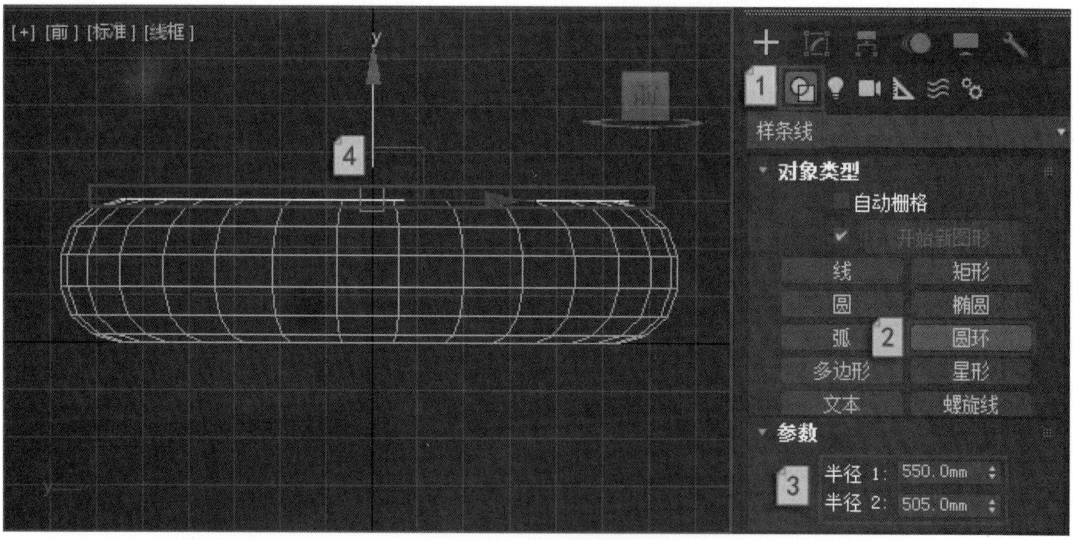

图6-14　创建圆环

④在顶视图中创建一个文本，内容为“将”，将字体设置为“楷体”，将“大小”设置为1000mm，将其与圆柱体模型中心对齐，并移动至圆柱体正上方，如图6-15所示。

⑤选择切角圆柱体模型，打开“复合对象”选择“图形合并”工具，单击“拾取图形”，点击文本“将”。再打开“修改器列表”，添加“面挤出”修改器，将“数量”设置为－15，如图6-16、图6-17中的步骤所示。

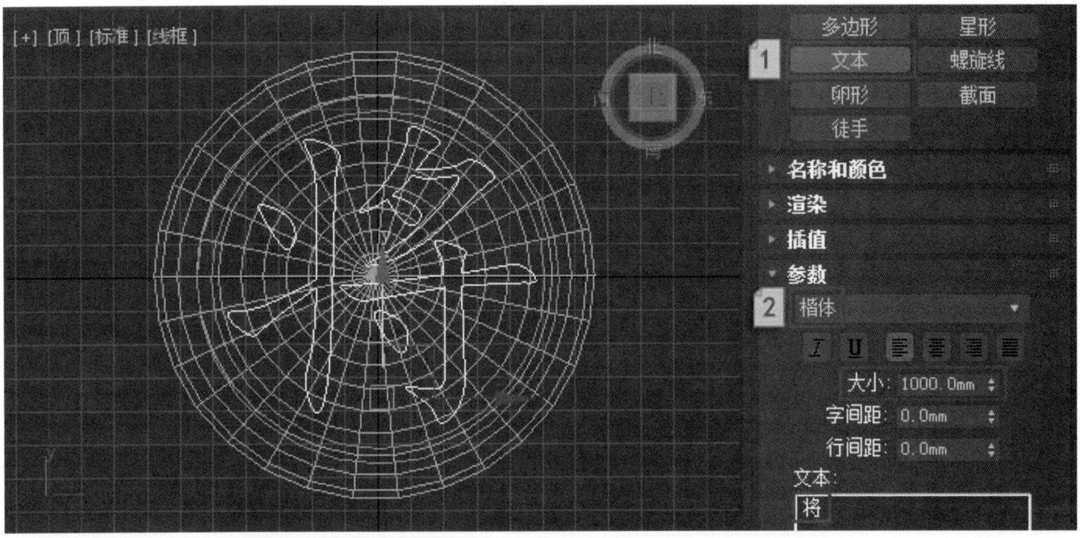

图6-15　创建文本“将”

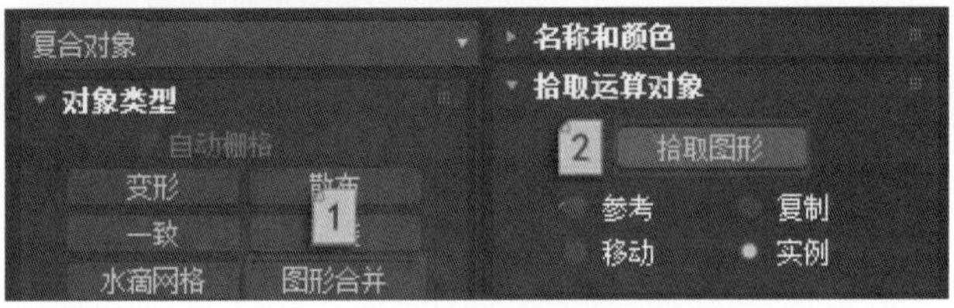

图6-16　合并文本

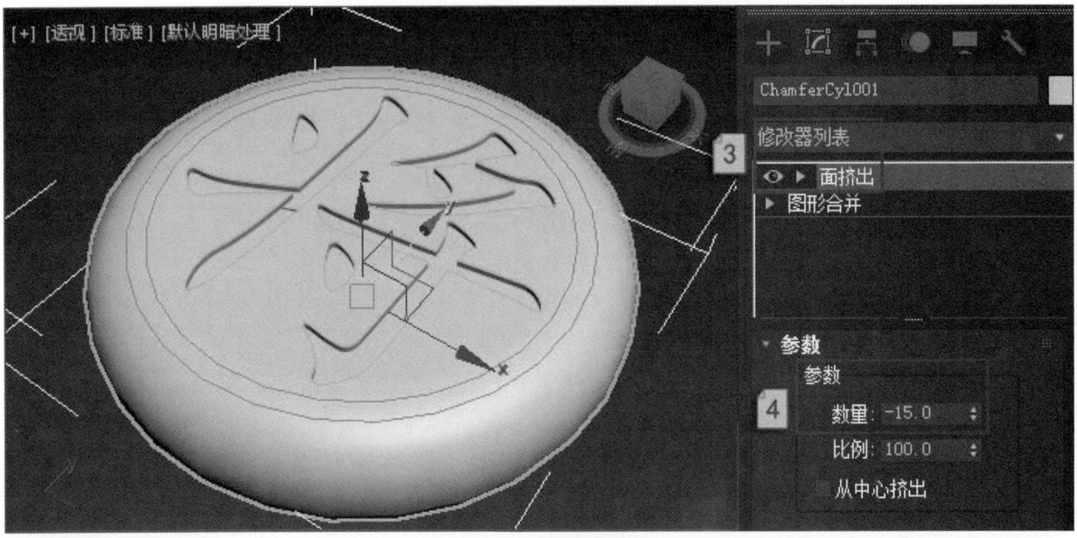

图6-17　添加面挤出

⑥继续选择切角圆柱体模型，执行“图形合并”，单击“拾取图形”点击圆环。再打开“修改器列表”，添加“面挤出”修改器，将“数量”设置为－10，这样文字和圆环凹陷效果制作完成，此时效果如图6-18所示。

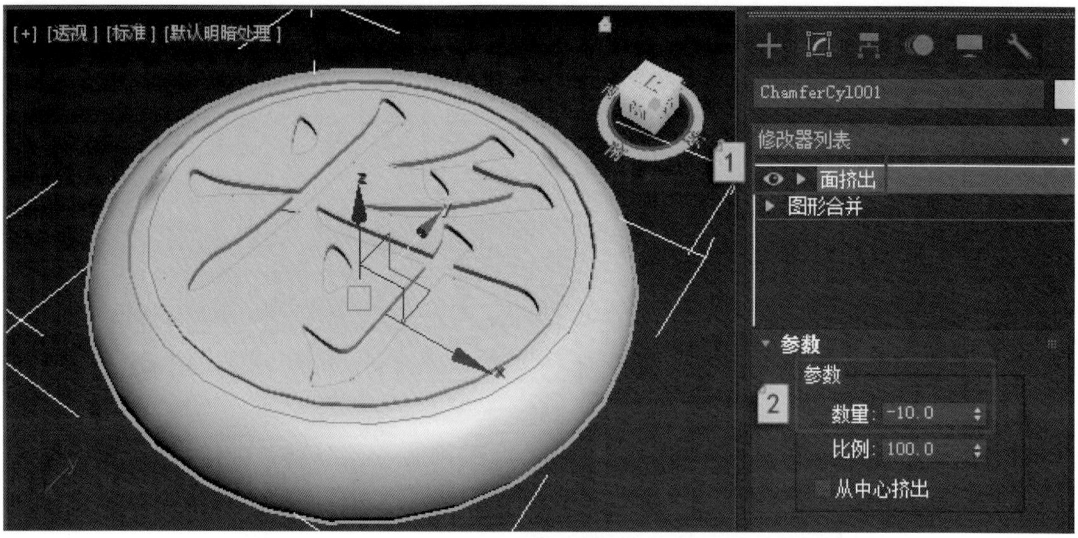

图6-18　合并圆环

⑦将创建二维样条线圆环和文本将进行隐藏，选择切角圆柱体模型，在“修改器列表”中添加“涡轮平滑”修改器，将“迭代次数”设置为2，此时象棋棋子模型制作完成，效果如图6-19所示。

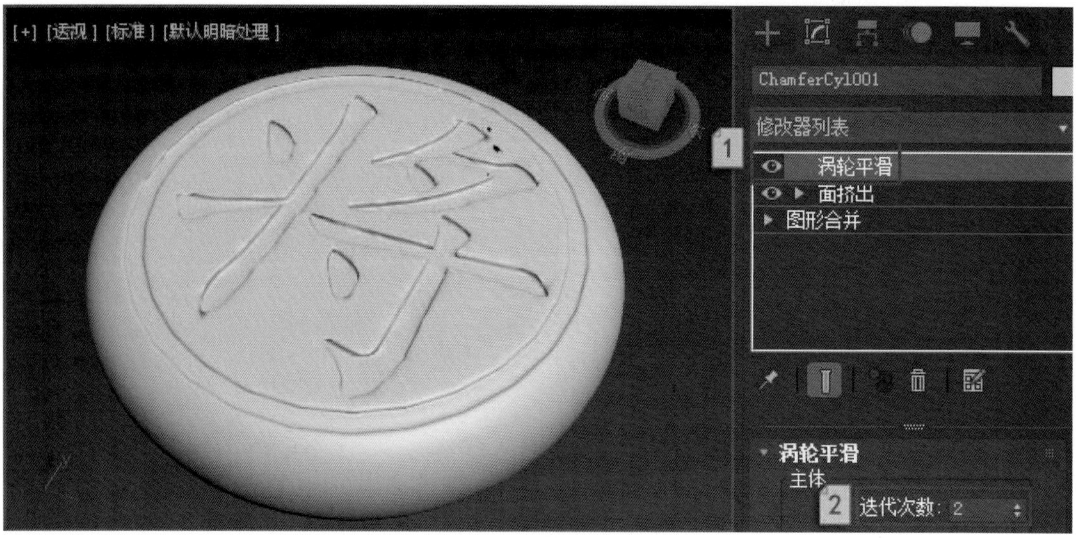

图6-19　添加涡轮平滑

6.4 放样

6.4.1 放样工具参数解析

“放样”工具能通过路径和横截面图形来创建复杂的3D形状。对于很多复杂的模型，很难用基本的几何体组合、修改而成，这时就要使用放样工具来实现。场景中需要有两条样条线，一条为路径，一条为截面，通过不同的创建方法而得到三维物体。其详细参数设置面板如图6-20所示。

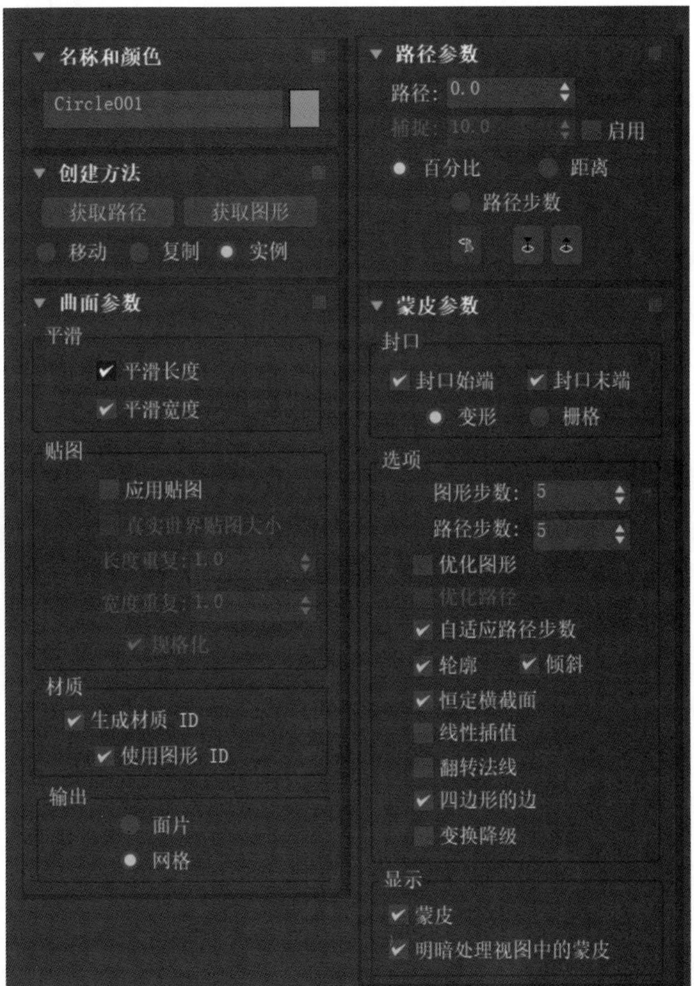

图6-20　放样工具参数面板

- “获取路径”：将路径指定给选定图形或更改当前指定的路径。
- “获取图形”：将图形指定给选定路径或更改当前指定的图形。
- “移动”：直接用原始二维图形进入放样系统。

- ❖ “复制”：复制一个二维图形进入放样系统，而原图形本身并不发生任何改变，此时原始二维图形和复制图形是完全独立的。
- ❖ “实例”：原来的二维图形将继续保留，以后需要对放样造型进行修改时，直接修改它们的关联物体即可。
- ❖ “平滑长度”：沿着路径的长度提供平滑曲面。
- ❖ “平滑宽度”：围绕横截面图形的周界提供平滑曲面。
- ❖ “路径”：通过输入值或拖动微调器来设置路径的级别。
- ❖ “捕捉”：用于设置沿着路径图形之间的恒定距离。
- ❖ “启用”：当启用该选项时，则激活“捕捉”数值框。
- ❖ “百分比”：将路径级别表示为路径总长度的百分比。
- ❖ “距离”：将路径级别表示为路径第一个顶点的绝对距离。
- ❖ “路径步数”：将图形置于路径步数和顶点上，而不是作为沿着路径的一个百分比或距离。
- ❖ “封口始端”：路径第一个顶点处的放样端被覆盖或封口。
- ❖ “封口末端”：路径最后一个顶点处的放样端被封口。
- ❖ “图形步数”：设置横截面图形的每个顶点之间的步数，该值会影响围绕放样周界的边的数目。

提示

先执行完“放样”命令，再打开修改面板才能找到变形卷展栏，共有5种变形类型，如图6-21所示。当点击变形中的5种按钮后，都会弹出相对应的变形菜单栏。菜单栏中的工具栏可以移动、添加曲线上的角点，还可以重置曲线等。曲线变动，视图中的模型会随之发生相对应的形变。

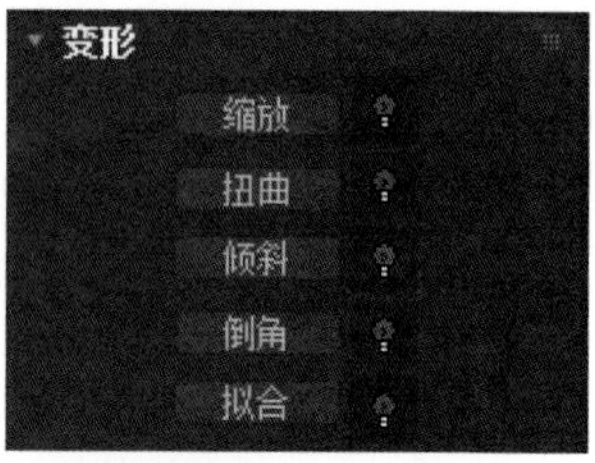

图6-21　变形卷展栏

- ❖ “缩放”：使用“缩放”变形可以通过调节曲线的形状控制放样后的模型，使其产生局部变大或变小的效果，效果如图6-22所示。
- ❖ “扭曲”：使用“扭曲”变形可以沿着对象的长度创建盘旋或扭曲的对象。扭曲将沿着路径指定旋转量，效果如图6-23所示。
- ❖ “倾斜”：使用“倾斜”变形可围绕局部x轴和y轴旋转图形。当在“蒙皮参数”卷展栏中选择“轮廓”时，“倾斜”是3ds Max自动选择的变形。当手动控制轮廓效果时，需要使用“倾斜”变形。
- ❖ “倒角”：制作一个非常尖的边很困难且耗时间，因此现实中创建的大多数对象都具有已切角化、倒角或减缓的边，使用“倒角”变形可以模拟这些效果。

❖ “拟合”：“拟合”变形可以使用两条“拟合”曲线来定义对象的顶部和侧剖面。当想要通过绘制放样对象的剖面来生成放样对象时，需要使用“拟合”变形。

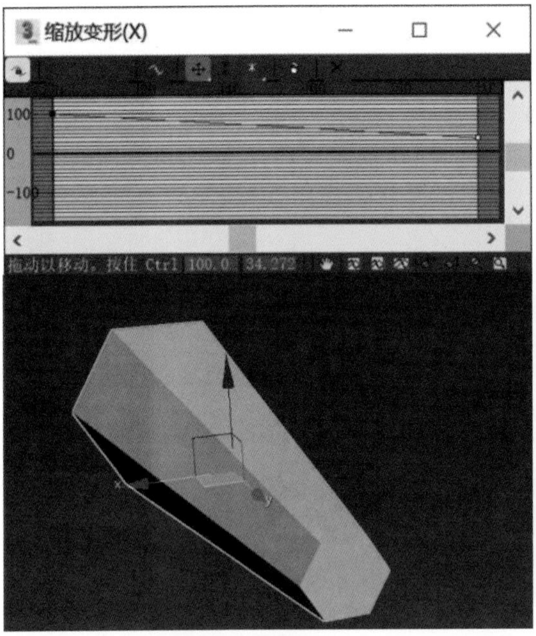

图6-22 缩放变形

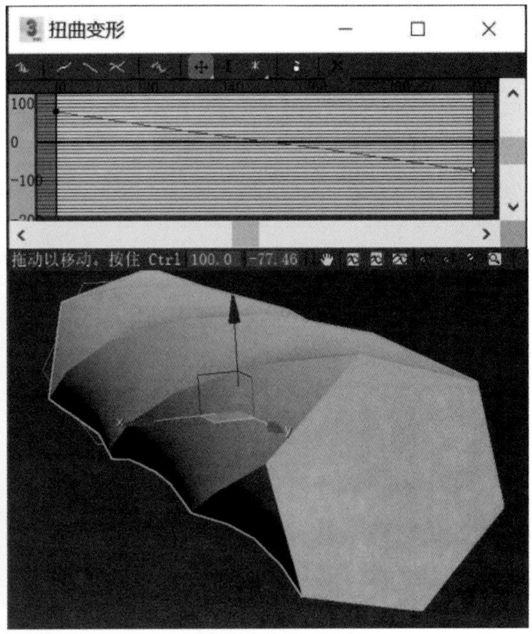

图6-23 扭曲变形

6.4.2 放样工具应用案例——制作窗帘模型

①打开3ds Max，使用“创建”→“图形”→“样条线”中的“矩形”，在顶视图中创建一个“长度”为300mm、“宽度”为1500mm的矩形作为辅助框，如图6-24所示。

②使用“线”工具，将创建方法中的“初始类型”设为“平滑”，将“拖动类型”设为“Bezier”，在刚创建的矩形内绘制曲线，以此作为图形，如图6-25所示。

▶案例视频◀

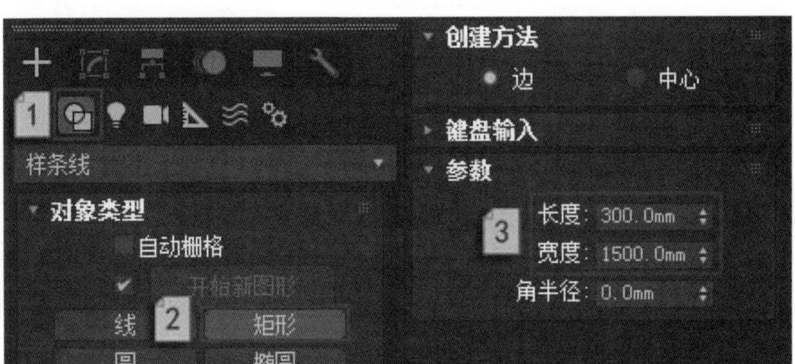

图6-24 创建矩形

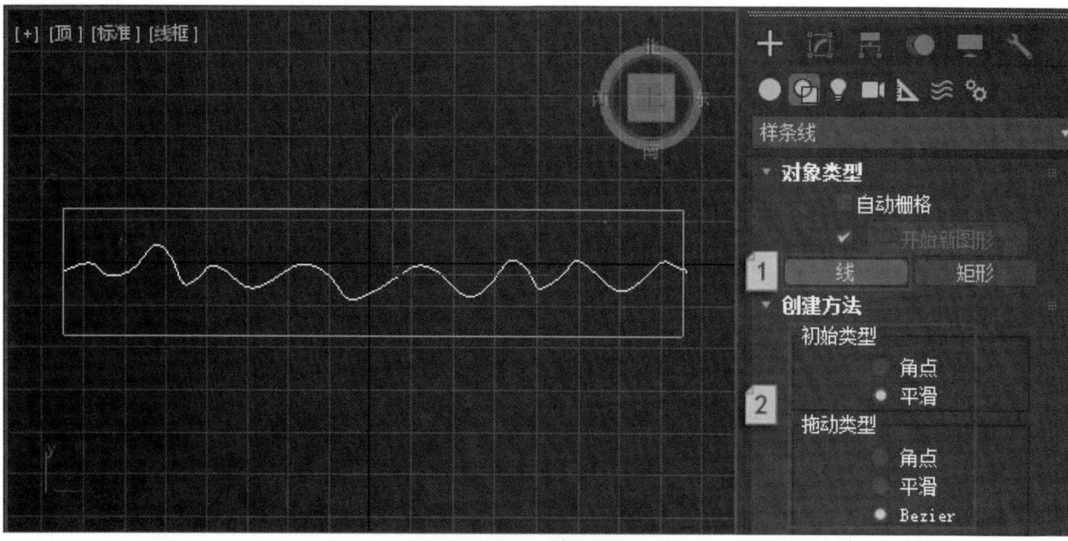

图6-25　在矩形内绘制曲线

③使用“线”工具，在前视图绘制一条直线（按<Shift>键绘制直线），以此作为路径。选择直线，点击“复合对象”中的“放样”工具，点击“获取图形”，在视图中拾取刚绘制的曲线，窗帘的雏形就制作完成了，如图6-26、图6-27中的步骤所示。

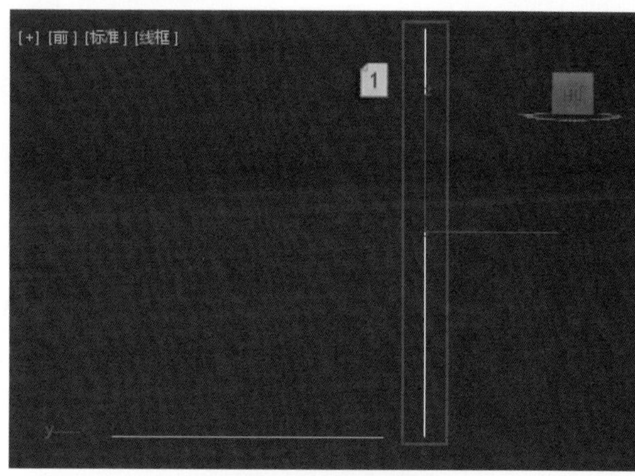

图6-26　绘制直线

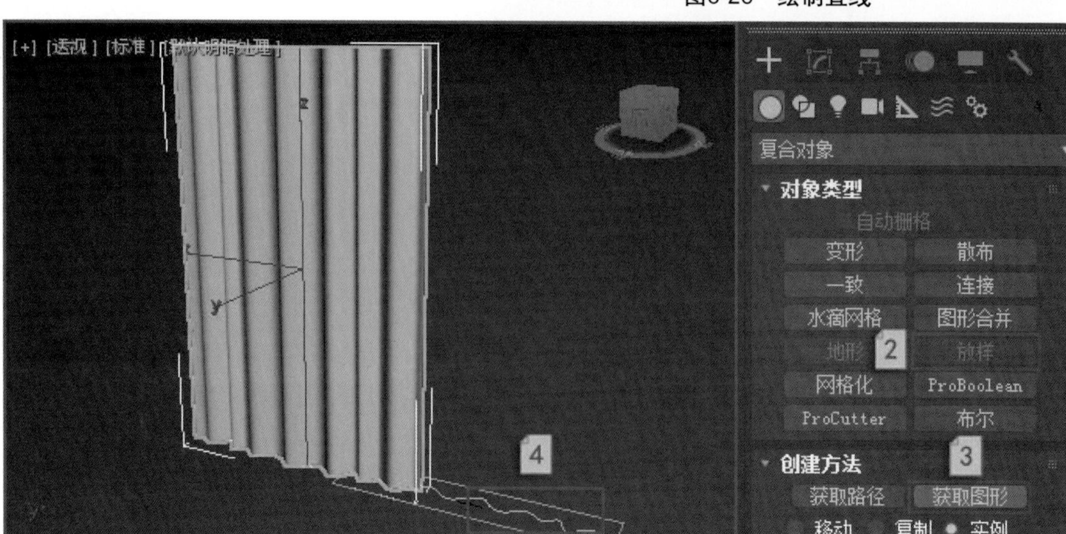

图6-27　执行放样

④点击“修改”，打开“变形”卷展览，点击“缩放”按钮，在工具栏中选择“插入角点”按钮，在线条上插入一个角点，可在角点上单击右键，将其转化为“Bezier-平滑”角点，接着在工具栏中选择“移动”按钮，对其中的三个点进行适当移动，如图6-28所示。

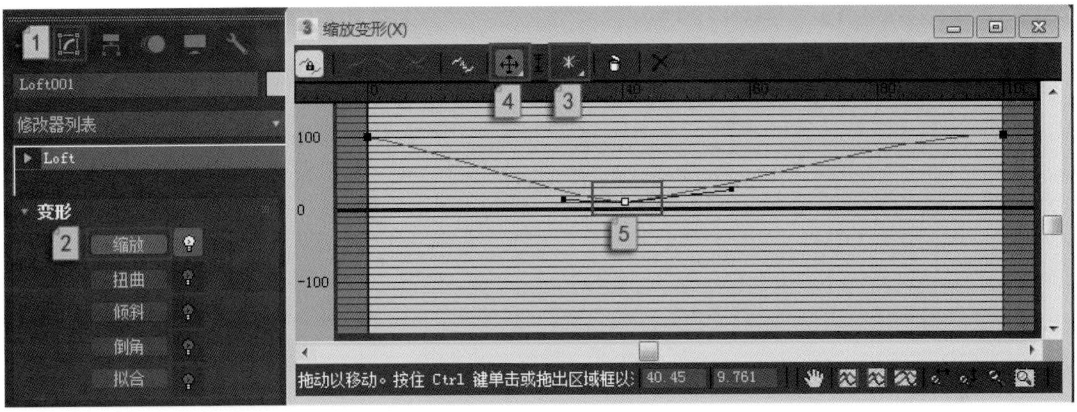

图6-28　执行缩放

⑤点击“修改器列表”，在下拉列表中找到【壳】修改器，为刚创建的窗帘模型添加【壳】修改器，将其参数“外部量”设置为1，使窗帘模型具有厚度，看起来更加真实，如图6-29所示。

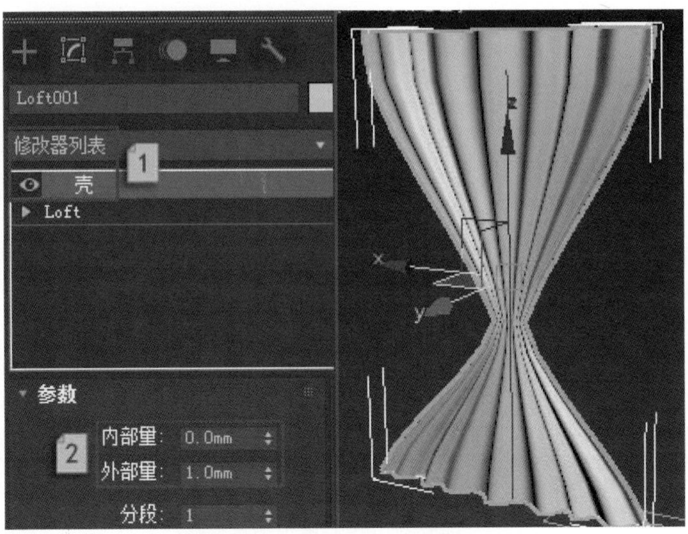

图6-29　添加【壳】修改器

⑥使用“创建”→“图形”→“样条线”中的“矩形”工具，在视图中创建一个矩形，在修改面板中打开“渲染”卷展栏，勾选“在渲染中启用”“在视口中启用”，并在“矩形”参数中调整合适的“长度”和“宽度”形成窗帘束带，将其放置在合适的位置上，如图6-30所示。

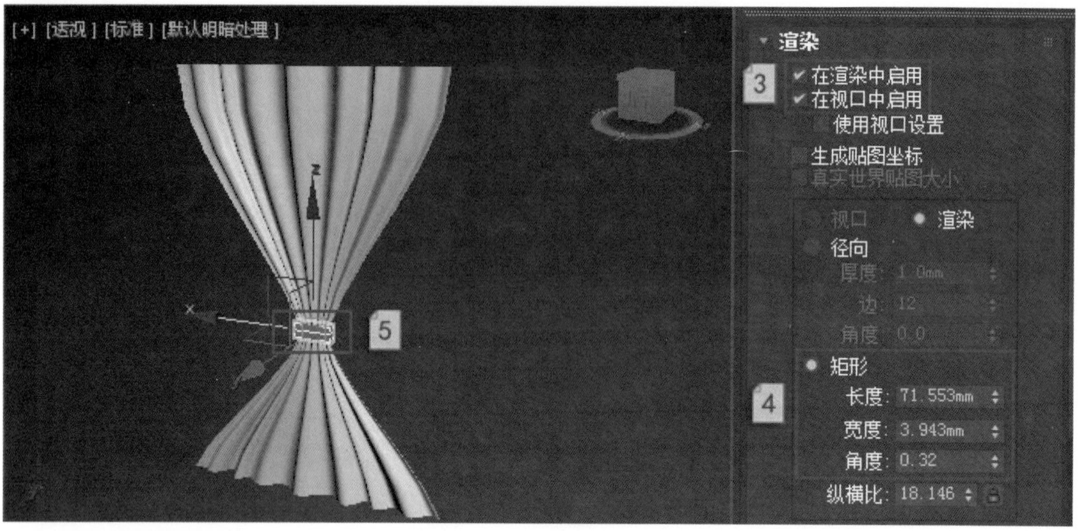

图6-30　绘制窗帘束带

⑦将之前创建的辅助线条矩形、曲线、直线隐藏，选中辅助线条后单击鼠标右键，选择“隐藏选定对象”进行隐藏。选择制作好的窗帘模型和束带模型，进行成组，接着点击“镜像轴”工具，在透视图中沿X轴镜像复制一份，并将其移动至合适位置，至此窗帘模型制作完成，效果如图6-31所示。

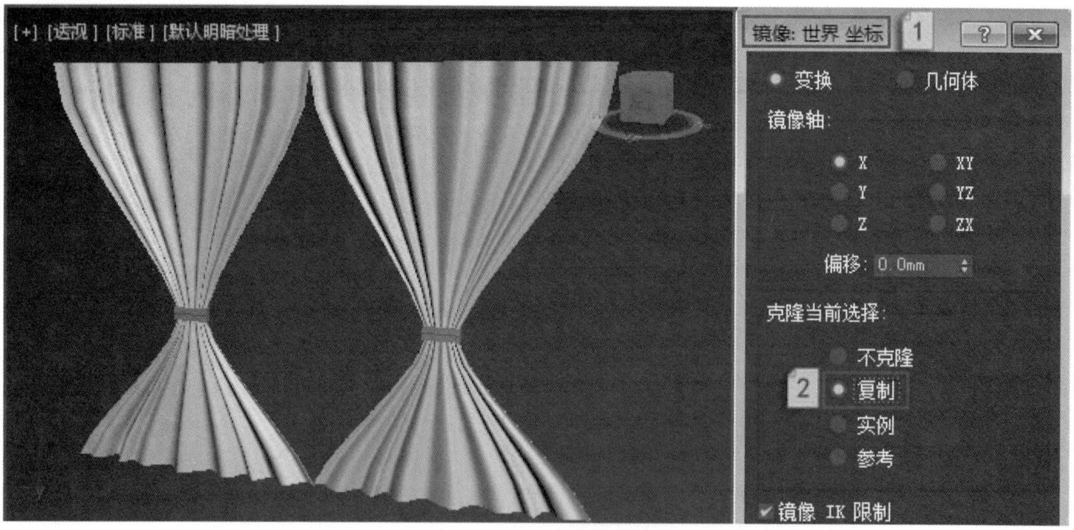

图6-31　完善窗帘模型

6.5 布尔

6.5.1 布尔工具参数解析

“布尔”工具（Boolean或ProBoolean超级布尔）是复合对象中的一个重要工具，它通过对两个或多个物体进行并集、差集、交集运算，从而得到新的物体形态。其详细参数面板如图6-32所示。

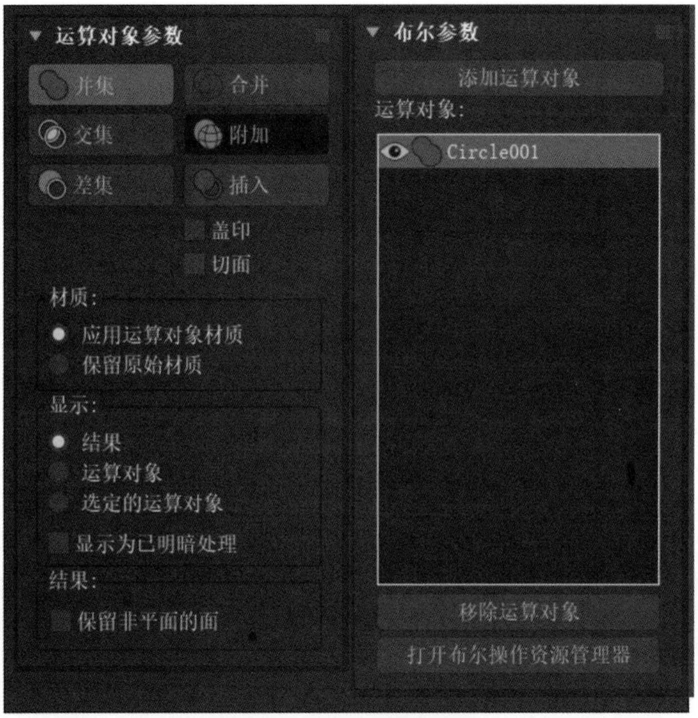

图6-32　布尔工具参数面板

- “添加运算对象”：单击此按钮能够选择参与布尔运算的第2个对象。
- “运算对象”：显示当前的操作对象。
- “移除运算对象”：在“运算对象”列表中选中不需要的运算对象，单击“移除运算对象”按钮，可以将选中的运算对象移出“运算对象”列表。
- “并集”：移除几何体的相交部分或重叠部分。
- “交集”：只保留两个原始对象的重叠部分，剩余部分会被移除。
- “差集”：从基础（最初选定）对象中移除相交的部分。
- “合并”：将两个原始对象合并成一个对象，不移除任何几何物体。
- “附加”：将多个对象合并成一个对象，而不影响各对象的拓扑，各对象实质上是复合对象中的独立元素。

❖ “插入”：从第一个操作对象中减去第二个操作对象的边界体积，然后再组合这两个对象。

❖ “盖印”：将图形轮廓（或相交边）打印到原始网格对象上，而不移除或添加面。

❖ “切面”：切割原始网格图形的面，或获取网格在另一对象内部的部分。

❖ “材质”选项组：用于设置布尔运算结果的材质属性。“应用运算对象材质”，可以将已添加运算对象的材质应用于整个复合对象。“保留原始材质”，可以保留应用到复合对象的现有材质。

❖ “结果”：显示布尔运算的最终结果。

❖ “运算对象”：显示没有执行布尔运算的运算对象。运算对象的轮廓会以一种显示当前所执行布尔运算的颜色标出。

❖ “选定的运算对象”：显示选定的运算对象。运算对象的轮廓会以一种显示当前所执行布尔运算的颜色标出。

❖ “显示为已明暗处理”：如果启用，则在视图中会显示已进行明暗处理的运算对象。此选项会关闭颜色编码显示。

❖ “结果”选项组：选择是否要保留非平面的面，是否启用该功能视情况而定。

6.5.2 布尔工具应用案例——制作罗马柱模型

▶ 案例视频 ◀

①打开3ds Max，使用“几何体”→“标准基本体”→“长方体”创建以一个“长度”为500mm、“宽度”为500mm、“高度”为3000mm的长方体作为柱子模型，如图6-33所示。

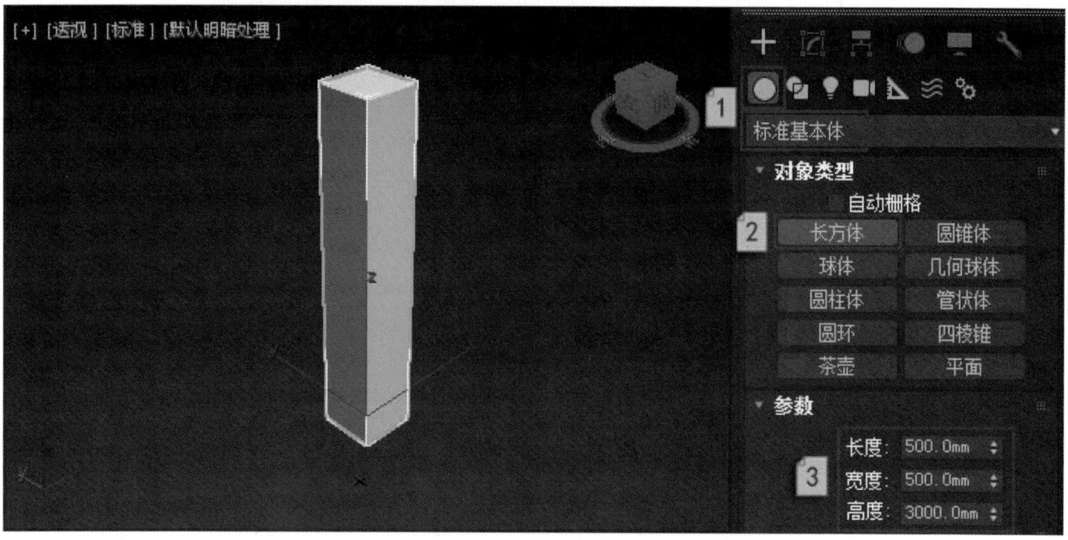

图6-33　创建长方体

②使用“扩展基本体”中的“胶囊”创建一个“半径”为30mm、“高度”为2800mm的胶囊模型，并在视图中将其移动至合适的位置，如图6-34所示。

③在顶视图中，将刚创建的胶囊模型进行多个复制，并将它们均匀放置在长方体的四周，如图6-35所示。

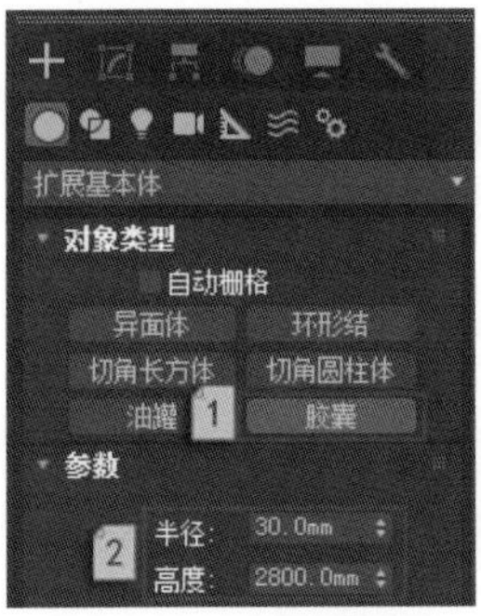

图6-34 创建胶囊

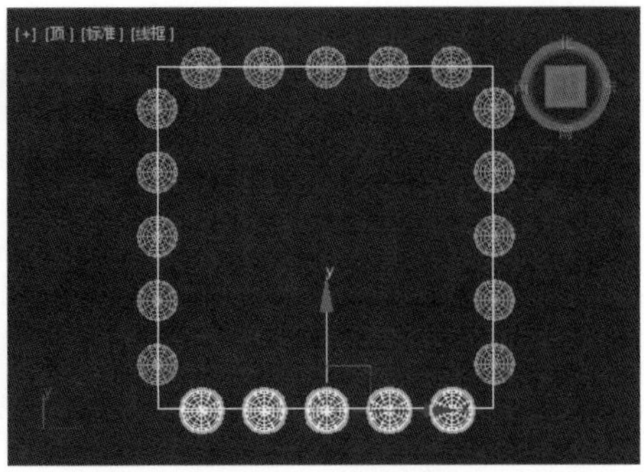

图6-35 复制胶囊

④选择长方体，单击“复合对象”中的“布尔”工具，在“运算对象参数”中选择“差集”，单击“添加运算对象”并依次点击视图中的所有胶囊模型，如图6-36所示。

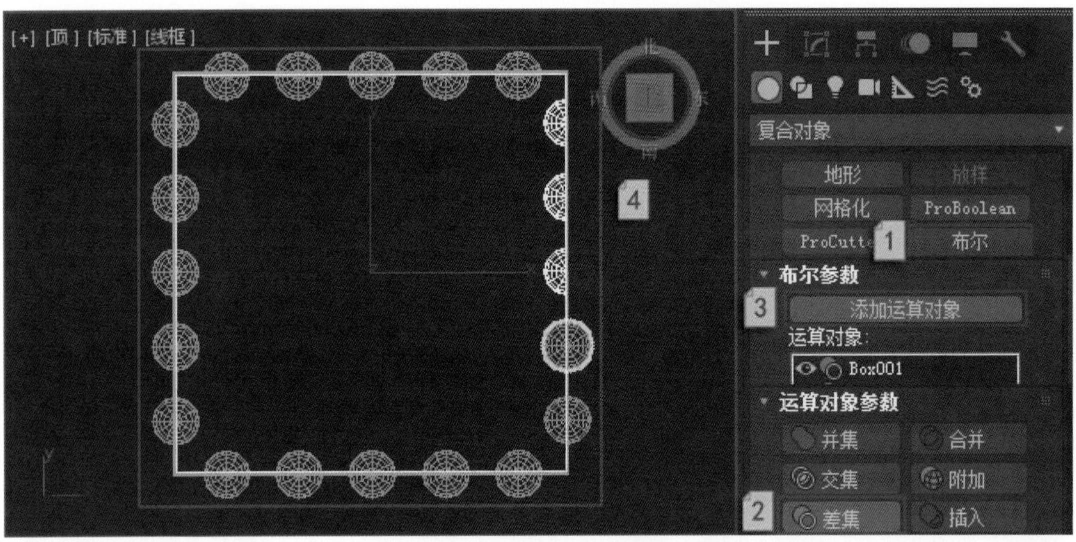

图6-36 执行布尔工具

⑤在前视图中，使用“线”工具绘制罗马柱模型的柱头剖面，如图6-37所示。

⑥在顶视图中，使用“矩形”工具绘制“边长”为500mm的正方形作为路径。选择路径，在“修改器列表”中添加“倒角剖面”修改器，单击“拾取剖面”，再单击上一步所绘制的剖面，完成罗马柱柱头模型，如图6-38所示。

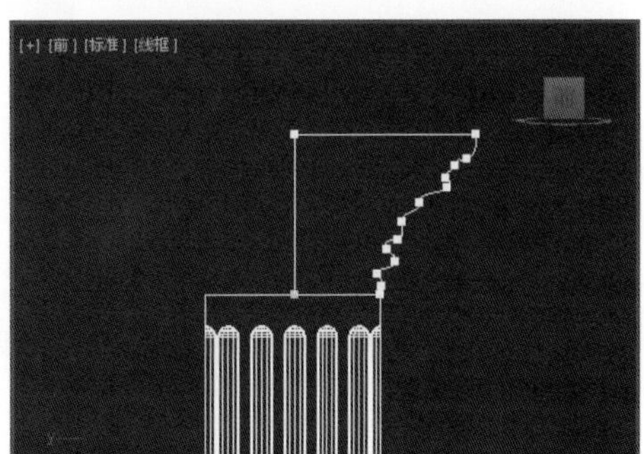

图6-37 绘制罗马柱模型的柱头剖面

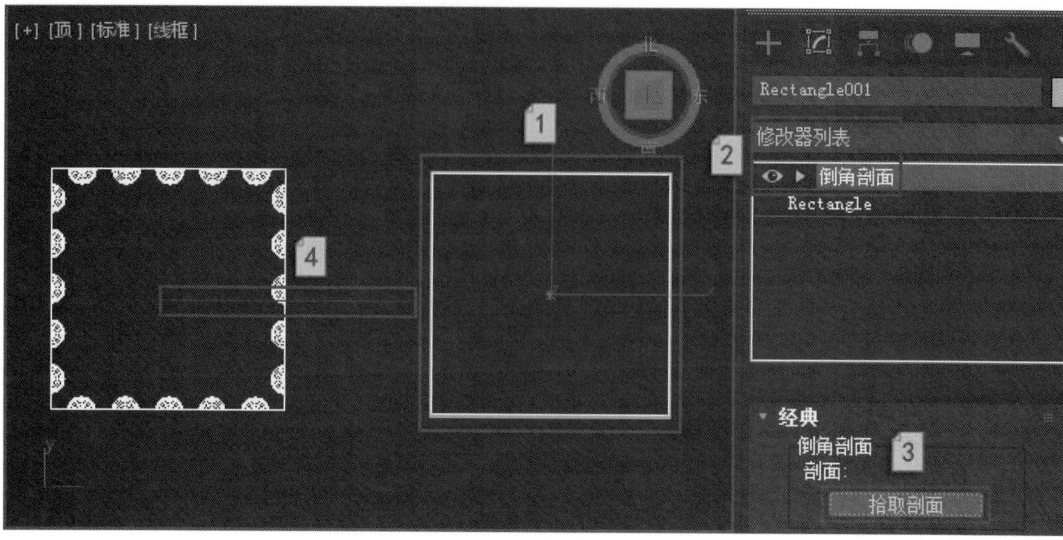

图6-38　执行倒角剖面

⑦将制作好的罗马柱柱头模型缩放调整至与柱子模型大小一致，再进行镜像复制，并将其移动至柱子模型的上下两端，至此罗马柱模型制作完成，效果如图6-39所示。

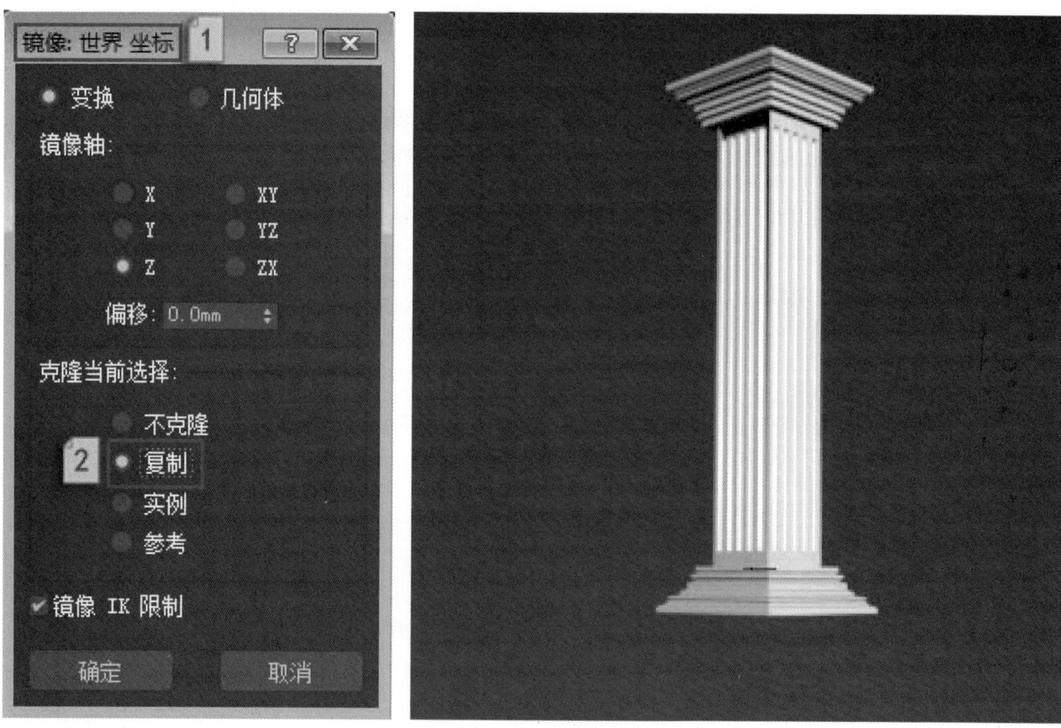

图6-39　完善罗马柱模型

本章习题

一、选择题

1. 复合对象类型一种有（　）种。

A. 8　　B. 10　　C. 14　　D. 12

2. 执行“创建”→（　）→“复合对象”命令，可以看到复合对象的创建面板。

A. 几何体　　B. 图形　　C. 灯光　　D. 摄像

3. 布尔运算对象参数中，只保留两个原始对象的重叠部分，剩余部分会被移除的是（　）运算。

A. 并集　　B. 交集　　C. 差集　　D. 合并

二、填空题

1. 在复合对象中，__________、__________都可以运算场景中物体的并集、差集、交集。

2. 执行放样工具时，场景中需要有两条样条线，一条为__________，一条为__________，通过不同的创建方法从而得到三维物体。

3. 放样工具的变形卷展栏共有__________种缩放类型，在执行完放样命令后，在修改面板里面才能找到。

三、简答题

1. 简述复合对象中布尔工具与ProBoolean工具的异同点。

2. 简述复合对象中图形合并工具的操作步骤。

四、上机练习题

1. 使用放样工具制作如图6-40所示的石膏瓶。

2. 使用布尔工具制作如图6-41所示的篮球。

图6-40　石膏瓶

图6-41　篮球

▶ 习题答案 ◀

第7章

常用的修改器

本章内容

在3ds Max中，系统提供了功能强大且丰富的修改器命令，利用修改器可以改变模型的外观、重塑对象的形体。本章主要对【FFD】【锥化】【晶格】【弯曲】【网格平滑】和【编辑多边形】等建模过程中常用的修改器进行详细讲解。

学习目标

知识目标：了解各常用修改器的具体功能，理解各常用修改器的相关参数。

能力目标：掌握各常用修改器的使用方法和技巧，掌握沙发、镂空的圆凳、X翻滚动画、纸篓、排球和转头模型等实例的制作方法。

素质目标：尝试解决问题，锻炼创新思维和解决问题的能力；培养对传统文化的热爱和尊重之情，具备良好的职业美德与健全的人格，具备社会责任感和历史使命感。

7.1 【FFD】修改器、【编辑多边形】修改器

7.1.1 【FFD】修改器、【编辑多边形】修改器参数解析

FFD代表“自由形式变形”，【FFD】是一系列修改器，包括【FFD 2x2x2】【FFD 3x3x3】【FFD 4x4x4】等5个命令，如图7-1所示。这些命令的功能和使用方法基本相同，只是控制点的数量和分布形式有所区别。【FFD】修改器使用晶格框包围选中几何体，通过调整晶格的控制点，可以改变封闭几何体的形状。如图7-2所示，使用FFD变形在蛇上创建一个凸起。

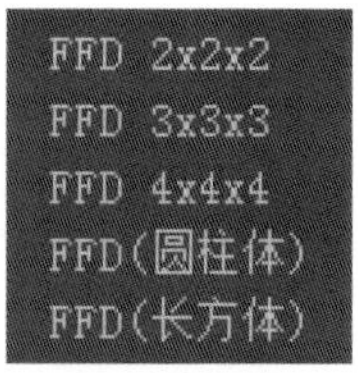

图7-1 【FFD】修改器

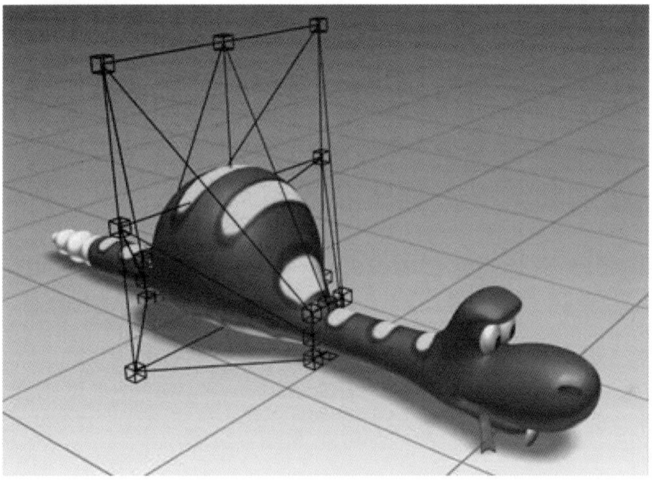

图7-2 FFD调整后的效果

【编辑多边形】修改器提供用于选定对象的不同子对象层级的显式编辑工具，它包括顶点、边、边界、多边形和元素。使用该修改器可设置子对象变换和参数更改的动画。当改变对象中部分点或面的空间位置时，三维模型也就发生了变化，从而可以达到进一步造型的目的。

无论编辑多边形是处于根级别下还是处于任意编辑子模式下，“编辑几何体”卷展栏都会一直出现。该卷展栏中常用命令介绍如下。其中塌陷命令的功能如图7-3所示。

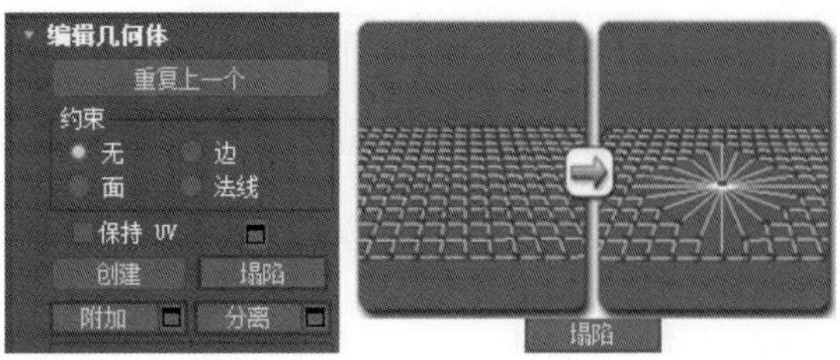

图7-3 “编辑几何体”常用命令及塌陷命令的功能

❖ 塌陷：通过将其顶点与选择中心的顶点焊接，使连续选定子对象的组产生塌陷。

❖ 附加：激活“附加”后，单击一个对象可将其附加到选定对象上。

❖ 分离：将选定的子对象和关联的多边形分隔为新对象或元素。

进入编辑多边形中的“顶点”编辑子模式时，就会出现“编辑顶点”卷展栏。该卷展栏中常用命令介绍如下。相关命令的功能如图7-4所示。

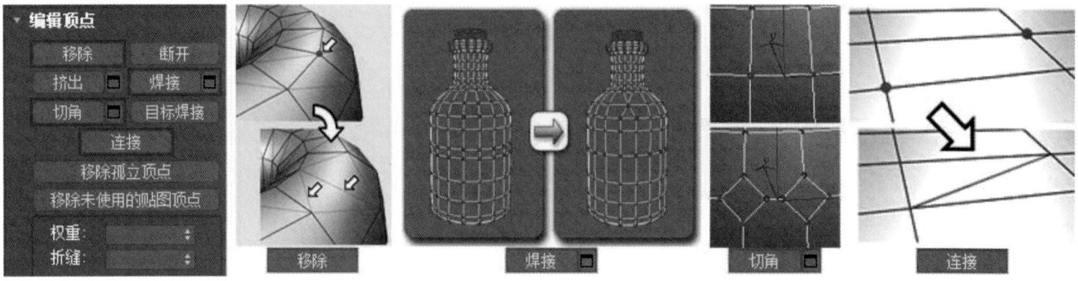

图7-4 “编辑顶点”常用命令

❖ 移除：删除选中的顶点，并接合起使用它们的多边形，使表面保持完整。

❖ 断开：在与选定顶点相连的每个多边形上，都创建一个新顶点，使它们不再与原来的顶点相连。

❖ 焊接：将指定的公差范围内选定的连续顶点进行合并。

❖ 切角：所有连向原来顶点的边上都会产生一个新顶点，每个切角的顶点都会被一个新面有效替换，这个新面会连接所有的新顶点。

进入编辑多边形中的“多边形”编辑子模式时，就会出现“编辑多边形”卷展栏。该卷展栏中常用命令介绍如下。相关命令的功能如图7-5所示。

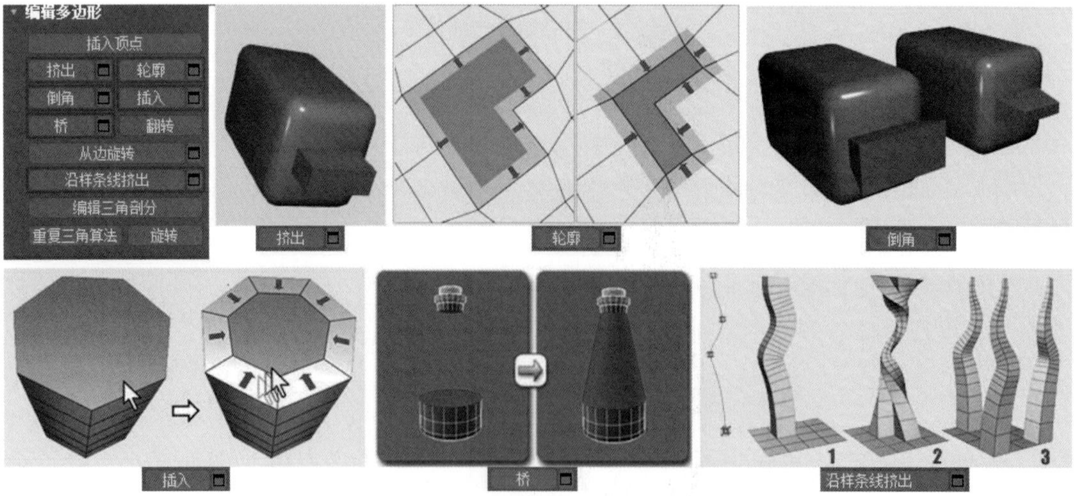

图7-5 “编辑多边形”常用命令

❖ 挤出：使多边形沿着法线方向移动，然后创建形成挤出边的新多边形。

- ❖ 轮廓：用于增加或减少每组连续的选定多边形的外边。
- ❖ 倒角：先将多边形挤出，再修改挤出轮廓。
- ❖ 插入：在选定多边形的平面内执行该操作，相当于没有高度的倒角操作。
- ❖ 桥：连接对象上的两个多边形或选定多边形。
- ❖ 沿样条线挤出：沿着图形挤出当前选定的内容。可以挤出单个多边形、多个选择的连续多边形或非连续多边形。

在编辑多边形中的其他编辑子模式下，对应的一些常用编辑命令和上面讲过的很多相关命令在原理上差不多，在此就不再赘述了。

7.1.2 【FFD】修改器、【编辑多边形】修改器应用案例——制作沙发

下面通过使用【FFD】修改器并配合【编辑多边形】修改器，制作一个沙发，具体的制作流程如下。

▶案例视频◀

①点击“创建面板”，切换到“几何体”选项卡，再切换到创建“扩展基本体”界面，点击“切角长方体”按钮，在前视图中创建出一个切角长方体，并依据图7-6设置其参数。

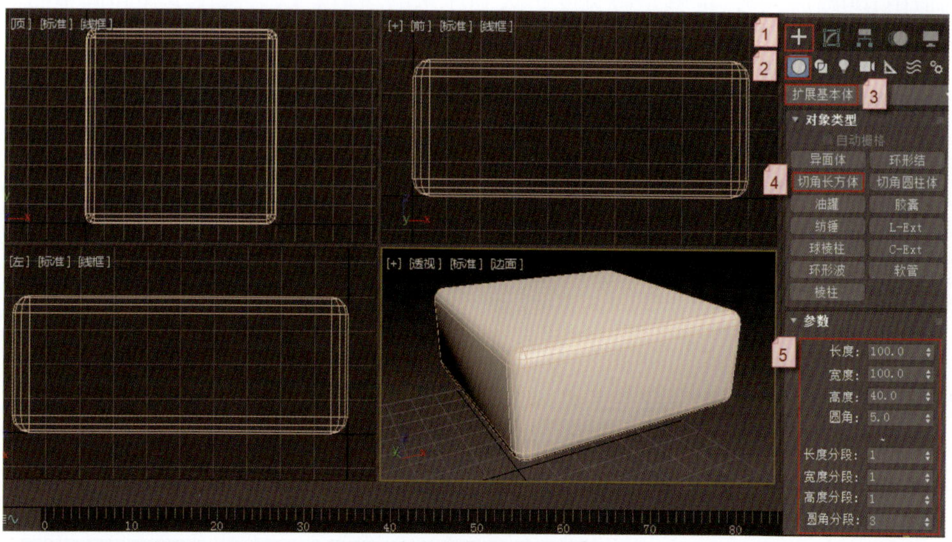

图7-6 创建切角长方体

②进入“修改面板”中，为创建好的切角长方体添加“编辑多边形”修改器，然后进入“多边形”的编辑子模式下，选中切角长方体中间部分的多边形，在“编辑几何体”卷展栏中找到“分离”命令，点击执行分离命令，这样就可以将选中的红色多边形部分分离为一个独立的个体模型。为了能够更好地看清、区分两个独立模型，将其中一个模型的颜色进行修改，从而使得它们的颜色有所区分。以上操作步骤如图7-7所示。

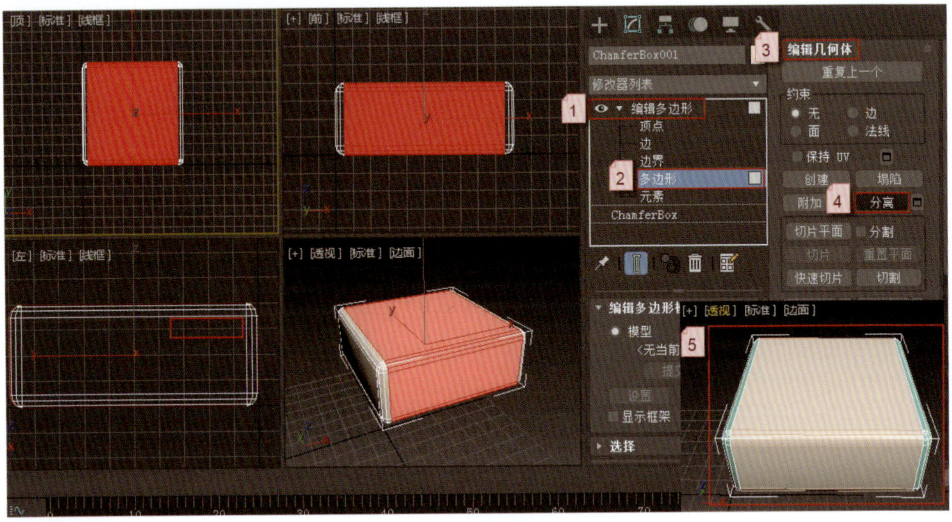

图7-7　**分离出多边形**

③选中刚刚分离出来的位于中间位置的较大的模型个体，然后在工具条上找到缩放工具，并在缩放工具上右击鼠标，这时会弹出一个“缩放变换输入”对话框，在该对话框中将X的值由100改成300，也就是将宽度扩大到原来的三倍。以上操作步骤和调整后的效果如图7-8所示。

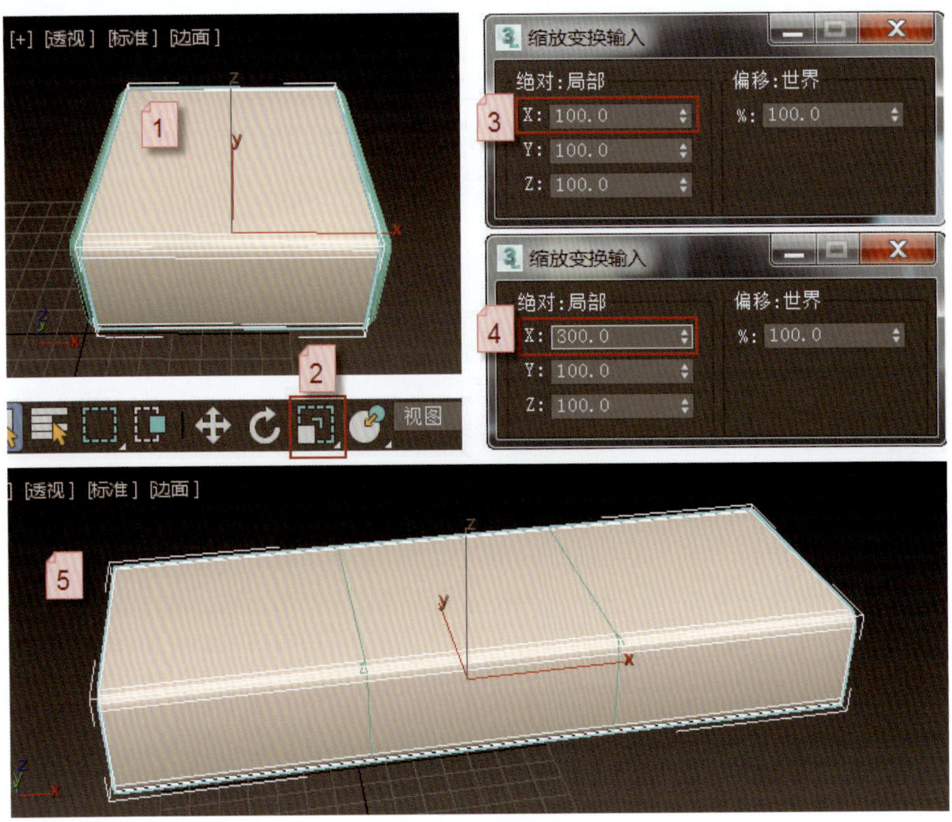

图7-8　**缩放加宽**

④进入编辑多边形中“边”的编辑子模式下，按住<Ctrl>键并用鼠标点击相应的边进行加选，将上表面的左右两条边同时选中，然后在“编辑边”卷展栏中找到“连接”命令，点击该按钮右侧的“设置”小按钮，这时会弹出一个“连接边”对话框，在该对话框中将分段的数量设置为2，然后点击确认按钮（也就是对号按钮），完成边的连接操作。以上操作步骤和调整后的效果如图7-9所示。

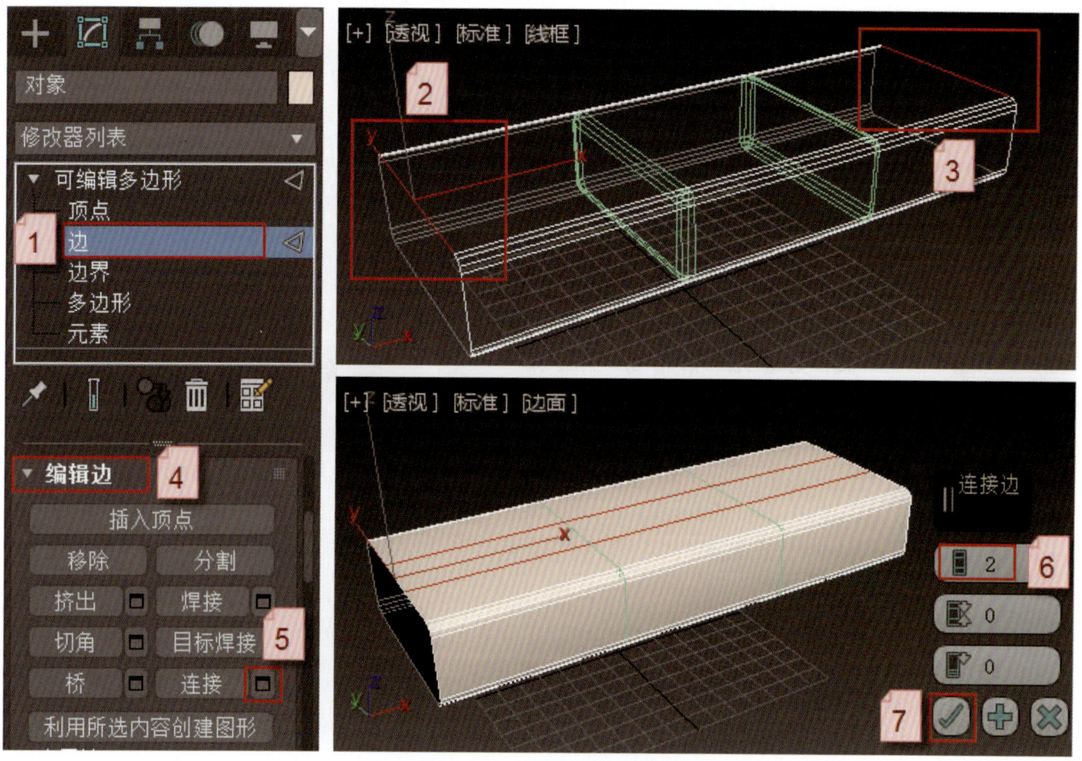

图7-9 左右方向连接分段

⑤选中前后方向的四条边，采用和步骤④同样的方法继续使用“连接”命令，将连接分段的数量设置为8，然后点击确认按钮（也就是对号按钮），以上操作步骤和调整后的效果如图7-10所示。

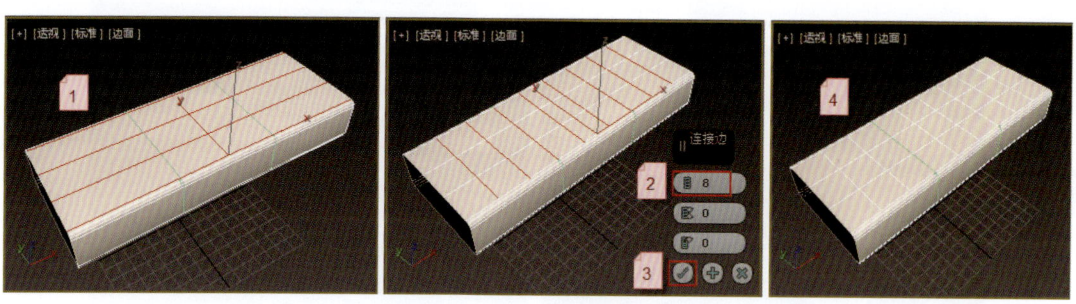

图7-10 前后方向连接分段

⑥进入“多边形”编辑子模式下，在顶视图中选中中间的全部多边形，被选中的多边形会以红色显现出来，此时可以切换到透视图观察一下，接着在左视图中配合<Alt>键减选掉下边的全部多边形，就只剩上边的多边形被选中了，以上操作步骤和调整后的效果如图7-11所示。

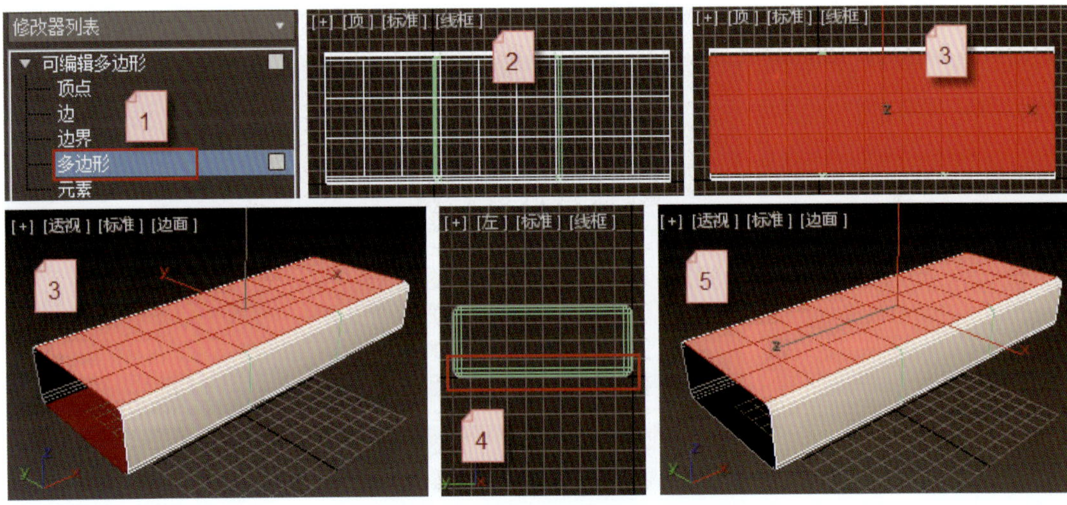

图7-11　选中上边的多边形

⑦在“编辑几何体”卷展栏中，找到“分离”命令，点击该按钮，弹出分离对话框，无需更改分离对象的名称，保持默认的名称“对象001”即可，直接点击“确定”按钮，完成分离操作，这样就可把选中的多边形分离成为独立的个体模型。为了区分不同的个体模型，可以修改不同个体模型的颜色以示区别，例如可以将其中一个个体模型的颜色修改为蓝色。以上的操作步骤和调整后的效果，如图7-12所示。

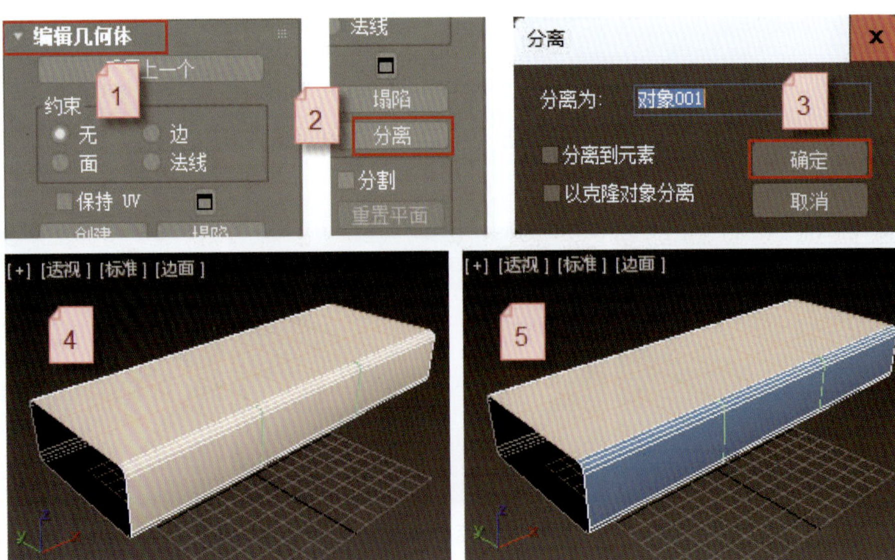

图7-12　分离模型

⑧采用和步骤⑦相同的操作方法，将分离出来的个体模型中的一个多边形面再次选中并分离出来，然后再修改颜色用以区分不同的个体模型，待看清楚以后，将剩余未分离的较大的个体模型删除掉，只留下刚刚分离出来的类似于一个小平面的模型。以上操作步骤和调整后的效果如图7-13所示。

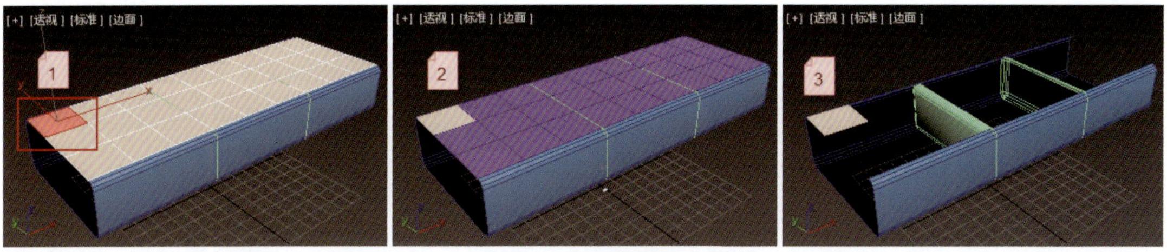

图7-13 **删除模型**

⑨选中小平面模型，采用和步骤⑤相同的操作方法，将前后的两条边选中，然后通过连接命令进行分段，分段数量为10，再把左右方向的所有边全部选中，同样进行连接分段，分段数量也是10。通过两次连接分段，之前的小平面只有一个面，而现在则成为由很多个正方形的小面构成的面。以上操作步骤和调整后的效果如图7-14所示。

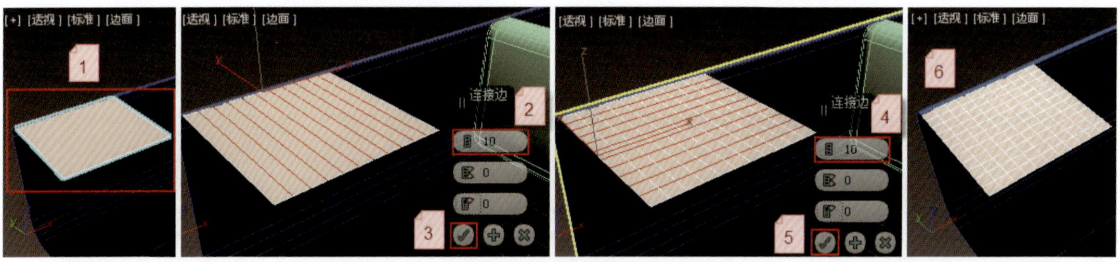

图7-14 **连接边分段**

⑩回退到可编辑多边形的根级别，为其添加【FFD 4x4x4】修改器，接着进入“控制点”子级别，在顶视图中选中中间的4个控制点，然后在左视图中将选中的这4个控制点沿着y轴用移动工具往上拖拽，这时可以看到中间的网格已经随着控制点的调节往上逐渐隆起。再重新回到顶视图，使用缩放工具沿着x和y两个轴向同时进行缩放，将4个控制点逐渐调整到4个角上，再将上下边中间的4个控制点选中，沿着x轴方向进行缩放调整，使得这些控制点也逐渐调整到4个角上。回到左视图中，用同样的方法将当前边上中间的控制点全部选中，还是沿着x轴方向缩放调整，使得这些控制点也逐渐调整到4个角上。最后观察一下，发现现在所有的控制点都被调整到了角上，而整个网格面也完美向上隆起，形成了像沙发坐垫一样的效果。以上操作步骤和调整后的效果如图7-15所示。

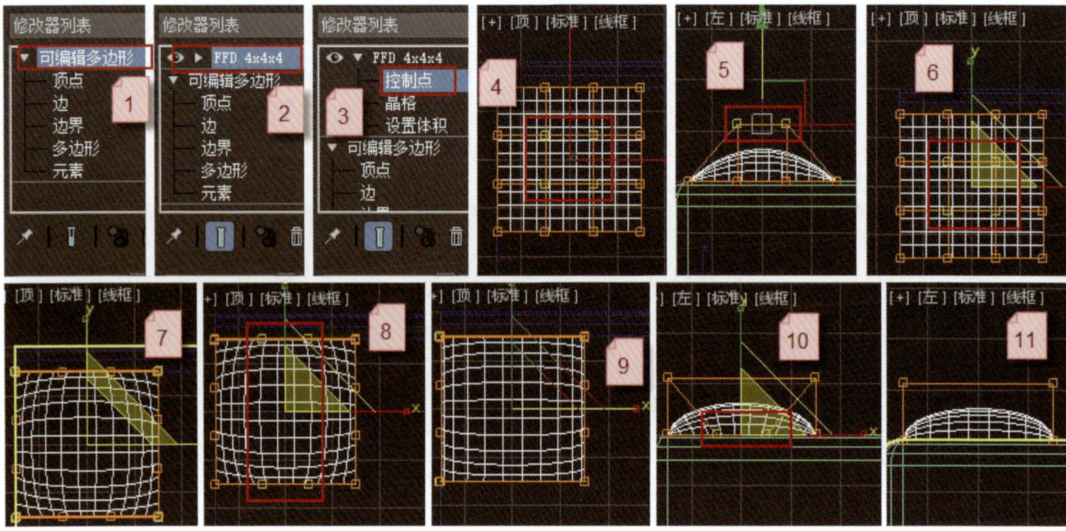

图7-15　**调整控制点**

⑪选中沙发坐垫模型，将命令面板切换至“实用程序”页面，在实用程序中找到“测量”命令，观察一下测量出来的数据，可以看到在X和Y方向的数值都是30，也就是说该模型的长和宽都是30，得知了该模型的边长后，接下来就可以使用阵列工具来进行模型的阵列。以上操作步骤和调整后的效果如图7-16所示。

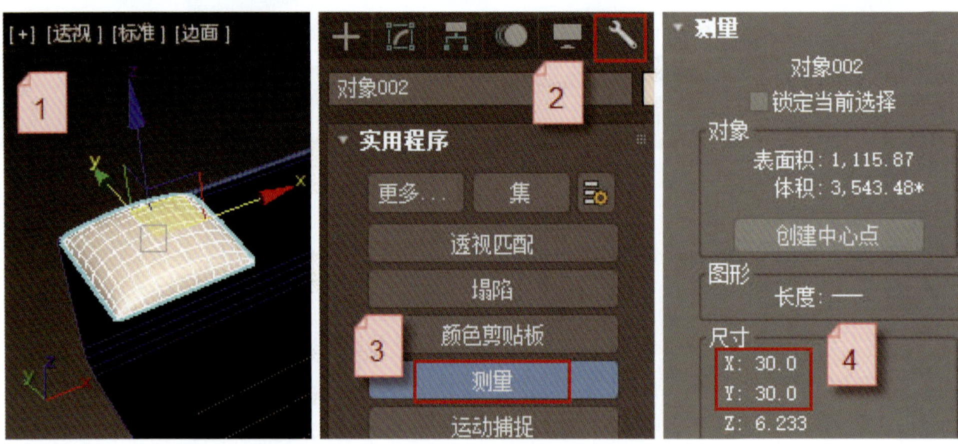

图7-16　**测量边长**

⑫继续选中沙发坐垫模型，然后打开“工具”菜单，执行其中的“阵列”命令，此时会弹出阵列对话框，在该对话框中将沿着Y轴方向的移动增量设置为－30，将一维阵列的数量设置为3，将沿着X轴方向的移动增量设置为30，将二维阵列的数量设置为9，在透视图中观察一下阵列后的效果，确认无误后点击“确定”按钮，完成本次阵列。以上操作步骤和调整后的效果如图7-17所示。

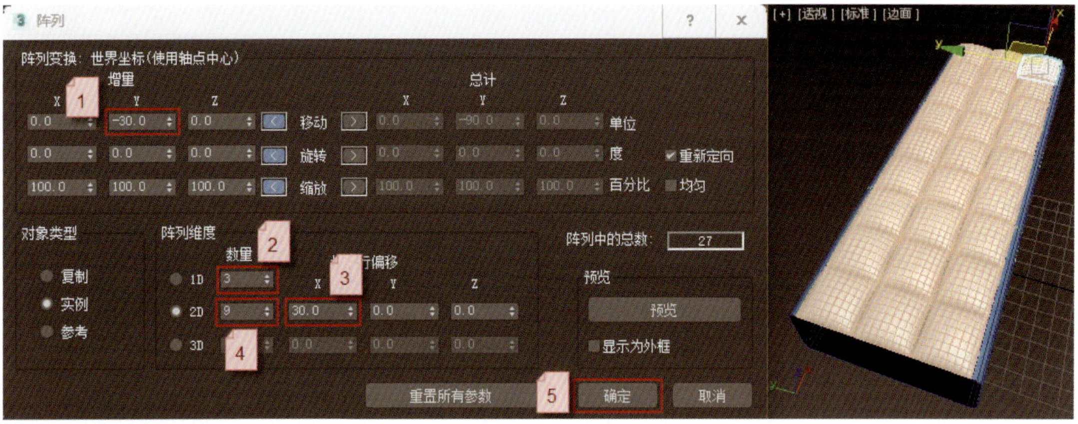

图7-17 阵列

⑬继续选中沙发坐垫模型，为其添加【编辑多边形】修改器，点击修改器堆栈下方的“使唯一”按钮，可以让模型摆脱实例关联，从而为后边附加命令的顺利实施提供了保障。接着往下找到“编辑几何体”卷展栏，在其中找到“附加”命令，点击“附加”按钮，激活“附加”命令以后，用鼠标在透视图中依次点击拾取其他的沙发坐垫，直至所有的坐垫模型附加成为一个整体。以上操作步骤和调整后的效果如图7-18所示。

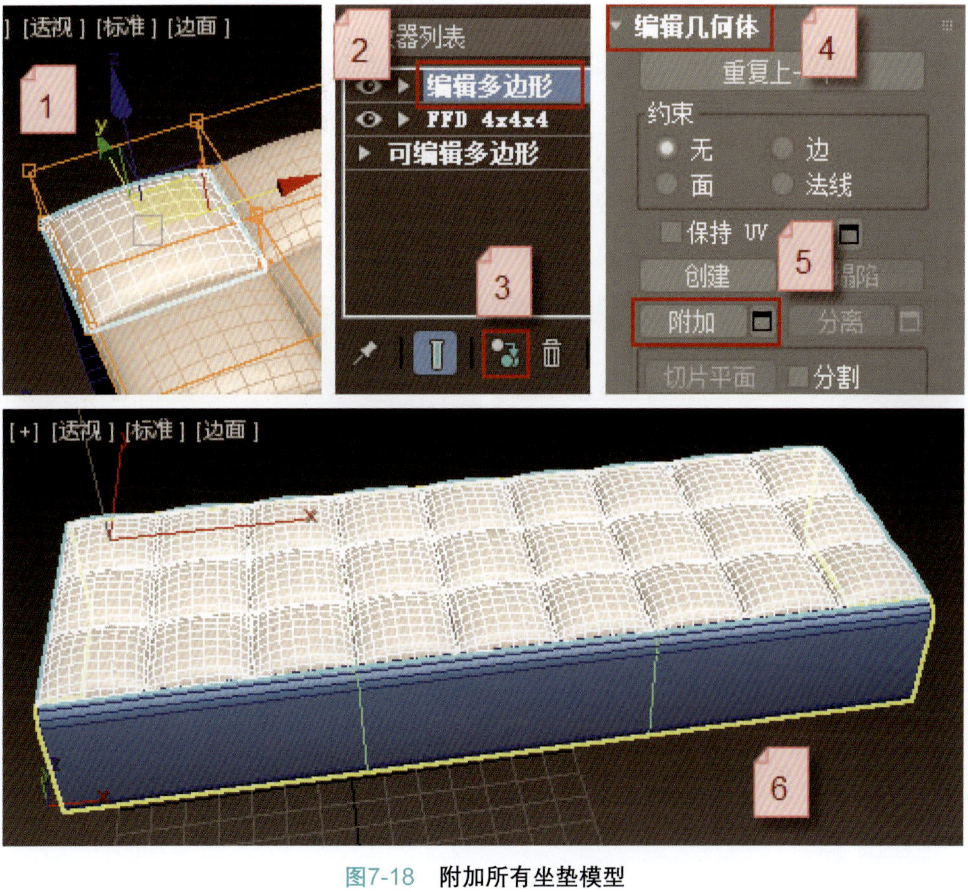

图7-18 附加所有坐垫模型

⑭在前视图中选中第1次分离剩下的模型，然后进入编辑多边形中的“元素”编辑子模式下，选中左侧元素，将其分离为独立个体模型，分离完成后分别修改两个个体的颜色以示区别，接着通过对齐工具精准地将两模型分别对齐到沙发左右两侧，对齐以后可以在前视图和透视图中对比观察对齐后的效果。以上操作和调整后的效果如图7-19所示。

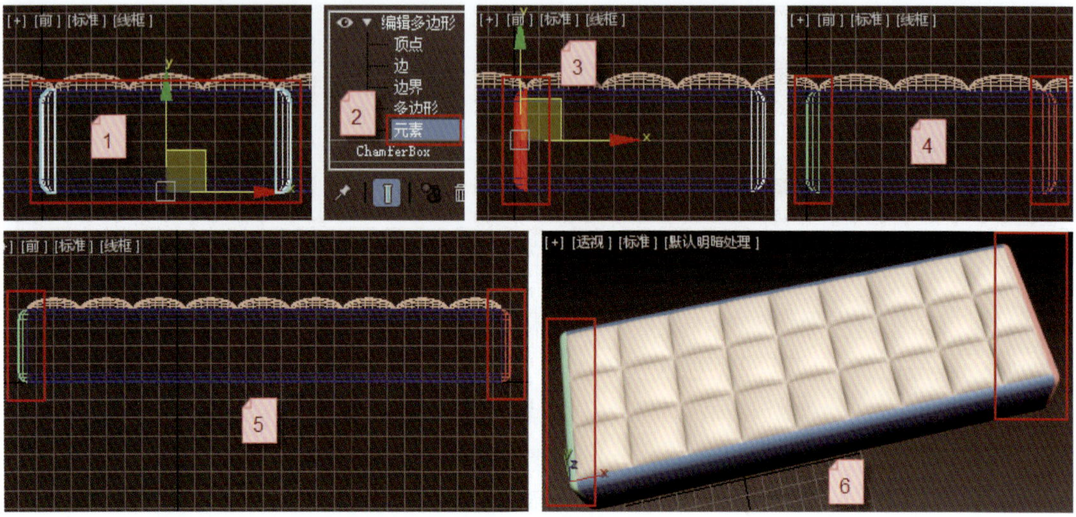

图7-19　**对齐坐垫模型**

⑮选中右侧的个体模型，通过编辑多边形的附加命令，依次拾取附加场景中的其他模型，最终形成一个独立的整体模型。接着进入“顶点”编辑子模式下，按<Ctrl + A>快捷键选中所有的顶点，然后在“编辑顶点”卷展栏中，找到“焊接”命令，点击焊接命令后边的设置小按钮，弹出“焊接顶点”对话框，此时可以观察一下焊接之前和焊接之后的顶点变化，然后点击确认按钮，完成本次焊接操作。以上操作步骤和调整后的效果如图7-20所示。

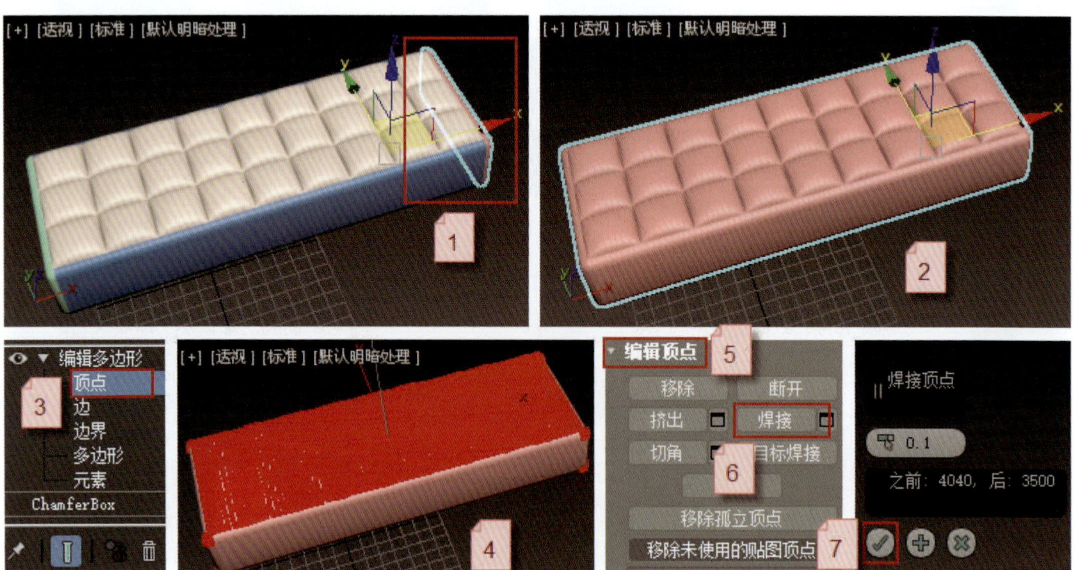

图7-20　**焊接坐垫模型**

⑯再次测量一下沙发坐垫的长和宽，根据长宽数值，创建出两个切角长方体，一个充当沙发靠背，另一个充当沙发底座。两个切角长方体的参数设置以及创建后的最终效果如图7-21所示。

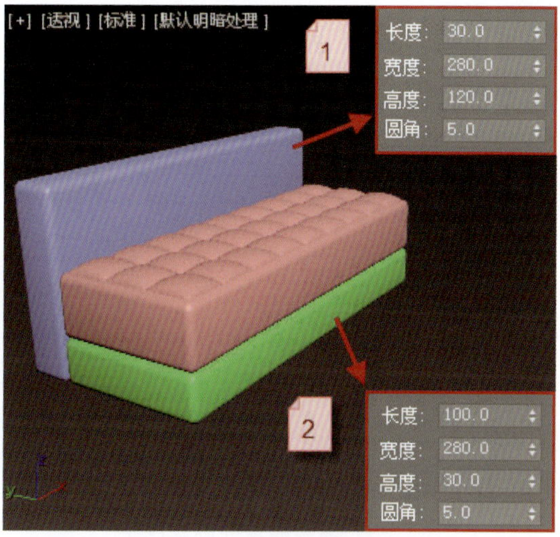

图7-21 **创建扩展基本体**

⑰选择靠背所在的切角长方体，为其添加【编辑多边形】修改器，并进入编辑多边形中的“边”编辑子模式下，在透视图中选中靠背模型上边宽度方向的所有线条，然后通过连接命令进行分段，将分段的数量设置为20，设置完成以后，点击“确认”按钮完成本次分段。以上操作步骤和调整后的效果如图7-22所示。

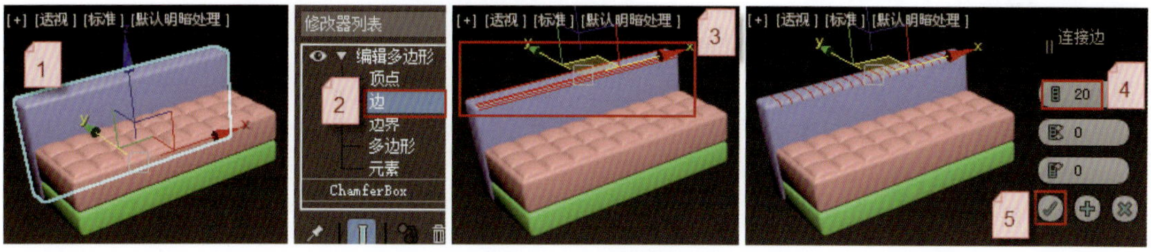

图7-22 **连接分段**

⑱给靠背添加【FFD 3x3x3】修改器，然后进入“控制点”编辑子模式，接着在透视图中选中正中间靠上的一排控制点，使用移动工具沿z轴往上调整，直至扶手的上边缘出现圆弧状，达到预期效果后停止调节。按照图7-23中的参数，创建出一个切角长方体充当沙发一侧的扶手，并通过对齐工具，将其对齐到正确位置，然后再克隆出另一侧的沙发扶手，再次通过对齐工具将其对齐到正确位置，这样就完成了沙发的全部制作流程。以上操作步骤和调整后的效果如图7-23所示。

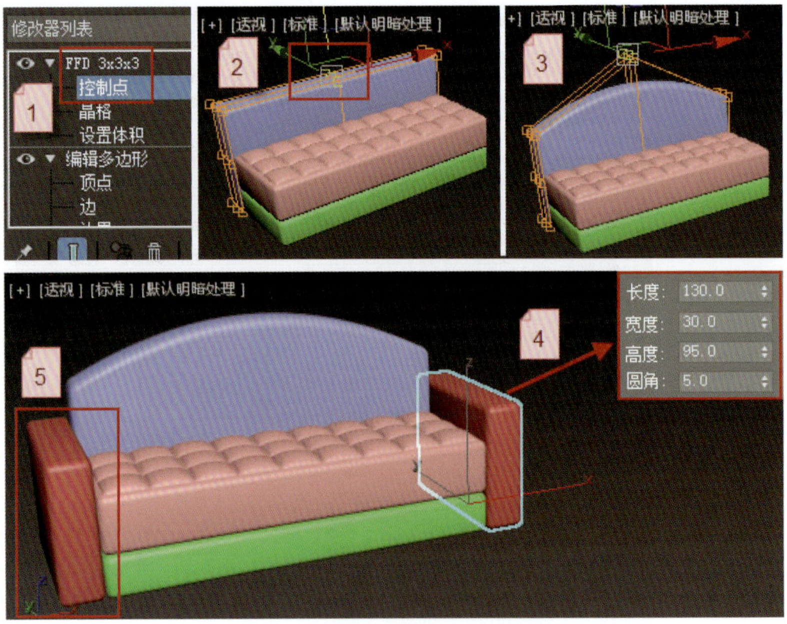

图7-23　调整靠背并创建扶手

7.2 【锥化】修改器、【壳】修改器

7.2.1 【锥化】修改器、【壳】修改器参数解析

【锥化】修改器通过缩放几何体对象的两端，使其产生锥化轮廓，让一端放大而另一端缩小。可以在两组轴上控制锥化的数量和曲线，也可以只对几何体的一端限制锥化效果。该修改器常用参数解析如下。

- ❖ 数量：缩放扩展的末端。这个量是一个相对值，最大为10。
- ❖ 曲线：对侧面应用曲率。正值会沿着锥化侧面产生向外的曲线，负值产生向内的曲线。值为0时，侧面不变。默认值为0。

【壳】修改器可通过添加一组朝向现有面相反方向的额外面，为对象赋予厚度，无论曲面在原始对象中的任何地方消失，都将连接内部和外部曲面。可以为内部和外部曲面、边的特性、材质ID及边的贴图类型指定偏移距离。该修改器常用参数解析如下。

- ❖ 内部量/外部量：从原始位置将内部曲面向内移动，或将外部曲面向外移动。默认设置为0.0/1.0。两个“数量”设置值决定了对象壳的厚度，也决定了边的默认宽度。假如将厚度和宽度都设置为0，则生成的壳没有厚度，这样的效果类似于将对象的显示设置为双面显示。
- ❖ 将角拉直：调整角顶点以维持直线边。例如将一个框设置为3×3×3分段，可能会发现角顶点不和其他边顶点在一条直线上，这会使边看起来凸出，要解决此问题，请启用“将角拉直”。

使用【锥化】修改器和【壳】修改器对模型进行修改以后，所呈现出来的大致效果如图7-24所示。

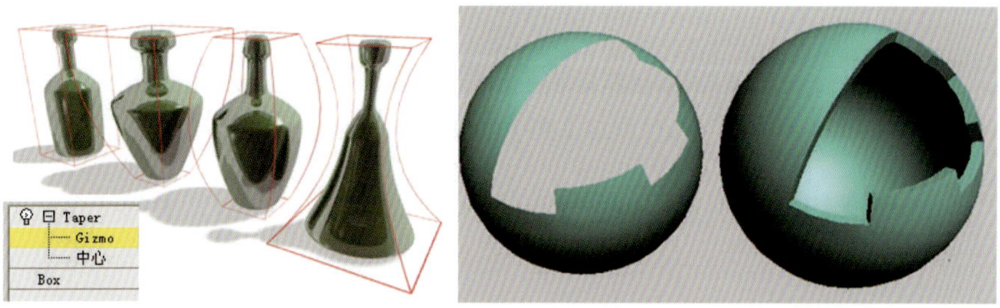

图7-24　使用【锥化】修改器、【壳】修改器修改模型的效果

7.2.2 【锥化】修改器、【壳】修改器应用案例——制作镂空的圆凳

下面通过使用【锥化】修改器并配合【壳】修改器，制作一个镂空的圆凳，具体的制作流程如下。

▶ 案例视频 ◀

①首先创建出一个圆柱体，并按给定的参数对圆柱进行设置，接着为其添加【锥化】修改器，将【锥化】修改器的曲线参数值设置为2.6，此时可以在透视图中观察一下圆柱的变化，可以看到圆柱在高度方向已经往外隆起，形成了圆凳的雏形状态。以上操作步骤和调整后的效果如图7-25所示。

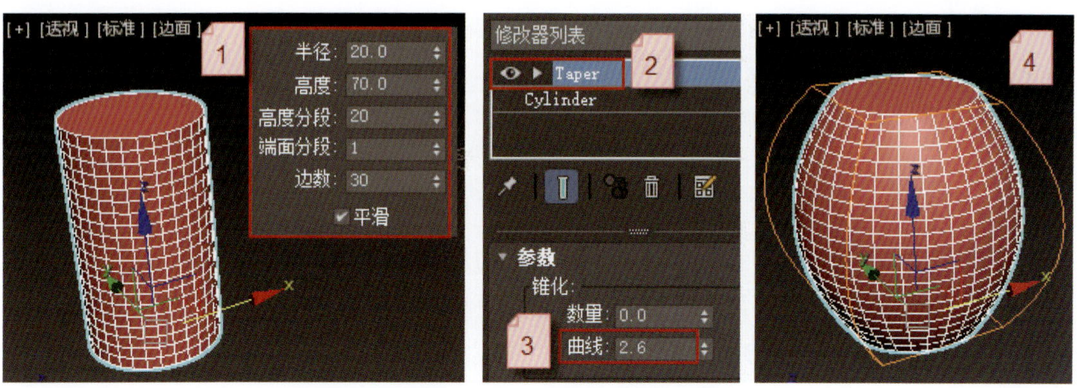

图7-25　创建圆柱体并添加【锥化】修改器

②接着为其添加【壳】修改器，将【壳】修改器的内部量和外部量参数分别设置为3.6和0，此时可以在前视图观察一下圆凳的变化，可以看到圆凳的内部已经被镂空，内外之间形成了一个厚度为3.6的薄壁，接着按参数要求创建出一个圆柱体，从x、y、z三个方向和圆凳对齐，然后将该圆柱旋转90度并克隆出一个，仍然是从x、y、z三个方向和圆凳对齐。以上操作步骤和调整后的效果如图7-26所示。

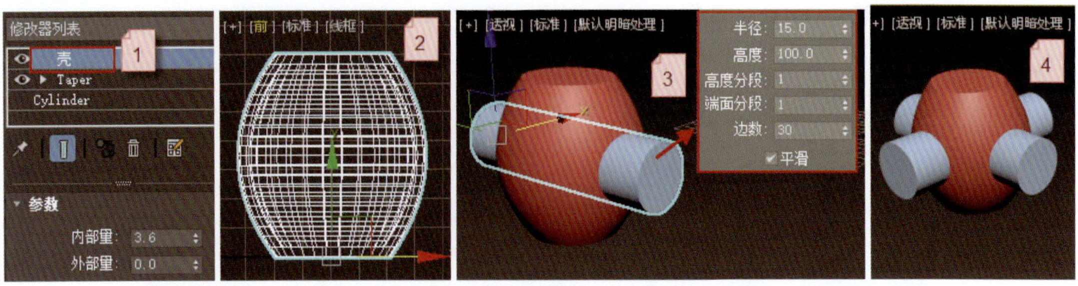

图7-26　**添加【壳】修改器并创建圆柱体**

③选中圆凳模型，切换到创建面板中复合对象创建模式，点击其中的“布尔”命令，在布尔运算的参数设置中，将“运算对象参数”设置为“差集”运算，接着在“布尔参数”中点击“添加运算对象”按钮，然后从透视图中依次点击拾取两个圆柱，经过两次布尔的超级运算以后，就得到了最终的带圆孔的镂空圆凳。以上操作步骤和调整后的效果如图7-27所示。

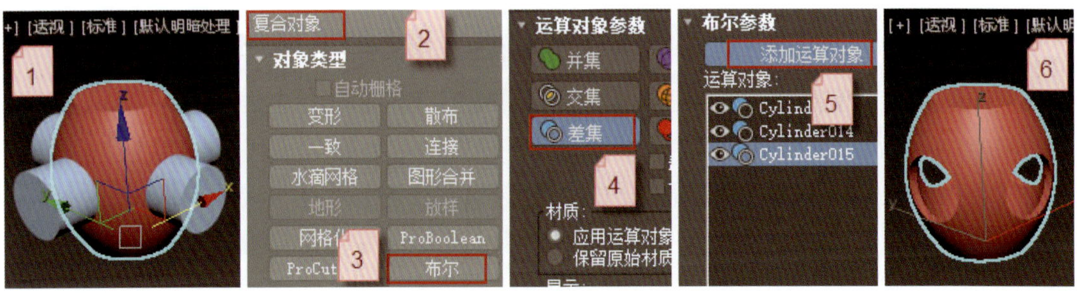

图7-27　**布尔运算**

7.3 【倾斜】修改器、【弯曲】修改器

7.3.1 【倾斜】修改器、【弯曲】修改器参数解析

【倾斜】修改器可以使几何体对象产生均匀的偏移，可以控制其在三个轴中任何一个轴上的倾斜程度和方向，还可以限制几何体部分的倾斜。该修改器常用参数解析如下。

❖ 数量：将角设置成与垂直平面倾斜。

❖ 方向：相对于水平平面设置倾斜的方向。

【弯曲】修改器允许几何体对象围绕单一轴弯曲360度，可以在三个轴中任何一个轴上控制弯曲的角度和方向，也可以将弯曲范围限制为几何体的一部分。该修改器常用参数解析：

❖ 角度：从顶点平面设置要弯曲的角度。

❖ 方向：设置弯曲相对于水平面的方向。

使用【倾斜】和【弯曲】修改器对模型进行修改以后，呈现出来的效果如图7-28所示。

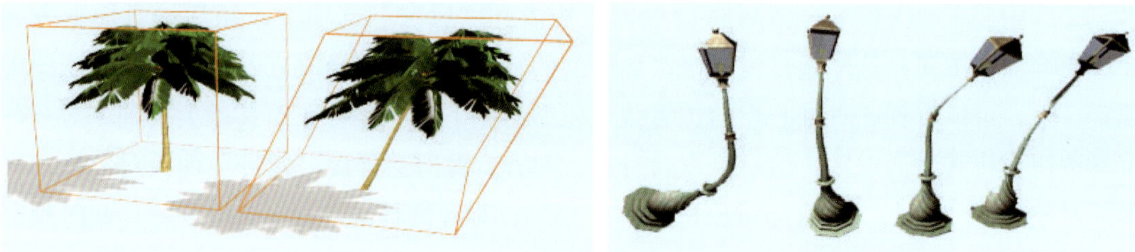

图7-28 使用【倾斜】修改器、【弯曲】修改器修改模型的效果

7.3.2 【倾斜】修改器、【弯曲】修改器应用案例——制作X翻滚动画

下面通过使用【弯曲】修改器并配合【倾斜】修改器，制作一个X翻滚动画，动画运行效果大致如图7-29所示，具体的制作流程如下。

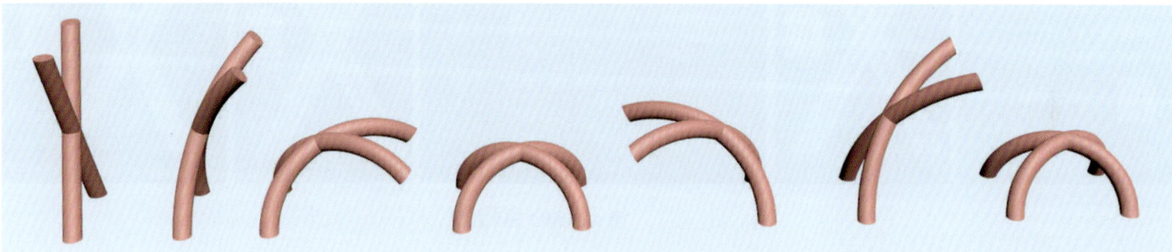

图7-29 X翻滚动画效果

▶案例视频◀

①首先创建出一个圆柱体，并按给定的参数对其进行参数设置，这里需要特别注意的是，高度分段一定要多一些，从而保证将来弯曲的效果更加柔顺。接着为其添加【倾斜】修改器，注意【倾斜】修改器添加以后，其名称并非中文，而是英文Skew。将倾斜数量值设置为60，此时观察一下前视图，可以看到圆柱已经向一侧倾斜，接着通过镜像工具克隆出一个新的倾斜圆柱体，通过对齐工具，将两个圆柱体进行居中对齐，此时效果如前视图所示。再为其中的一个圆柱体添加【编辑多边形】修改器，通过“附加”命令，将另外一个圆柱体拾取附加进来，从而让两个圆柱体构成一个整体，此时的模型看起来就像英文字母X。以上操作步骤和调整后的效果如图7-30所示。

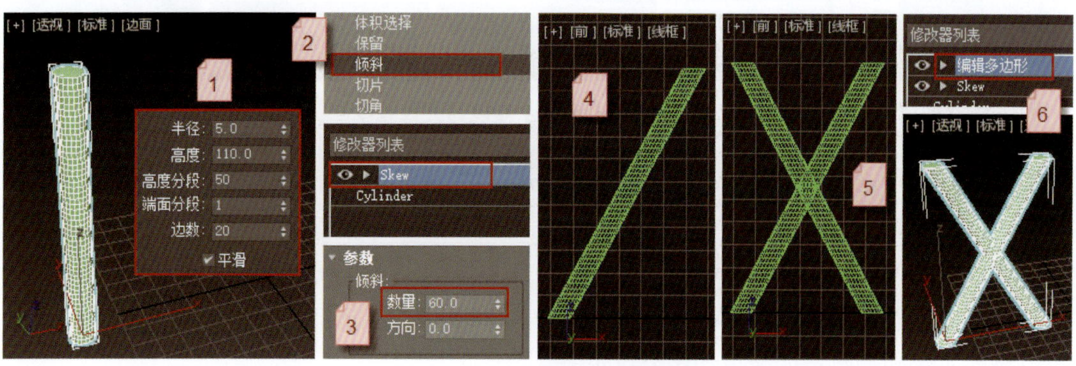

图7-30 创建圆柱体并调整

②选中当前的X模型，然后将命令面板切换到“层次”选项卡，激活该页面下方的“仅影响轴”按钮，这样做是为了修改该模型的轴心点位置，修改之前可以先在前视图中观察一下，可以看到此时轴心点的位置位于模型的左下方。接着在工具条上找到“对齐”工具按钮，将其激活以后，然后拾取自身进行对齐，此时会弹出“对齐”面板对话框，将当前对象选择“轴点”，目标对象选择“中心”，对齐的轴向选择“X位置”，此时观察一下前视图，可以看到轴心点的位置已经摆放到X模型的水平居中位置，然后在对齐面板中点击确定按钮，完成本次对齐，也可以切换到透视图中进行对比观察。以上操作步骤和调整后的效果如图7-31所示。

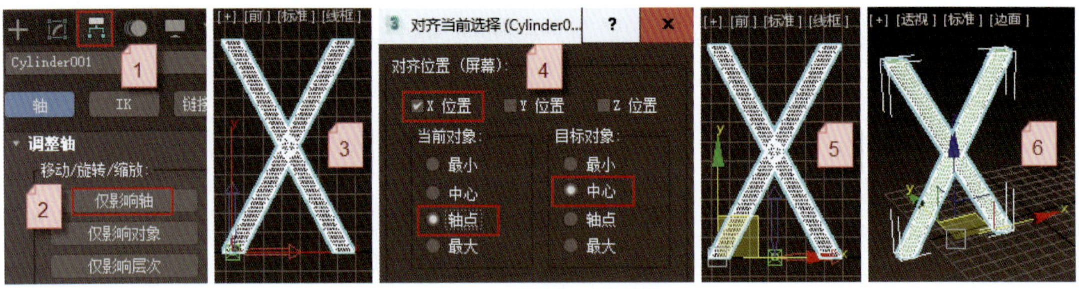

图7-31　**修改轴心点位置**

③选中X模型，为其添加【弯曲】修改器，添加【弯曲】修改器以后，它的名称并非中文，而是英文Bend。接着将弯曲的方向设置为90，这样可以保证模型将来弯曲的时候是向前方弯曲。找到位于时间轴下方的“自动关键点”按钮，然后将时间轴上的滑动按钮拨动到第10帧，再将【弯曲】修改器的弯曲角度调整为180度，此时在透视图中观察一下，可以看到X模型已经向前方弯曲了180度。接着点击一下自动关键点按钮左侧的“加号钥匙”按钮，再将当前的模型向上克隆一个。以上操作步骤和调整后的效果如图7-32所示。

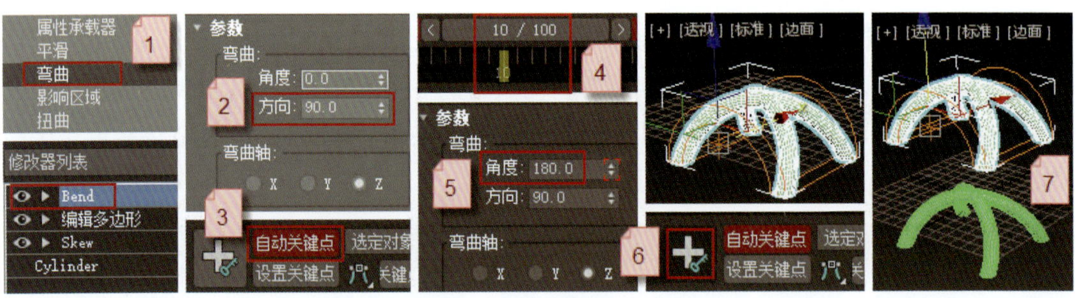

图7-32　**添加【弯曲】修改器并设置动画**

④选中克隆之前的X模型，将时间轴上的滑动按钮拨动到第11帧，接着将弯曲角度值修改为－180度，此时观察一下透视图，可以看到当前模型相较于之前的位置，往后调整了大约一个身位。在工具栏上找到“对齐”工具按钮，通过对齐工具去拾取上方的模型，把它作为参照物将X模型在Y轴的负方向上对齐，这样模型就重新恢复到它之前的位置。以上操作步骤和调整后的效果如图7-33所示。

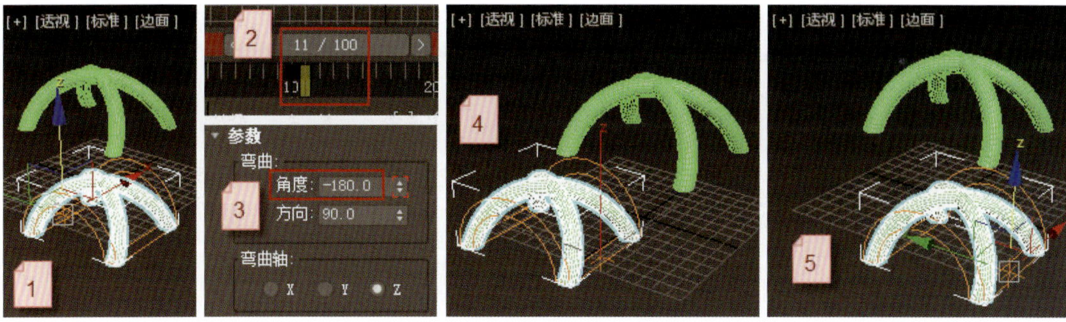

图7-33 调整弯曲角度

⑤选中上方克隆出来的模型，之前克隆它是为了辅助对齐，而现在它已经完成了辅助功能，因此将其删除。此时观察一下透视图，可以看到当前只剩下做动画的模型，选中该模型，将时间轴上的滑动按钮拨动到第20帧，接着将弯曲角度值修改为180度，这样模型就可以往前又翻滚一次，接着点击一下自动关键点按钮左侧的“加号钥匙”按钮，再将当前的模型向上克隆一个。以上操作步骤和调整后的效果如图7-34所示。

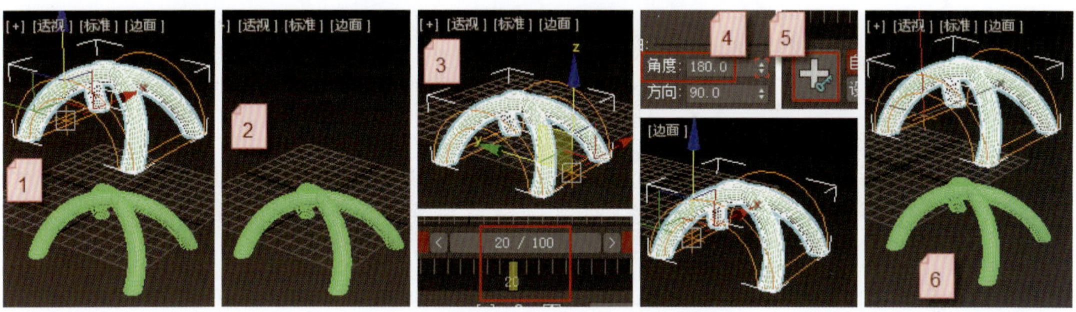

图7-34 调整弯曲角度并克隆模型

⑥此时场景中的效果和步骤④的效果大同小异，区别就是：步骤④的效果是翻滚了一次，而当前的效果是翻滚了两次。接下来继续重复步骤⑤的操作，让模型可以翻滚第3次、第4次……最终可以翻滚9次，等到动画全部记录完成以后，关闭“自动关键点”按钮停止动画的记录，将时间轴上的滑动按钮前后拖动，可以观察到动画的全部过程，到此本动画制作完成。关于动画的渲染和动画视频的输出，这里不再进行介绍。

7.4 【晶格】修改器

7.4.1 【晶格】修改器参数解析

【晶格】修改器可以将二维图形的线段或边转化为圆柱形结构，并在顶点上产生可选的关节多面体。使用它可以基于网格拓扑创建出可渲染的几何体结构，它也可作为获得线框渲染效果的另一种方法。该修改器常用参数解析如下。

- ❖ 半径：决定支柱或者节点的半径。
- ❖ 分段：决定支柱或者节点的片段数。
- ❖ 边数：决定支柱的边数。
- ❖ 四面体、八面体、十二面体：决定节点的形状。

使用【晶格】修改器所呈现出来的大致效果如图7-35所示。

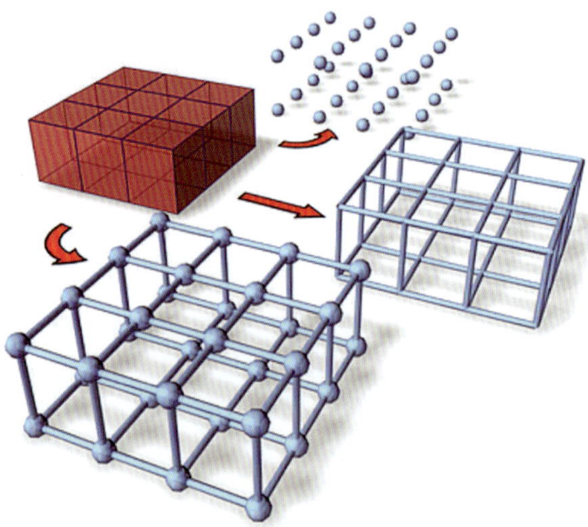

图7-35　使用【晶格】修改器调整的效果

7.4.2 【晶格】修改器应用案例——制作纸篓

▶ 案 例 视 频 ◀

接下来使用【晶格】修改器，制作一个纸篓模型，具体的制作流程如下。

①首先创建出一个圆台，并按图7-36中给定的参数对其进行参数设置，设置完成以后，可以观察一下透视图中的效果，接着选中该圆台，按<Ctrl + V>快捷键在原地克隆出一个新的圆台，然后修改其颜色，方便对比观察，接着重新对其参数进行设定。以上操作步骤和调整后的效果如图7-36所示。

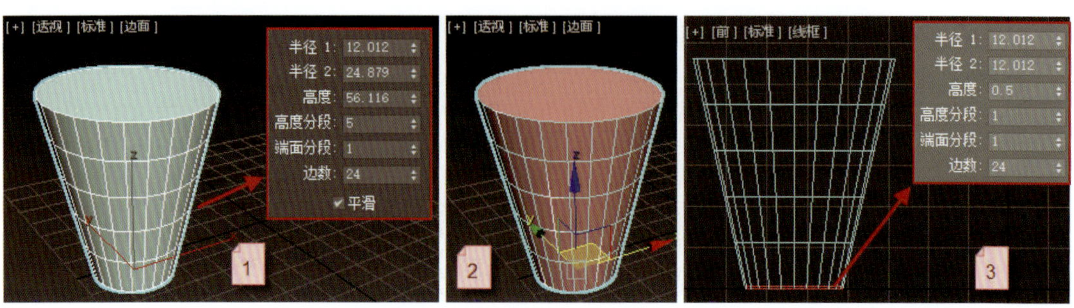

图7-36　创建圆台

②选中克隆之前的圆台，为其添加【晶格】修改器，此时可以在透视图中观察一下【晶格】修改器默认参数呈现出来的效果，接着对【晶格】修改器的支柱和节点参数分别进行调节，此时纸篓的效果已经初步呈现。然后在纸篓上方创建出一个圆环体，并按给定的参数对其进行调节，最后将其与纸篓模型在最上方进行中心对齐，这样就完成了全部的制作流程。以上操作步骤和纸篓的最终效果如图7-37所示。

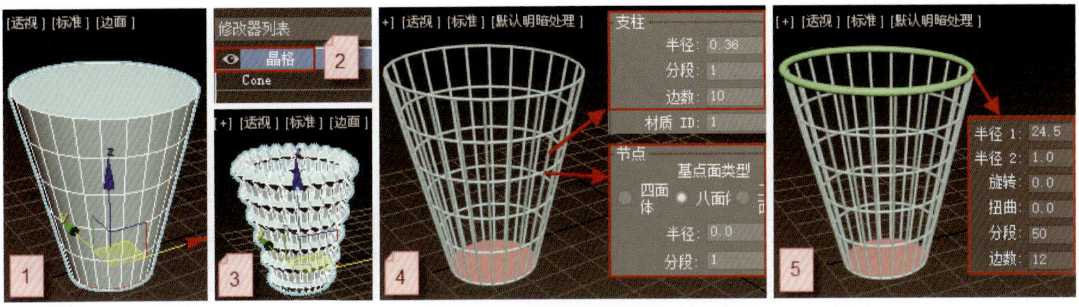

图7-37 添加【晶格】修改器并调整

7.5 【球形化】修改器、【网格平滑】修改器

7.5.1 【球形化】修改器、【网格平滑】修改器参数解析

【球形化】修改器可将对象扭曲为球形。此修改器只有一个参数（一个百分比微调器），可以将对象尽可能地变形为球形。

【网格平滑】修改器可通过多种不同方法平滑场景中的几何体。它允许细分几何体，以及将单个平滑组应用于对象中的所有面。“网格平滑”的效果是使角和边变圆，就像它们被锉平或刨平一样。该修改器常用参数解析如下。

❖ 经典：生成三面和四面的多面体。

❖ 四边形输出：仅生成四面多面体。

❖ 迭代次数：设置网格细分的次数。增加该值时，每次新的迭代会通过在迭代之前对顶点、边和曲面创建平滑差补顶点来细分网格。

使用【球形化】修改器和【网格平滑】修改器对模型修改以后，呈现出来的效果如图7-38所示。

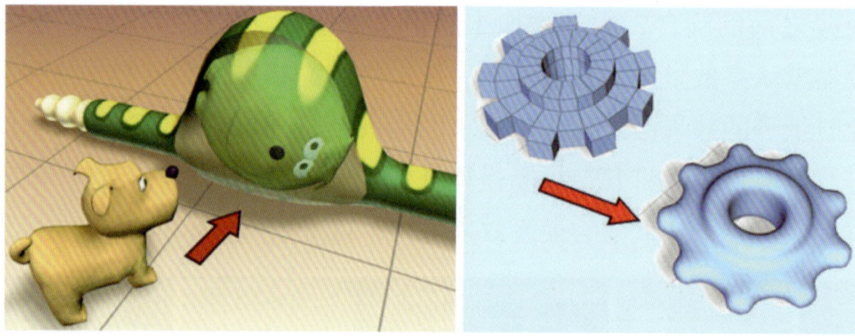

图7-38　使用【球形化】修改器和【网格平滑】修改器后的效果

7.5.2 【球形化】修改器、【网格平滑】修改器应用案例——制作排球

▶ 案例视频 ◀

接下来使用这两种修改器并结合【编辑多边形】修改器，制作一个排球模型，具体的制作流程如下。

①首先切换到标准基本体的创建模式，点击“长方体”按钮，在下方的创建方法中选择“立方体”，接着在透视图中用鼠标拖拽，创建出一个立方体，然后为该立方体添加【编辑多边形】修改器，接着进入“边”编辑子模式下，使用前面已经学过的连接命令，将立方体上边的面通过连接进行分段，从而分成三个面，用同样的方法将立方体剩余的5个面也一分为三。这里需要注意的是，立方体的6个面在分解的时候彼此之间是垂直关系，而非平行关系。以上操作步骤和分段后的效果如图7-39所示。

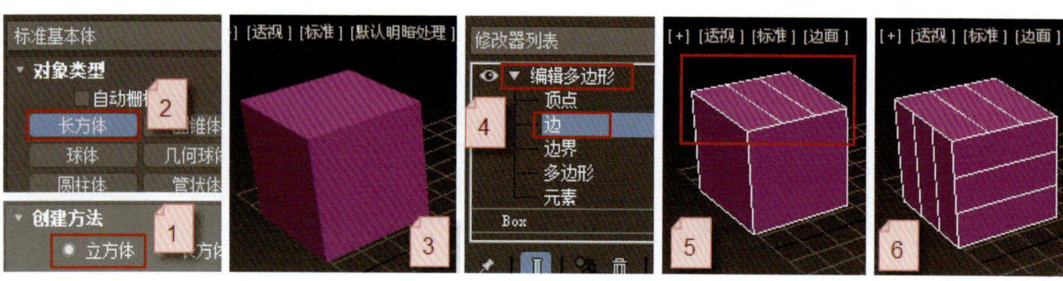

图7-39　创建立方体并连接分段

②接着进入“顶点”编辑子模式，在透视图中按下<Ctrl + A>快捷键，选中模型的所有顶点，然后回到“修改”面板，在“编辑顶点”卷展栏中找到“断开”命令，点击断开命令，将选中的所有顶点全部断开，接着回到“编辑多边形”的父级别下，为其添加【网格平滑】修改器，将“细分量”里的“迭代参数”设置为3，再回到修改器堆栈，为其添加【球形化】修改器，无需修改【球形化】修改器的任何参数，在透视图中观察一下，可以看到立方体已经变成了一个球体。以上操作步骤和调整后的效果如图7-40所示。

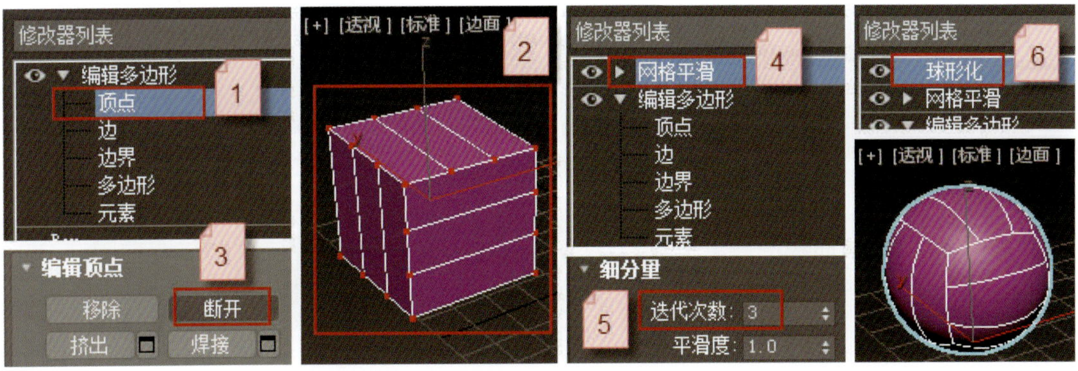

图7-40 断开顶点并添加【网格平滑】修改器和【球形化】修改器

③再次添加【编辑多边形】修改器，进入“多边形”编辑子模式，在透视图中按下<Ctrl + A>快捷键，选中模型中的所有多边形，然后回到“修改”面板，在“编辑多边形”卷展栏中找到“挤出”命令，点击挤出命令，然后在透视图中将鼠标放置在选中的多边形上拖拽，让每一个子多边形向外稍稍挤出，形成一条条微小裂缝。然后再次添加【网格平滑】修改器，将“细分方法”设置为“四边形输出”，此时在透视图中观察一下模型，可以看到排球模型已经被制作出来。以上操作步骤和最终的排球模型效果如图7-41所示。

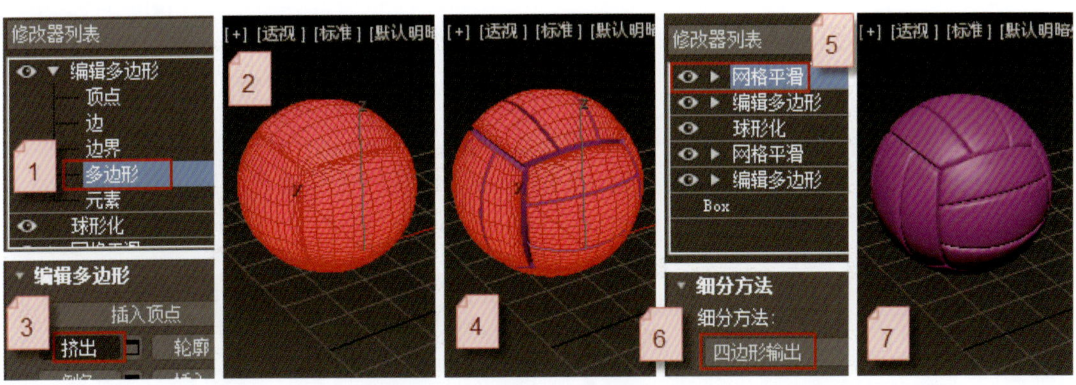

图7-41 多边形挤出和网格平滑

7.6 【扭曲】修改器

7.6.1 【扭曲】修改器参数解析

【扭曲】修改器可以使几何体对象产生旋转效果（就像拧湿抹布），可以控制任意三个轴上扭曲的角度，并设置偏移来压缩扭曲相对于轴点的效果，也可以对几何体的一段限制扭曲。该修改器常用参数解析如下。

❖ 角度：决定物体扭曲的角度大小，数值越大，扭曲变形就越厉害。

❖ 偏移：数值为0时，扭曲程度均匀分布；数值大于0时，扭曲程度向上偏移；数值小于0时，扭曲程度向下偏移。

❖ 扭曲轴选框：决定物体沿哪条轴向进行扭曲变形。

❖ 上限和下限：可以决定扭曲的影响范围。

使用【扭曲】修改器对模型进行修改以后，呈现出来的大致效果如图7-42所示。

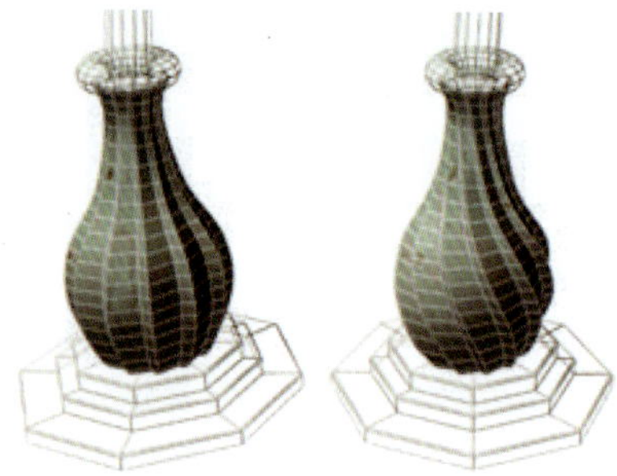

图7-42　使用【扭曲】修改器修改后的效果

7.6.2 【扭曲】修改器应用案例——制作转头模型

▶ 案例视频 ◀

接下来使用【扭曲】修改器并结合【编辑多边形】修改器，制作一个转头模型，具体的制作流程如下。

首先创建出一个长方体，并按给定的参数对其进行参数设置，设置完成以后，为其添加【扭曲】修改器，添加完成后可以看到扭曲修改器的名称是英文Twist。接着设置其扭曲角度为200度，然后为其添加【编辑多边形】修改器，进入“多边形”编辑子模式，通过“挤出”命令，将模型最上方的多边形向上挤出一段，挤出完成以后取消对模型的选择，此时观察一下透视图，可以看到转头模型已经制作完成。以上操作步骤和最终的转头模型效果如图7-43所示。

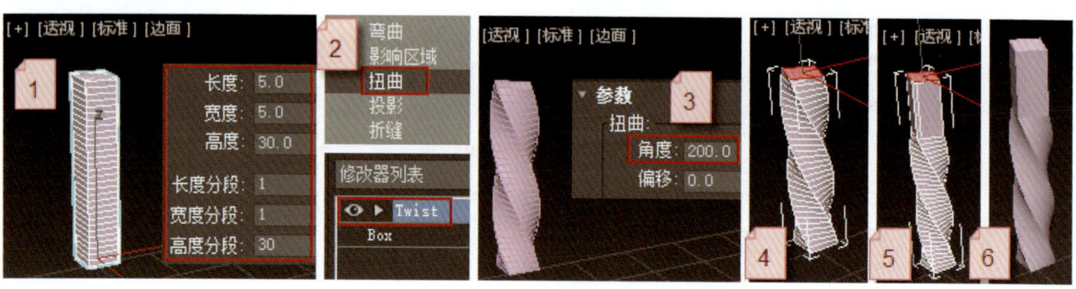

图7-43　利用【扭曲】修改器制作转头模型

本章习题

一、选择题

1. 下列哪个修改器不属于3ds Max提供的修改器？（　）

A.【FFD 2x2x2】

B.【FFD 3x3x3】

C.【FFD 4x4x4】

D.【FFD 5x5x5】

2. 英文Twist对应的是下列哪个修改器？（　）

A.【锥化】修改器

B.【扭曲】修改器

C.【晶格】修改器

D.【弯曲】修改器

3. 添加下列哪个修改器以后，模型本身的点面数不会发生变化？（　）

A.【倾斜】修改器

B.【壳】修改器

C.【晶格】修改器

D.【网格平滑】修改器

4. 可以进入点、线、面、边界等多种编辑模式下进行编辑的修改器是（　）。

A.【FFD】修改器

B.【锥化】修改器

C.【球形化】修改器

D.【编辑多边形】修改器

二、填空题

1. ________修改器可通过缩放物体的两端而使其产生锥化轮廓，同时还可以生成光滑的曲线轮廓。

2. 在使用【弯曲】修改器时，应注意原始物体要拥有足够多的________，否则将无法得到满意的结果。

3. ________修改器可以根据网格物体的线框结构化，使线框的交叉点转化为球形顶点物体，使线框转化为连接的圆柱形支柱物体。

4. __________修改器可以给模型添加若干个控制点，通过对控制点的调节，从而实现对模型的任意变形。

三、简答题

1.【锥化】修改器、【扭曲】修改器、【弯曲】修改器的功能分别是什么？

2.【编辑多边形】修改器有哪些编辑子模式？其功能分别是什么？

四、上机练习题

使用【晶格】修改器以及【壳】修改器，制作一个如图7-44所示的烧烤架。

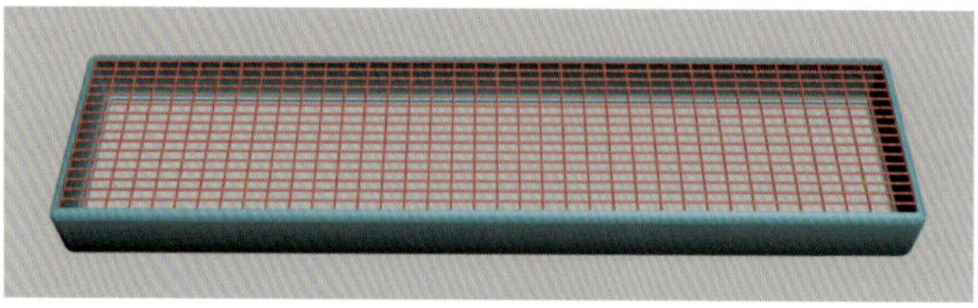

图7-44　烧烤架

▶ 习题答案 ◀

第8章

材质与贴图

本章内容

本章主要介绍材质、贴图以及贴图坐标的概念和使用方法，讲解材质编辑器的使用方法和标准材质的常用参数、常用的贴图类型和材质类型，以及制作各种常见材质的方法。

学习目标

知识目标： 理解材质与贴图的概念，掌握在3ds Max的“材质编辑器”中创建、编辑和指定材质等操作的流程。

能力目标： 掌握常用材质的调制方法，通过对材质和贴图的加工处理，让场景变得更加真实，从而模拟出各种逼真的视觉效果。

素质目标： 培养自主学习能力、独立思考解决问题的能力，养成良好的学习习惯。培养团结协作意识，加强互动、交流，善于归纳、总结，乐于分享和讨论。

8.1 材质与贴图的概念

材质用来描述对象如何反射或透射灯光。可以将材质应用到单个的对象或选择集上，一个场景可以包含许多不同的材质。指定给材质的图像称为贴图。贴图有模拟纹理、应用设计、反射、折射等效果。使用贴图通常是为了改善材质的外观和真实感。也可以使用贴图创建环境或者创建灯光投射。与材质一起使用时，贴图可以为对象添加一些细节。

物体的颜色、质感、透光性、自发光、纹理等都可以由材质来表现。说得简单一些，材质就是用来表现物体表面视觉特征的图案。相信对于任何一个不是第一次接触3ds Max或者其他类似软件的人来说，这都不是一个陌生的概念。无论多么简单的场景，无一例外都需要用材质来模拟真实的视觉效果，如果没有恰当的材质与之配合，再精巧细致的模型都要大为失色，而一个糟糕的材质甚至会破坏模型和场景的艺术效果。可以说，对于一个三维动画造型者来说，不掌握材质的运用技巧就无法创造出真实可信的作品。

要想创建出完美的材质，即使是对一个世界级的艺术大师来说都不是一件简单的事，这需要有大量的实践经验，而且材质的运用和设计也是纯粹主观的一个过程。有时，在一个模型、一个场景中效果绝妙的材质，用在另一个模型、另一个场景中可能就不合适了。没有绝对的材质制作步骤，只有深入理解和灵活运用材质，才能让场景模拟出更加真实的视觉效果。

8.2 材质编辑器的使用

“材质编辑器”是用于创建、改变和应用场景中材质的对话框，它是设计材质和贴图的主要场所，它提供了创建和编辑材质以及贴图的功能。“材质编辑器”中包含了大量用于材质设计的选项。

8.2.1 打开“材质编辑器”的方法

方法一：点击菜单命令“渲染”→“材质编辑器”→“精简材质编辑器”。

方法二：点击工具栏上的“材质编辑器”按钮。

方法三：按快捷键<M>。

材质编辑器有两种窗口样式，如图8-1所示，（a）是带有多个材质球的精简材质编辑器窗口，（b）是后来出现的Slate材质编辑器窗口，这两种样式的材质编辑器窗口都可以实现对材质的制作和修改，至于使用哪一个主要还是看个人兴趣和习惯。这两种窗口都有一个“模式”菜单，通过“模式”菜单中的命令，可以在两种窗口样式之间进行切换。本书主要采用精简材质编辑器窗口进行讲解，精简材质编辑器可以一次编辑至多24种材质，但场景中可包含无限数量的材质。

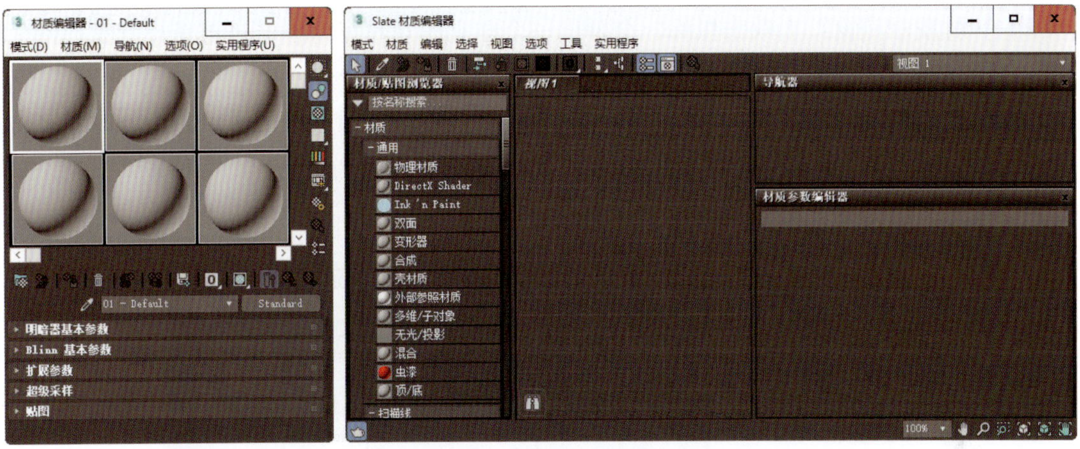

（a）　　（b）

图8-1　**材质编辑器窗口**

从整体上看，材质编辑器主要由菜单栏、材质示例窗、工具栏和参数卷展栏四大部分构成，如图8-2所示。

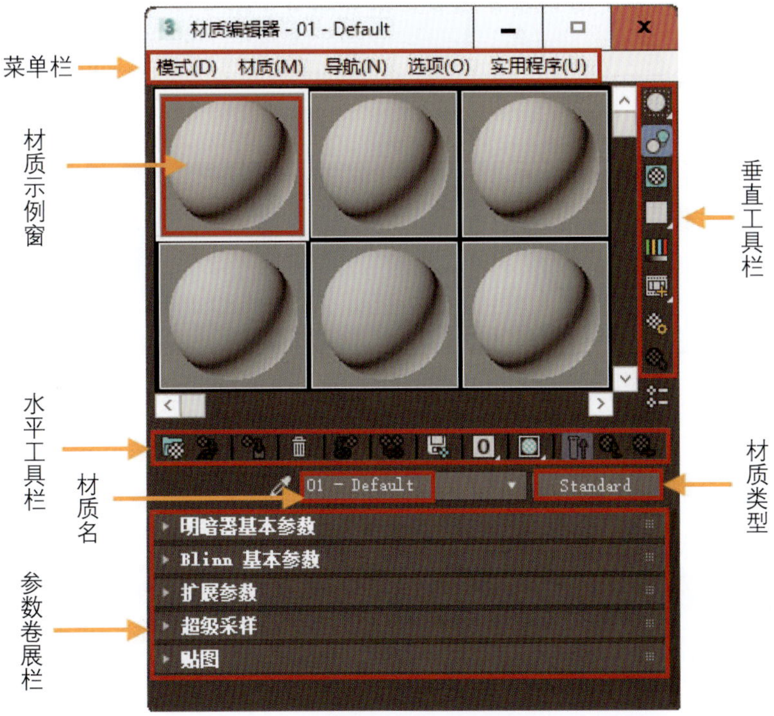

图8-2　**材质编辑器的界面构成**

8.2.2 材质示例窗

使用“材质示例窗”可以预览材质和贴图。在每个窗口中可以预览一个材质。要把材质应用于场景中的对象，最简单的方法是将材质从示例窗拖动到视口中的模型上。

在“材质示例窗”上双击鼠标，会弹出一个独立的观察窗口，通过重新设置窗口的大小，可以使示例窗增大，这样将更便于预览材质。

当场景中需要的材质比较多的时候，可以在“材质示例窗”上右击鼠标，在弹出的菜单命令中选择“6×4示例窗”，如图8-3所示，从而将当前的6个示例窗扩展成24个示例窗，这样就可以同时查看和编辑24个材质。

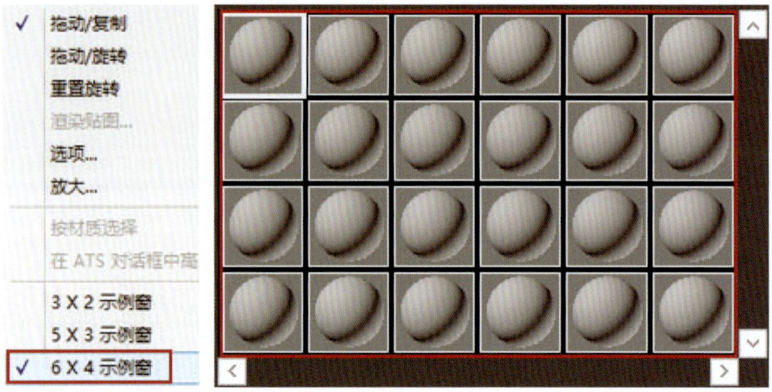

图8-3　6×4示例窗

示例窗有三种状态，如图8-4所示，通过观察示例窗的4个角，可以了解示例窗当前处于哪种状态。

A　B　C

图8-4　示例窗的三种状态

状态A：轮廓为实心白色三角形，说明此材质不仅已经在场景中被使用了，同时它也是当前正处于编辑状态的材质。

状态B：轮廓为白色三角形，说明此材质已经在场景中被使用了。

状态C：没有三角形，说明场景中并未使用过该材质。

8.2.3 工具栏

（1）水平工具栏中的常用工具介绍

❖ 获取材质：利用它可以打开“显示材质/贴图浏览器”对话框，从中选择材质或贴图。

❖ 将材质指定给选定对象：可以将活动示例窗中的材质应用于场景中当前选定的对象。

❖ 重置贴图/材质（重置为默认设置）：重置活动示例窗中的贴图或材质。

❖ 使唯一：可以使贴图实例成为唯一的副本。还可以使一个实例化的子材质成为唯一的独立子材质（子材质是“多维/子对象”材质中的一个材质）。

❖ 在视口中显示明暗处理材质/真实材质：可以在贴图在视口中的两种显示方式之间切换，这两种方式是明暗处理贴图或真实贴图。

❖ 显示最终结果：可以查看所处级别的材质，而不查看其他贴图和设置的最终结果。

❖ 转到父对象：可以在当前材质中向上移动一个层级。

❖ 从对象拾取材质：可以从场景中的一个对象上选择材质。单击滴管按钮，然后将滴管光标移动到场景中的对象上，单击对象，此材质会出现在活动示例窗中。

❖ 01 - Default 名称字段：用来显示和修改材质或贴图的名称。

❖ Standard “类型”按钮：默认的材质类型是标准材质类型。单击改按钮将弹出显示材质/贴图浏览器，可从中修改选择活动示例窗的材质类型或贴图类型。

（2）垂直工具栏中的常用工具介绍

❖ 采样类型：可用来选择要显示在活动示例窗中的几何体（球体、圆柱体或立方体）。

❖ 示例窗背景：启用背景将多颜色的方格背景添加到活动示例窗中，如果要查看不透明度和透明度的效果，该图案背景很有帮助。

❖ 选项：可用来打开“材质编辑器选项”对话框，从而帮助我们控制如何在示例中显示材质和贴图。

❖ 按材质选择：可以基于“材质编辑器”中的活动材质选择场景中使用了该材质的模型对象。除非活动示例窗包含场景中使用的材质，否则此命令不可用。

8.3 标准材质参数解析

标准材质也就是Standard材质，它是“材质编辑器”示例窗中的默认材质，该材质类型适用于大多数材质设置情况，是3ds Max中最常用的材质类型，为表面建模提供了非常直观的方式。在现实世界中，物体表面的外观取决于它如何反射光线。在3ds Max中，标准材质可模拟表面的反射属性。标准材质的参数较为复杂，由于大部分材质的参数（“顶部/底部”“混合”“多维/子对象”“双面”）与标准材质中的参数相同，因此下面就以标准材质为例，讲解材质的共同参数。标准材质的全部参数分布在5个卷展栏中，这5个卷展栏分别是：“明暗器基本参数”卷展栏、“基本参数”卷展栏、“超级采样”卷展栏、“扩展参数”卷展栏、“贴图”卷展栏。下面将对常用的卷展栏中的重要参数进行解析。

8.3.1 “明暗器基本参数”卷展栏

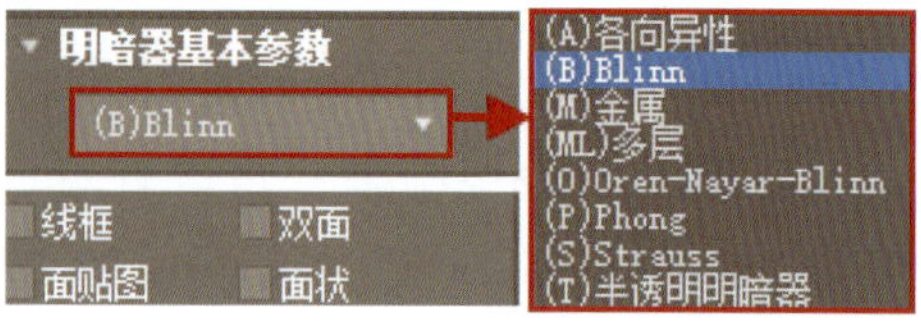

图8-5 “明暗器基本参数”卷展栏

“明暗器基本参数”卷展栏如图8-5所示，主要功能是定义材质的明暗器类型属性与材质以何种方式赋予在物体表面上。明暗器决定了材质对光线的基本反映，制作不同的材质，如金属、木材、石头、玻璃等，需要选择相应的明暗器类型与之相匹配，才能够更加准确地表现出材质的真实质感，下面是对各明暗器的解析。

- 各向异性：适用于具有椭圆形“各向异性”高光的曲面，常用于制作玻璃、金属等材质。
- Phong：适用于具有强度很高的圆形高光的表面，常用于制作透明玻璃材质。
- Blinn：适用于比Phong明暗处理更圆、更柔和的高光，常用于制作大理石、瓷砖等材质。
- 金属：适用于金属表面，常用于制作闪亮的金属材质。
- 多层：适用于比各向异性更复杂的高光，常用于制作丝绸、发光油漆等材质。
- Oren-Nayar-Blinn：适用于布料或陶土等无光曲面，常用于制作布纹、地毯等材质。
- Strauss：适用于金属和非金属曲面，常用于制作陈旧的金属材质。
- 半透明明暗器：用于指定光线透过材质时散布的半透明度，常用于制作窗帘、玉石、玻璃材质。

8.3.2 “基本参数”卷展栏

“基本参数”卷展栏的名称和内容会随着选择的“明暗器”的不同而变化，如图8-6所示，各明暗器基本参数大同小异，但基本都可以设置材质的颜色、自发光、高光等属性，其中Blinn明暗器是标准材质中默认的，下面就以“Blinn基本参数”卷展栏为代表着重介绍相关参数。“Blinn基本参数”卷展栏的第一个部分包含用于整个材质的颜色、自发光、不透明度及高光控制。

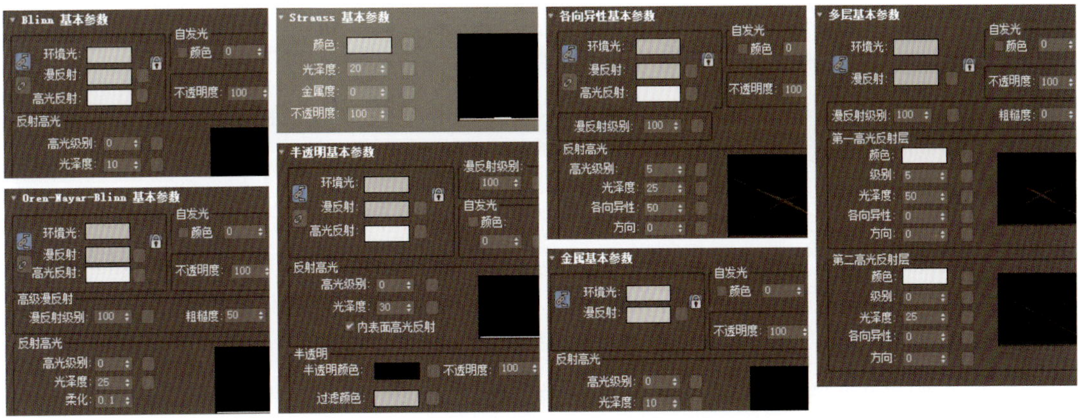

图8-6 不同的明暗器“基本参数”卷展栏

- ❖ “环境光”：控制对象表面阴影区域的颜色，在“环境光”和“漫反射”之间有一个锁定按钮，用于使“环境光”和“漫反射”始终保持同一颜色。
- ❖ “漫反射”：控制对象表面过渡区域的颜色，该颜色是对象（材质）在光照射下表现出来的固有颜色。
- ❖ “高光反射”：控制对象表面直接“正对”光线区域的颜色。
- ❖ “自发光”：可以使材质自身发光，常用于制作灯泡、太阳等可作为光源的对象，但这种发光不能照亮其他对象。
- ❖ “不透明度”：控制材质是透明还是不透明。默认值为100，即不透明，值为0时，完全透明，主要用于制作玻璃、透明塑料等。
- ❖ “反射高光”：包括“高光级别”“光泽度”“柔化”三个属性。其中：“高光级别”用于设置高光的亮度；“光泽度”用于调节高光的范围，值越大，曲线越窄、越高；“柔化”用于对高光区做柔化处理，使高光变得模糊、柔和。

8.3.3 “扩展参数”卷展栏

“扩展参数”卷展栏中的参数影响透明材质的不透明度衰减，各项参数如图8-7所示。

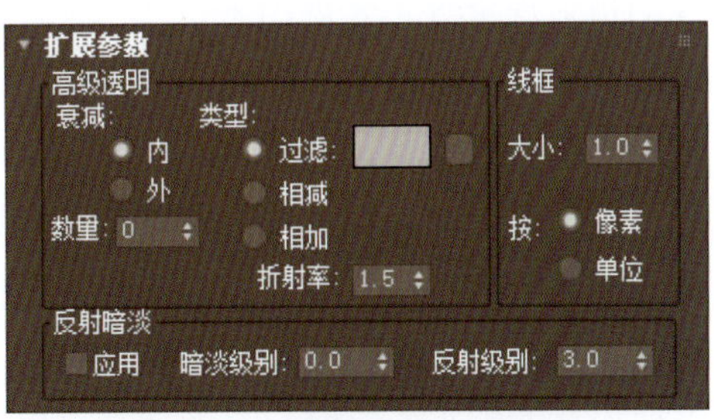

图8-7 “扩展参数”卷展栏

（1）高级透明组

在“衰减”中可以选择对象是在内部还是在外部进行衰减，以及可以调节衰减的程度。

- ❖ “内”：表示“内部衰减”，即向对象的内部增加透明度，就像在玻璃瓶中一样。
- ❖ “外”：表示“外部衰减”，即向对象的外部增加不透明度，就像在烟雾或云中一样。
- ❖ “数量”：用于指定不透明度的程度。

❖ "类型"：决定材质以哪种方式产生透明效果，有"过滤""相减""相加"三种方式。"过滤"表示计算与透明对象后面的颜色相乘的过滤色，单击"过滤"旁的颜色块，可以指定过滤颜色，还可以单击颜色块旁边的按钮，为"过滤"添加贴图。"相减"表示从背景中减去漫反射颜色，用得较少。"相加"表示根据背景色，对漫反射颜色进行增加，该类型主要用于模拟灯泡、光束等发光物体。

❖ "折射率"：用来设置折射贴图和光线跟踪所使用的折射率。折射率可控制材质对透射灯光的折射程度。若折射率为1.0，透明对象后面的对象将不发生扭曲。当折射率为1.5时，后面的对象就会发生严重扭曲，就像透过玻璃球观察到的效果一样。如果折射率低于1.0，对象就会沿着它的边进行反射，就像从水底下看到的气泡一样。其默认设置为1.5。

（2）反射暗淡组

"反射暗淡"可使阴影中的反射贴图显得暗淡。"反射级别"用于提高或降低漫反射的亮度，勾选"应用"即使用反射暗淡，禁用该选项后，反射贴图材质就不会因为直接灯光的存在或不存在而受到影响。

（3）线框组

在"线框"区域中可以指定大小或厚度。如果在"明暗器基本参数"卷展栏中启用"线框"模式，则可使用该选项。可以用"像素"或"单位"表示大小。

8.3.4 "贴图"卷展栏

"贴图"卷展栏下包括很多贴图通道，如图8-8所示。要制作效果真实的材质，很大程度上贴图通道起着关键作用。通过贴图通道可以把材质的很多物理特征（例如：表面的凹凸不平，透明物体对光线的折射现象等）表现出来，单击贴图通道的长按钮就可以将程序贴图或者位图分配给相应的通道。

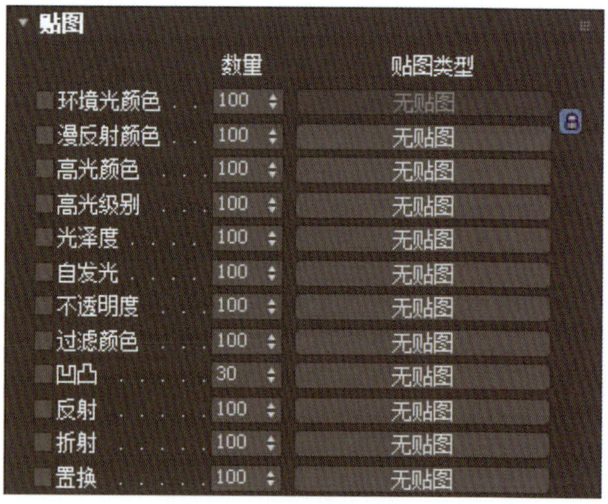

图8-8 "贴图"卷展栏

在最左边一列复选框。可以控制该贴图通道是否起作用。复选框后面显示了贴图通道的类型。数量值控制贴图的强度，一般取值范围为0～100，只有"高光级别""凹凸""置换"三种贴图通道例外，它们的取值范围是0～999。单击"贴图类型"列的"无贴图"按钮，就可以进入贴图通道，对贴图进行指定和设置。下面简单介绍一下各贴图通道的功能。

❖ "环境光颜色"贴图通道：用于控制材质阴影区域的颜色贴图，在默认状态中呈灰色显示，通常不单独使用，经常把它与"漫反射颜色"贴图通道锁定。

- “漫反射颜色”贴图通道：是最常用的贴图通道，可以影响材质表面颜色最为显著的区域，它是将贴图平铺在对象上，因此也被称为纹理贴图通道。
- “高光颜色”贴图通道：主要用于材质的高光区，用来控制高光颜色。高光颜色贴图与固有色贴图用法相近，但是贴图只表现在高光区的材质上。高光颜色贴图主要用于特殊效果，如将图像放置在反射中。
- “高光级别”贴图通道：控制材质的高光强度和材质高光的位置。“高光级别”贴图通道通常与“光泽度”贴图通道一起使用，才能产生较好的效果。
- “光泽度”贴图通道：影响材质高光区域的大小，根据贴图的颜色强度来决定对象的哪些部分有光泽，主要与“高光级别”贴图通道一起使用。
- “自发光”贴图通道：控制材质的自发光效果，可以使材质表面局部产生发光效果。贴图被赋予对象表面后，贴图浅色部分会产生发光效果。自发光不受场景中灯光的影响，自发光对象也不会在表面产生阴影。
- “不透明度”贴图通道：控制物体的透明与不透明程度，常用来制作镂空效果，依据贴图的明暗度在物体表面产生透明效果。贴图颜色越深的地方越透明，黑色地方为完全透明，白色的地方为完全不透明。
- “过滤颜色”贴图通道：“过滤颜色”贴图通道通常与“不透明度”贴图通道配合使用，控制透明贴图的颜色效果，当该通道与体积光配合使用时，可以产生彩色玻璃的效果。
- “凹凸”贴图通道：可以在对象表面产生一个凹凸不平或是不规则的材质效果，例如砖墙的接缝、布纹的凹凸等。“凹凸”贴图中颜色浅的部分产生凸起效果，颜色深的部分产生凹陷效果，可以塑造真实材质效果。
- “反射”贴图通道：控制反射贴图，以反射自身和周围环境效果，在3ds Max中可以产生“基本反射”“自动反射”和“镜面反射”三种不同的反射效果。
- “折射”贴图通道：控制折射贴图，通常用于制作水、玻璃等具有透明属性的对象产生的折射效果。
- “置换”贴图通道：控制置换贴图，以改变原对象表面的凸凹程度，控制物体的凸凹变化。与凹凸贴图不同，置换贴图实际上更改了曲面的几何体或面片细分。置换贴图可用于制作雕刻效果。

8.4 常用的贴图类型介绍

（1）“渐变”贴图

可产生三色的过渡效果，扩展性很强，有线性渐变和径向渐变两种类型，三个色彩可以随意调节，通过贴图还可以制作出无限级别的渐变和其他特殊效果。“渐变”贴图参数和应用效果如图8-9所示。

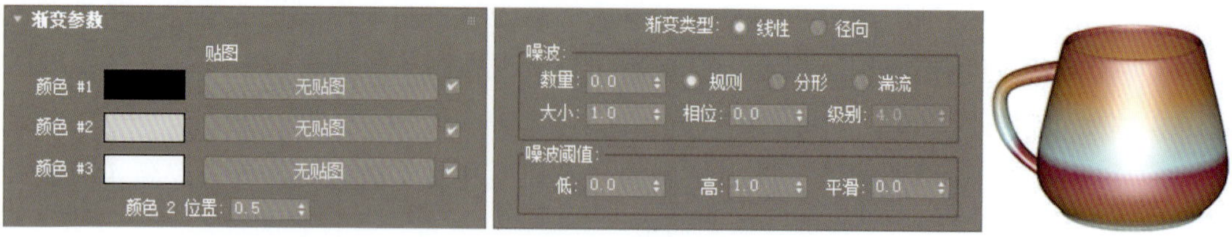

图8-9　“渐变”贴图参数和应用效果

（2）“渐变坡度”贴图

可以看作渐变贴图的升级，是一种功能强大的贴图，能够产生多种颜色的过渡效果，常用于制作石头表面、天空和水面等材质。“渐变坡度”贴图参数和应用效果如图8-10所示。

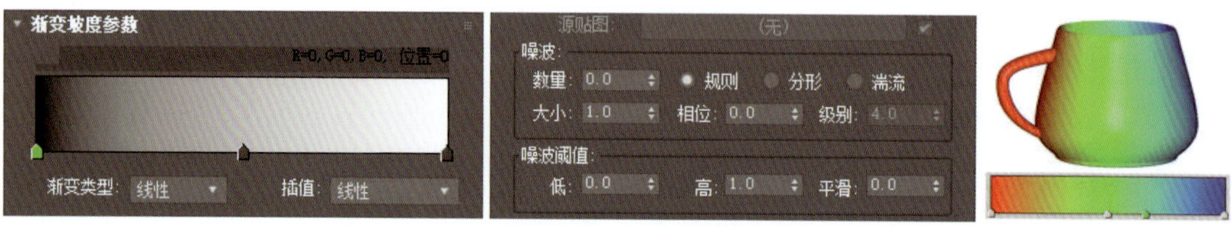

图8-10　“渐变坡度”贴图参数和应用效果

（3）“平铺”贴图

可产生砖墙的纹理效果，常用于制作建筑的外观材质。“平铺”贴图不同的预设类型对应的效果如图8-11所示。

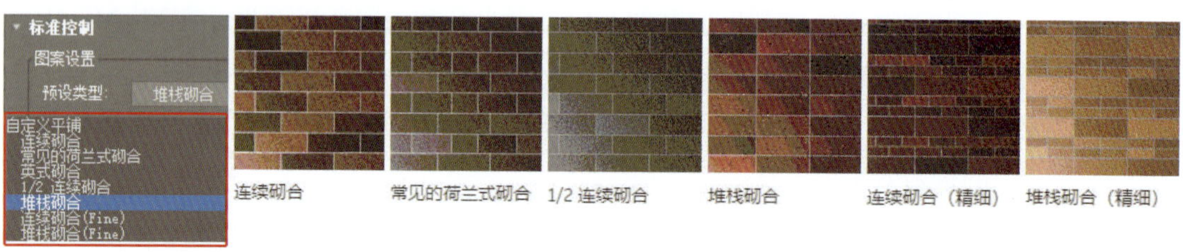

图8-11　“平铺”贴图不同预设类型的效果

“平铺”贴图参数和应用效果如图8-12所示。

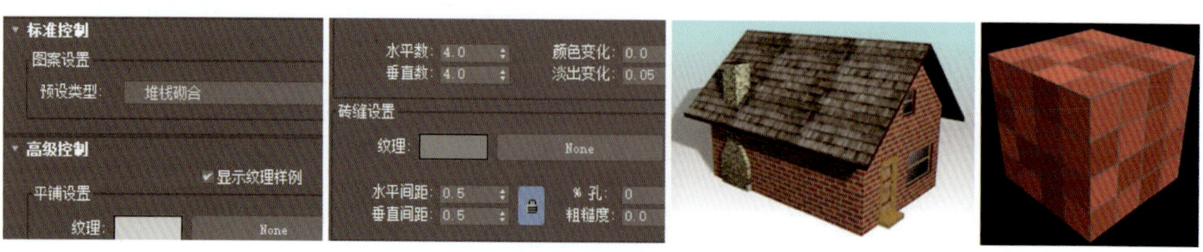

图8-12　“平铺”贴图参数和应用效果

（4）“棋盘格”贴图

产生两种颜色的方格交错图案，常用于制作砖墙、地板砖等有序纹理。“棋盘格”贴图参数和应用效果如图8-13所示。

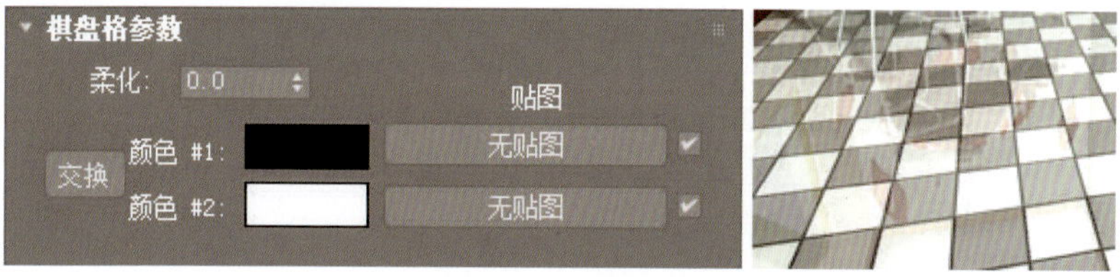

图8-13　“棋盘格”贴图参数和应用效果

（5）“漩涡”贴图

可产生两种颜色（可替换为两种贴图）的漩涡图像，常用来模拟水中的漩涡、星云等效果。“漩涡”贴图参数和应用效果如图8-14所示。

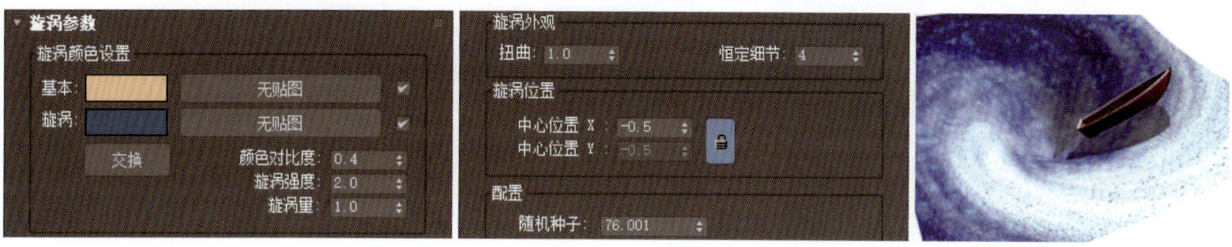

图8-14　“漩涡”贴图参数和应用效果

（6）“大理石”贴图

可产生岩石断层的效果，也可以用来制作木头的纹理，其效果不亚于木材贴图。“大理石”贴图参数和应用效果如图8-15所示。

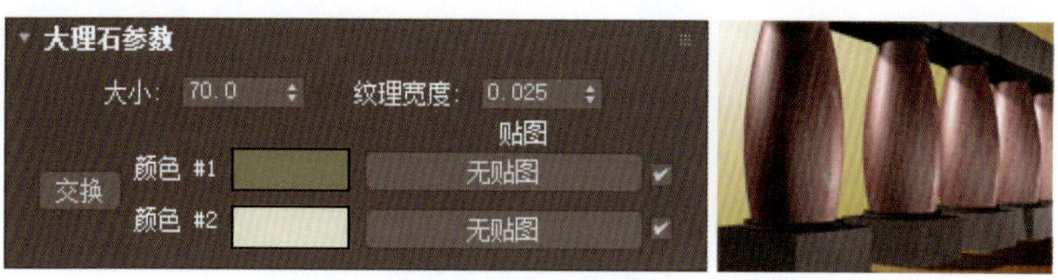

图8-15　“大理石”贴图参数和应用效果

（7）“Perlin大理石”贴图

可以通过两种颜色的混合产生类似珍珠岩纹理的效果。常用于制作大理石和星球等一些具有不规则纹理的物体材质。

“Perlin大理石”贴图参数和应用效果如图8-16所示。

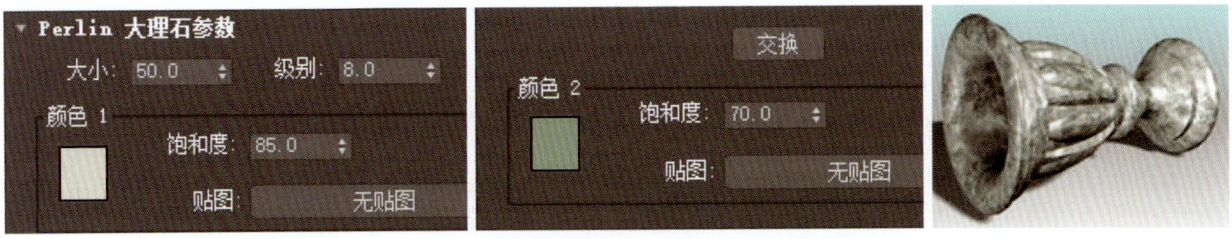

图8-16 “Perlin大理石”贴图参数和应用效果

（8）“凹痕”贴图

可产生一种风化和腐蚀的效果，经常用于“凹凸”贴图方式，利用这种效果可以制作岩石和锈迹斑斑的金属等效果。“凹痕”贴图参数和应用效果如图8-17所示。

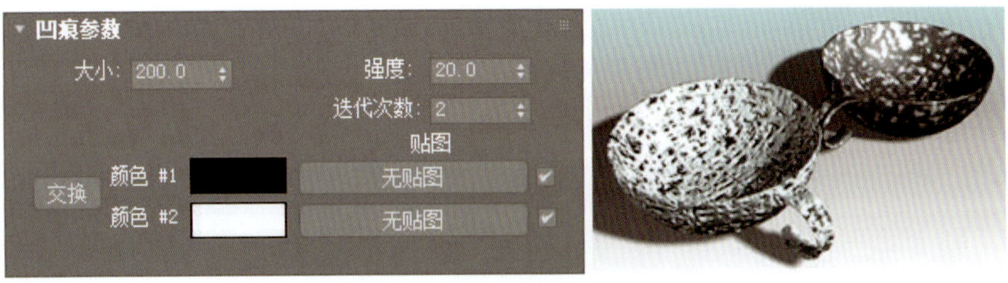

图8-17 “凹痕”贴图参数和应用效果

（9）“噪波”贴图

通过两种颜色或者贴图的随机混合，可以产生一种无序的杂点效果。这是在3ds Max材质制作中经常使用的一种贴图，常用来制作石头和天空等效果。“噪波”贴图参数和应用效果如图8-18所示。

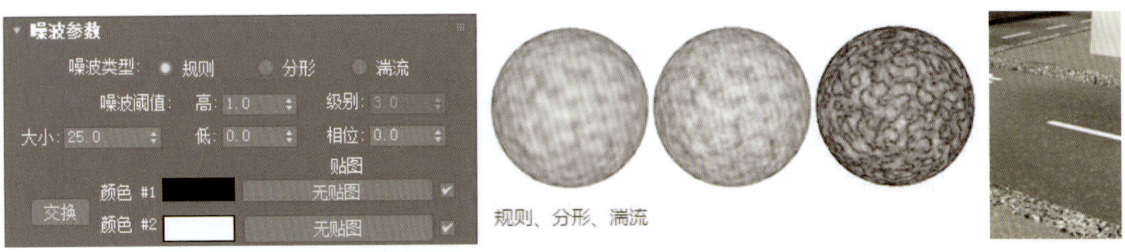

图8-18 “噪波”贴图参数和应用效果

（10）“细胞”贴图

“细胞”贴图是一种程序贴图，可以生成具有各种视觉效果的细胞图案，包括马赛克瓷砖、鹅卵石表面甚至海洋表面。“细胞”贴图参数和应用效果如图8-19所示。

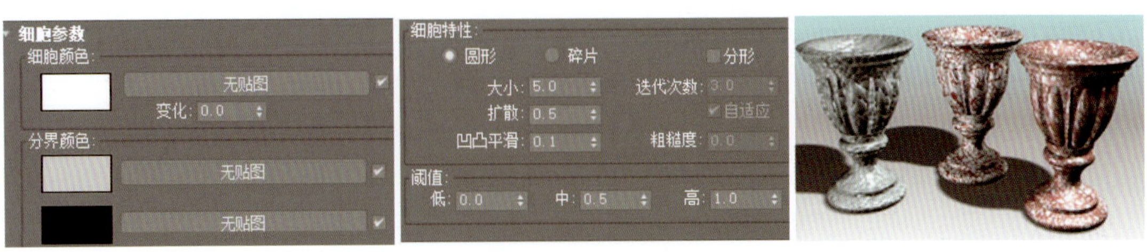

图8-19 “细胞”贴图参数和应用效果

（11）“烟雾”贴图

能够产生丝状、雾状、絮状等无序的纹理图案，其主要用于设置动画的不透明度贴图，以模拟一束光线中的烟雾效果或其他云状流动效果。“烟雾”贴图参数和应用效果如图8-20所示。

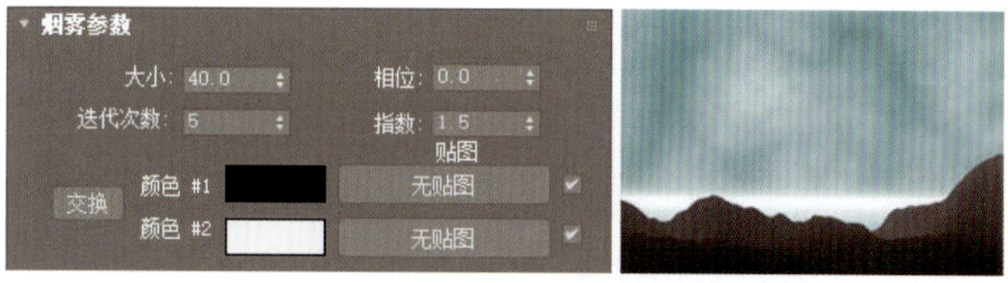

图8-20 “烟雾”贴图参数和应用效果

（12）“位图”贴图

可以用一张位图或者视频格式的文件作为物体的纹理。这是3ds Max中最常用的贴图类型，支持多种位图格式，包括AVI、MOV、BMP、JPG、GIF、IFL、PNG、RLA、TGA、TIF、YUV、PSD、FLC、RPF、FLI等。

（13）“斑点”贴图

可产生两种颜色的杂斑纹理，常用于“漫反射颜色”贴图或“凹凸”贴图，以创建类似花岗岩的表面和其他图案的表面。“斑点”贴图参数和应用效果如图8-21所示。

图8-21 “斑点”贴图参数和应用效果

（14）“合成器”贴图

- “合成”贴图：可以将多个贴图组合在一起，通过贴图自身的通道或者输出数量来决定彼此之间的透明度。“合成”贴图应用效果如图8-22（a）所示。
- “遮罩”贴图：可以使用一张贴图来作为遮罩，通过此贴图的灰度值大小来控制被遮罩贴图的材质效果。“遮罩”贴图应用效果如图8-22（b）所示。
- “混合”贴图：可以将两种贴图混合在一起，通过调整混合的数值来产生相互融合的效果。“混合”贴图应用效果如图8-22（c）所示。

（a）　（b）　（c）

图8-22 各种“合成器”贴图的应用效果

（15）“光线跟踪”贴图

可以提供真实、完全的反射与折射效果，所需要的渲染时间比较长，一般在制作动画图像的时候不使用。

（16）“平面镜”贴图

可以在表面产生模拟镜面反射的效果，但必须配合反射通道来使用。

8.5 贴图坐标理解和使用

若想用一种材质逼真地表现对象的质感，除了要对材质进行精心设计外，还要考虑怎样使贴图适应对象的表面，如何使材质与对象更完美地结合，这就需要应用“贴图坐标”。贴图坐标通常以U、V和W指定，其中U是水平维度，V是垂直维度，W是可选的第三维度，它表示深度。利用“贴图坐标”可以确定贴图的位置、大小及重复次数等特性，以明确地确定贴图在物体表面出现的方式。

（1）默认的贴图坐标

在3ds Max里创建对象时，如果在对象的“参数”卷展栏里选中“生成贴图坐标”复选框，那么3ds Max就会赋予对象一个默认的贴图坐标。反射贴图、折射贴图、大部分程序贴图和面贴图都不需要贴图坐标，因为程序会自动计算出来，其余种类的贴图都需要贴图坐标才能正确渲染。如果把贴图赋予没有贴图坐标的对象，那么贴图将渲染不出来。

（2）修改贴图坐标

有些时候，默认的贴图坐标贴出来的效果并不理想，那我们就需要对贴图坐标进行修改。还有些时候，物体已经塌陷为编辑网格物体或者多边形物体，或者是使用了布尔运算操作的物体，那么默认的贴图坐标就可能丢失，其本身就缺少了贴图坐标。遇到这两种情况，我们就需要手动为其添加或是修改贴图坐标，可以通过添加【UVW贴图】修改器来实现这一目标。

【UVW贴图】修改器的相关参数如图8-23所示，主要调整贴图坐标类型、贴图大小、UVW方向的平铺值、贴图通道、对齐轴向等选项。

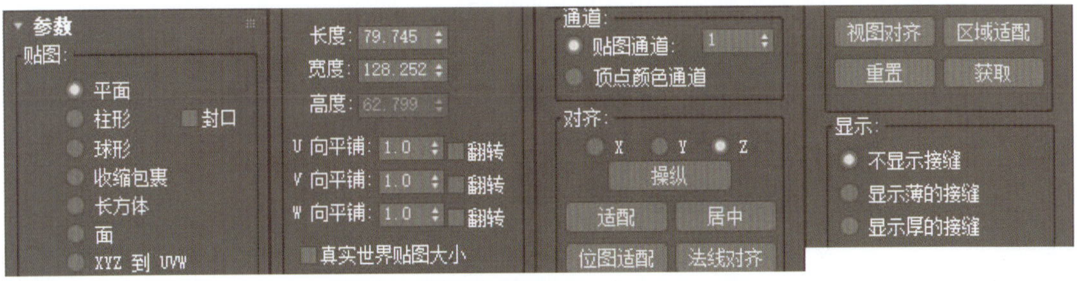

图8-23 【UVW贴图】修改器的相关参数

①贴图选项组：该选项组提供了7种类型的贴图坐标，这是通过贴图在几何上投影到模型上的方式以及投影与对象表面交互的方式来进行区分的。7种贴图坐标的图解如图8-24所示。

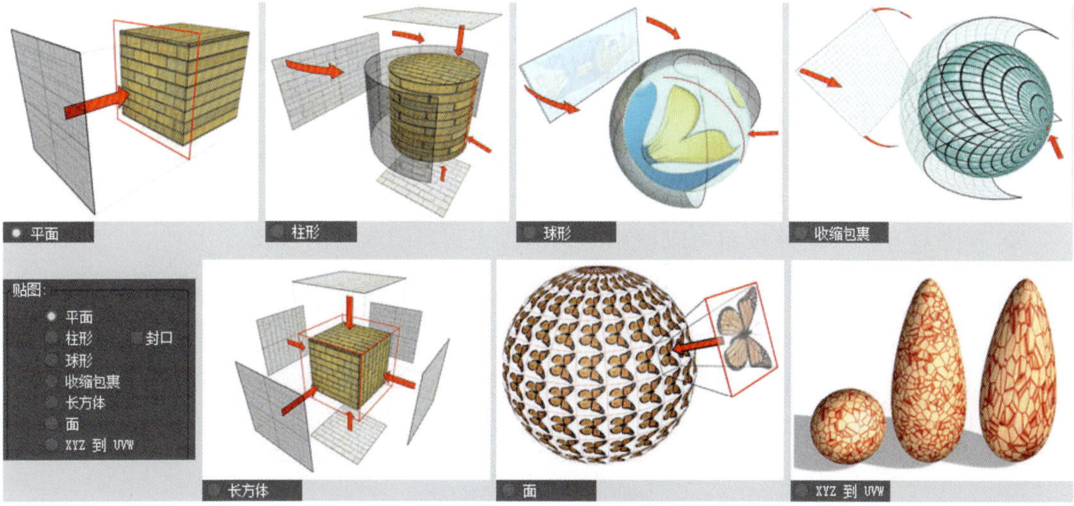

图8-24 7种贴图坐标

下面将对7种贴图坐标分别进行介绍。

❖ 平面：向对象上的一个平面投影贴图，在某种程度上类似于投影幻灯片。
❖ 柱形：向柱体投影贴图，使用贴图包裹对象。
❖ 收缩包裹：使用球形贴图，但是会截去贴图的各个角，然后在一个单独极点将它们全部结合在一起，仅创建一个奇点。
❖ 球形：通过向球体投影贴图来包围对象。在球体顶部和底部，位图边与球体两极交汇处会看到缝和贴图奇点。
❖ 长方体：向长方体的六个侧面投影贴图。每个侧面投影为一个平面贴图，且表面上的效果取决于曲面法线。
❖ 面：对对象的每个面应用贴图副本，在每一个面上产生一个贴图。
❖ XYZ到UVW：将3D程序坐标贴图到UVW坐标上。这会将程序纹理贴到对象表面。如果表面被拉伸，3D程序贴图也会被拉伸。

以下是常用参数介绍。

❖ 长度、宽度、高度：分别调整贴图坐标中的Gizmo子物体的大小。
❖ U/V/W方向平铺：分别调整U、V、W三个方向上的贴图重复参数。
❖ 翻转：勾选该选项就是把贴图方向进行前后调换。
❖ 贴图通道：在该选项的选框内输入贴图通道值。
❖ 顶点颜色通道：指定顶点使用的通道。

②对齐选项组：用于设置贴图坐标的对齐方法。

❖ X、Y、Z：分别单击3个按钮即可选择不同的贴图坐标对齐方向。

❖ 适配：贴图坐标自动缩放到物体的最大边界上。

❖ 中心：将贴图坐标的中心与物体的中心对齐。

❖ 位图适配：单击按钮打开“选择图像”对话框，选择一张图像，使贴图坐标与图像坐标长宽对齐。

❖ 法线对齐：单击该按钮就可以在视图中选择一个表面，并且贴图坐标自动与表面法线对齐。

❖ 视图对齐：单击该按钮可以把贴图坐标对齐到当前激活的视图。

❖ 区域适配：单击该按钮在视图中拖曳出一个范围，使贴图坐标相匹配。

❖ 重置：把贴图坐标重新恢复到初始化状态。

❖ 获取：单击该按钮，在视图中选择另一个物体，并且将这个物体的贴图坐标应用到当前物体上。

8.6 常用的材质类型介绍

（1）多维/子对象材质

多维/子对象材质中可以包含很多种同级的子材质，对于形状复杂的模型或者由很多子对象组成的模型，使用它可以为模型各个部分赋予材质，从而产生理想的效果。在使用多维/子对象材质之前要为对象的不同部分指定材质的识别码。多维/子对象材质的面板参数和应用效果如图8-25所示，可以看到一个对象被分成多个材质区域并被赋予了不同的材质，得到了非常好的材质效果。

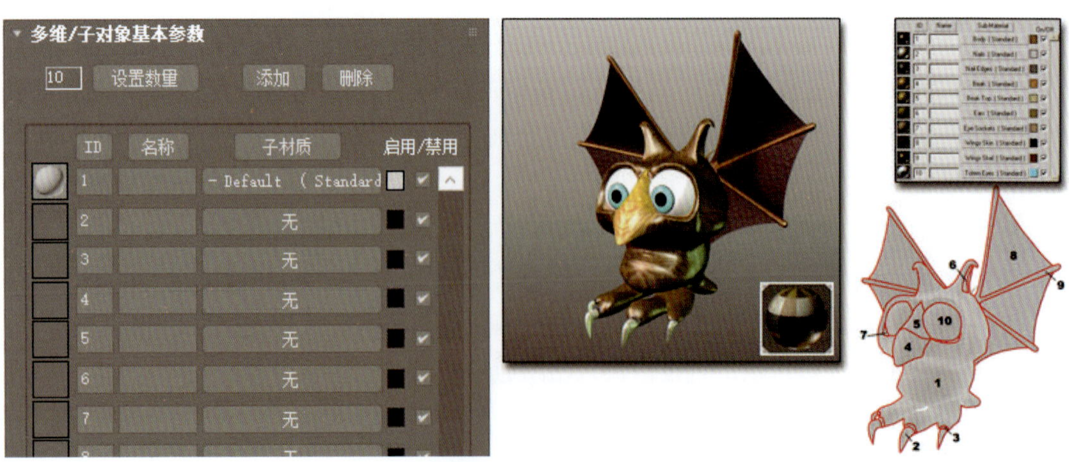

图8-25　多维/子对象材质参数和应用

（2）混合材质

混合材质实际上就是把两个标准材质按一定的比例或指定界线进行混合并赋予对象，可以利用混合量来调整两个标准材质的混合比例，或利用混合曲线来调整两个标准材质的混合界线，混合材质的面板参数和应用效果如图8-26所示。

图8-26　混合材质参数和应用

（3）双面材质

利用双面材质可以为一个对象的正面与背面赋予不同的材质，双面材质的面板参数和应用效果如图8-27所示。

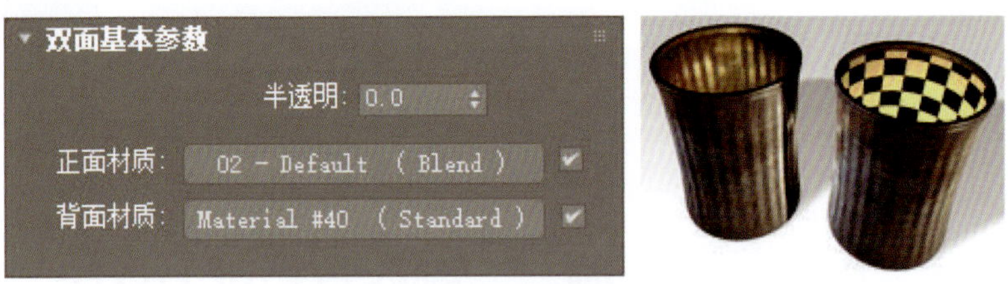

图8-27　双面材质参数和应用

（4）顶/底材质

利用顶/底材质可以为对象的顶部和底部指定两种不同的材质，从而将两种材质混合在一起。并且可以调整两种材质的位置及混合比，以获得更加理想的效果。顶/底材质的面板参数和应用效果如图8-28所示。

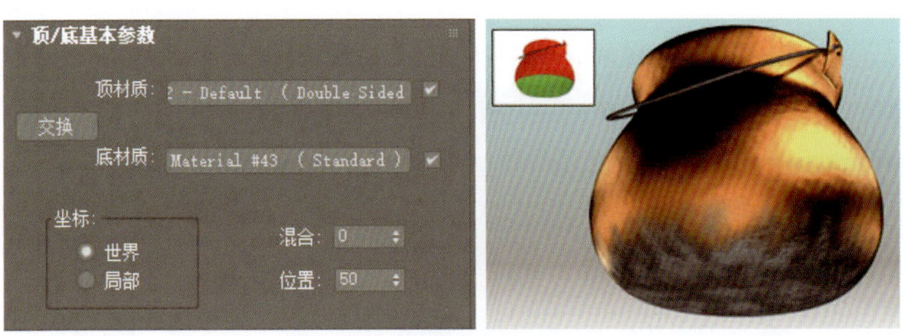

图8-28　顶/底材质参数和应用

（5）光线跟踪材质

光线跟踪材质是一种高级的曲面明暗处理材质。它与标准材质一样，支持漫反射表面明暗处理。利用它可创建完全光线跟踪的反射和折射。它还支持雾、颜色密度、半透明、荧光以及其他特殊效果。光线跟踪材质的面板参数和应用效果如图8-29所示。

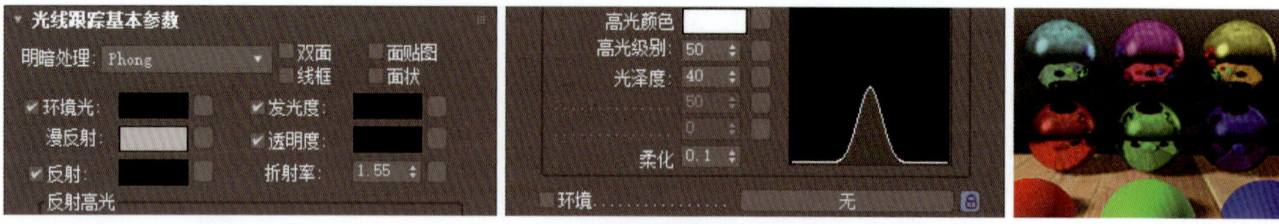

图8-29　光线跟踪材质参数和应用

（6）虫漆材质

虫漆材质可通过叠加将两种材质混合。叠加材质中的颜色称为“虫漆”材质，其被添加到基础材质的颜色中，通过调整“虫漆颜色混合”参数控制颜色混合的量。虫漆材质的面板参数和应用效果如图8-30所示。

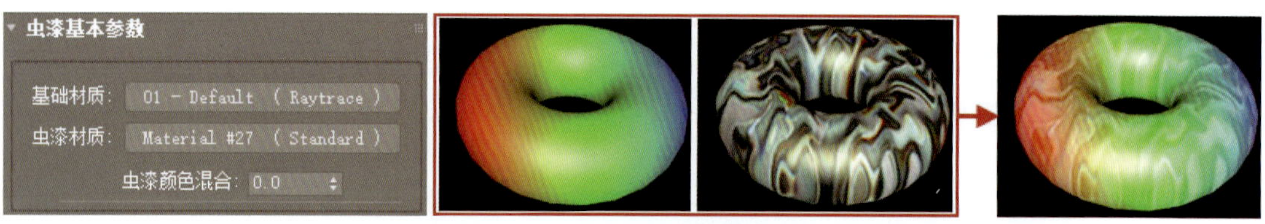

图8-30　虫漆材质参数和应用

8.7 材质、贴图应用案例——制作盘和桃的材质

打开本章提供的场景“盘桃.max”文件，为果盘和桃子分别制作材质，并将材质赋予它们，下面是具体制作流程。

▶ 案例视频 ◀

①首先选中果盘模型，然后进入编辑多边形中的“多边形”编辑子模式下，接着按<Ctrl + A>快捷键，将模型中的所有多边形一次性全部选中，然后进入“多边形：材质ID”卷展栏，将ID号设置为3，并按<Enter>键确认。以上操作步骤和调整后的效果如图8-31所示。

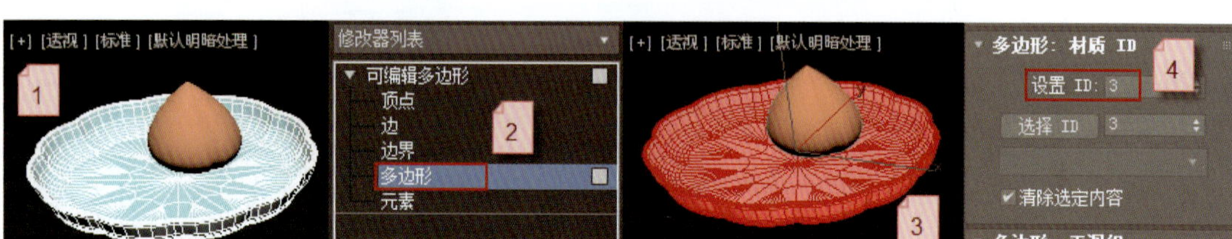

图8-31　分配子材质ID号

②接着，选中果盘中间的一部分圆面，将其ID号设置为2，然后再将果盘最上方的整个圆边选中，将其ID号设置为1，这样就给果盘划分了3种ID号，将来就可以为它赋予3种不同的材质。以上操作步骤和调整后的效果如图8-32所示。

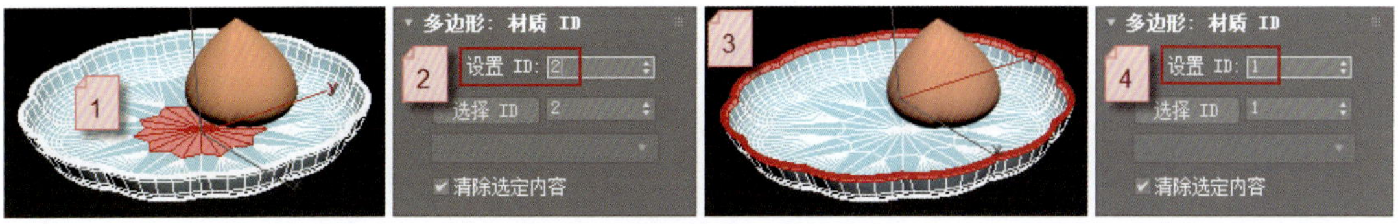

图8-32 继续分配子材质ID号

③按<M>键打开材质编辑器对话框，选中第1行第1个材质球，接着在下方水平工具条右侧附近点击“Standard”按钮，这时会弹出“材质/贴图浏览器”对话框，在其中找到“多维/子对象”材质，然后双击切换，接着会弹出一个“替换材质”对话框，直接点击确认按钮，便可将默认的“标准”材质切换为“多维/子对象”材质。然后在“多维/子对象基本参数”卷展栏中，连续点击“删除”按钮，直至最后剩余3个子材质，它们的ID号分别是1、2、3。以上操作步骤和调整后的效果如图8-33所示。

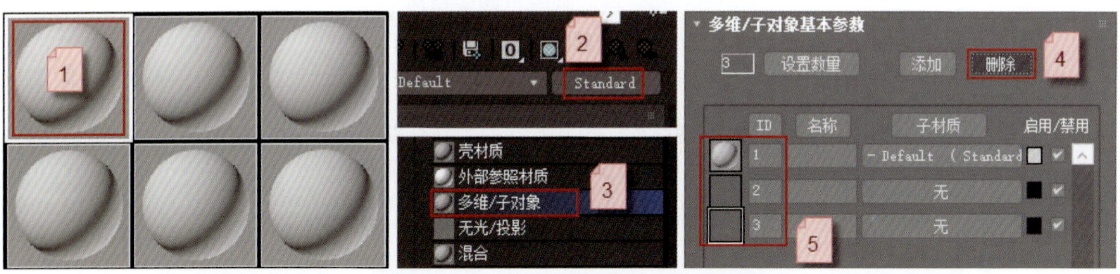

图8-33 切换为“多维/子对象”材质

④选中第1行第2个材质球，将“明暗器基本参数”卷展栏中的明暗器修改为“各向异性”。接着在“各向异性基本参数”卷展栏中点击漫反射后边的色块，会弹出一个颜色调板，在该调色板中，按图8-34中给定的红、绿、蓝三种颜色的数值进行调节，这样就可以调出咖啡色。点击“确定”按钮关闭调色板，接着调整“高光级别”“光泽度”和“各向异性”的值，按给定的参数值调整即可。然后再到“贴图”卷展栏中找到“反射”通道，在该通道右边的长按钮上点击一下，会弹出“材质/贴图浏览器”，在其中找到“光线跟踪”贴图，双击确认选择该贴图，然后在水平工具条上找到“转到父对象”按钮并点击，这样就重新返回到“反射”通道，将反射的数量修改为18，此时可以回到材质示例窗观察材质球的效果，到此就调制好了陶瓷材质。以上操作步骤和调好的材质效果如图8-34所示。

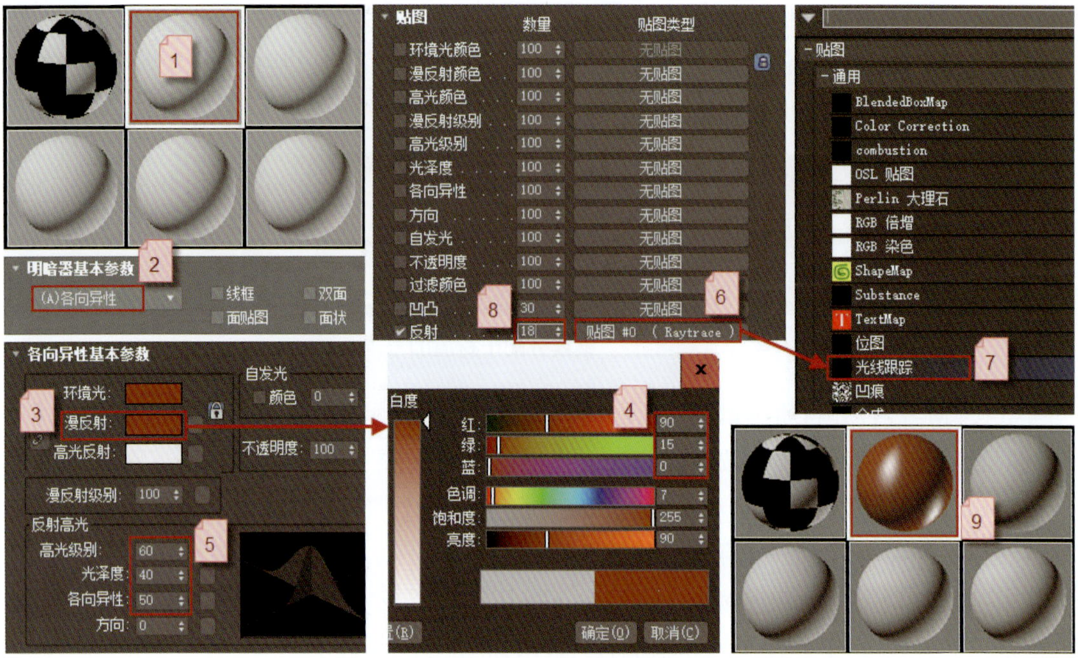

图8-34　**调制咖啡色陶瓷材质**

⑤用鼠标将刚刚调制好的咖啡色材质球向右边的第3个材质球上拖拽，从而克隆出一个新的材质球。由于两个材质球的名称不能相同，否则会判定为是同一个材质，因此将克隆球的名称修改为“03-Default”，接着再将其漫反射的颜色修改为纯白色，这样就调制好了白色陶瓷材质。以上操作步骤和调好的材质效果如图8-35所示。

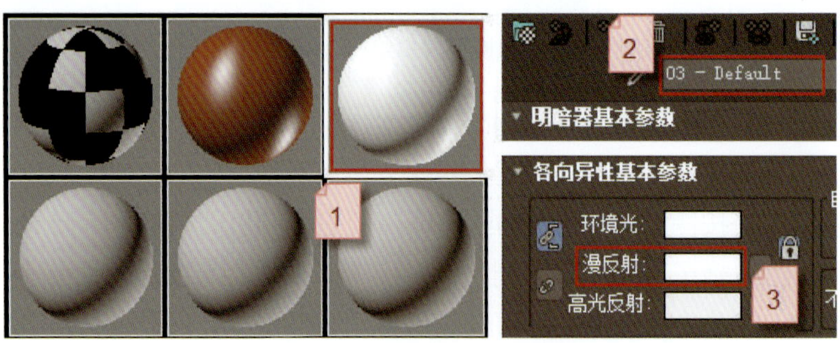

图8-35　**调制白色陶瓷材质**

⑥用鼠标将刚刚调制好的白色材质球向下方的材质球上拖拽，从而克隆出一个新的材质球，将其名称修改为“04-Default”。然后再到“贴图”卷展栏中找到“漫反射颜色”通道，在外边的文件夹中找到贴图“圆形装饰图案.jpg”文件，用鼠标将该文件拖拽到“漫反射颜色”通道右侧的长条按钮上，这样就调制好了带图案的陶瓷材质。以上操作步骤和调好的材质效果如图8-36所示。

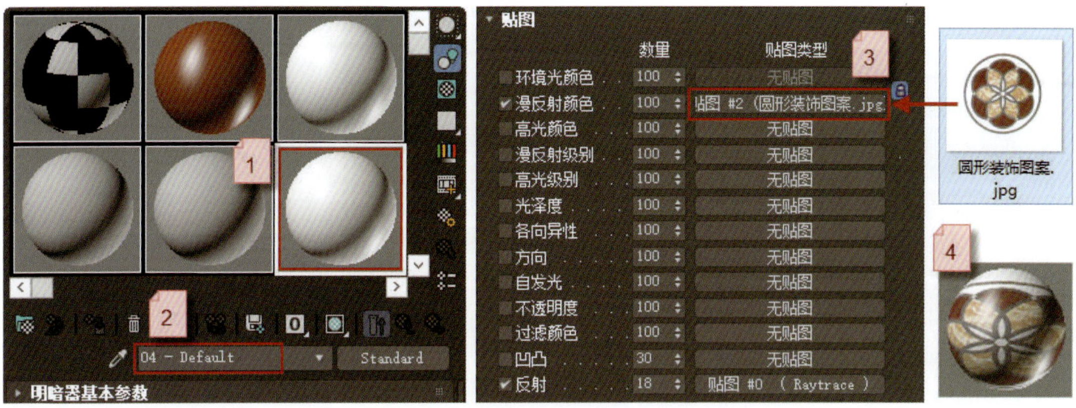

图8-36　**调制带图案的陶瓷材质**

⑦重新选中第1个材质球，也就是“多维/子对象”材质球，然后把刚刚调制好的3种陶瓷材质依次拖拽到ID号为1、2、3的子材质上，其中1号为带图案的陶瓷材质，2号为咖啡色陶瓷材质，3号为白色陶瓷材质，接着把调制好的“多维/子对象”材质球赋予透视图中的果盘模型。以上操作步骤和被赋予材质的果盘效果如图8-37所示。

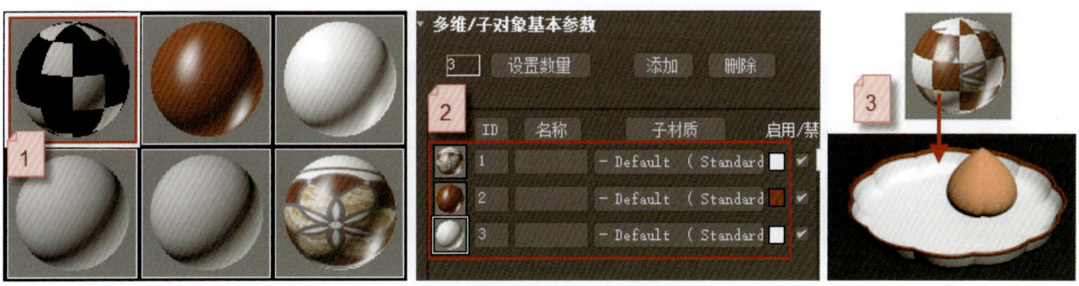

图8-37　**调制多维/子对象材质**

⑧从图8-37中可以看到，装饰图案并没有在果盘上显示出来，遇到这种情况有两种原因，第一种原因是可能缺少贴图坐标，第二种原因是当前的贴图坐标有误，导致贴图不正确，所以未能正确显示出来。要判断出到底是哪种原因，可以先对当前场景进行渲染，渲染的过程中提示果盘模型缺少贴图坐标，因此可以给果盘添加【UVW贴图】修改器，从而为其添加贴图坐标。添加了贴图坐标以后再次渲染，就可以看到装饰图案了，但在透视图中观察，仍然没有看到果盘模型上的装饰贴图，此时可以在材质编辑器中选中带装饰图案的陶瓷材质，然后在水平工具条上点击“视口中显示处理明暗材质”按钮，重新观察透视图，可以看到果盘模型上的装饰图案已经显示出来。以上操作步骤和调制后的效果如图8-38所示。

图8-38　**调制材质**

⑨观察一下此时显示的装饰图案，发现并不正确，还需要加以矫正，因此选中果盘模型，然后在修改面板中选中【UVW贴图】修改器的子对象“Gizmo”，使用缩放工具将该“Gizmo”对象缩小，这样就相当于把贴图缩小了，一直缩小到整个圆形装饰图案完整出现为止，这样就完成了果盘的材质赋予和贴图的矫正过程。以上操作步骤和矫正后的渲染效果如图8-39所示。

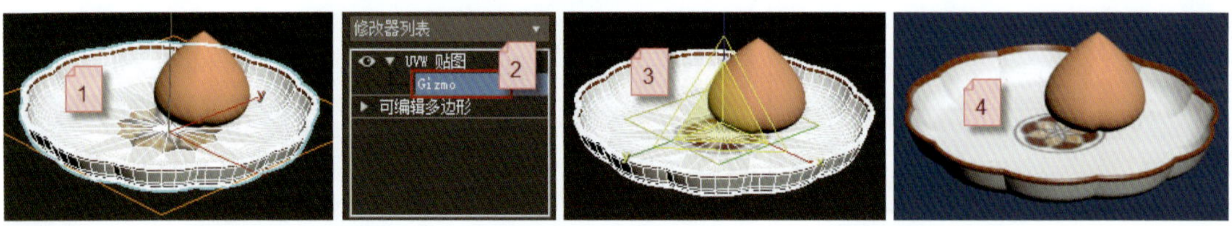

图8-39　**矫正果盘贴图**

⑩最后制作桃子的材质。选择一个新的材质球，点击“漫反射”右边的按钮，从弹出的“材质/贴图浏览器”中选择“渐变”贴图，将渐变参数中的3种颜色分别设置为浅红、浅黄和浅绿，然后把调整好的材质球拖拽给桃子模型，此时观察桃子模型，会发现“渐变”贴图效果并未显示出来。尝试给桃子模型添加【UVW贴图】修改器，然后在材质编辑器的水平工具条上点击“视口中显示处理明暗材质”按钮，重新观察桃子模型，会发现“渐变”贴图效果已经正确显示出来，到此所有的材质调制完成。以上操作步骤和桃子“渐变”贴图的效果如图8-40所示。接着用视图旋转工具，通过旋转视图找到一个最佳的出图角度，然后渲染出最终的效果图，如图8-41所示。

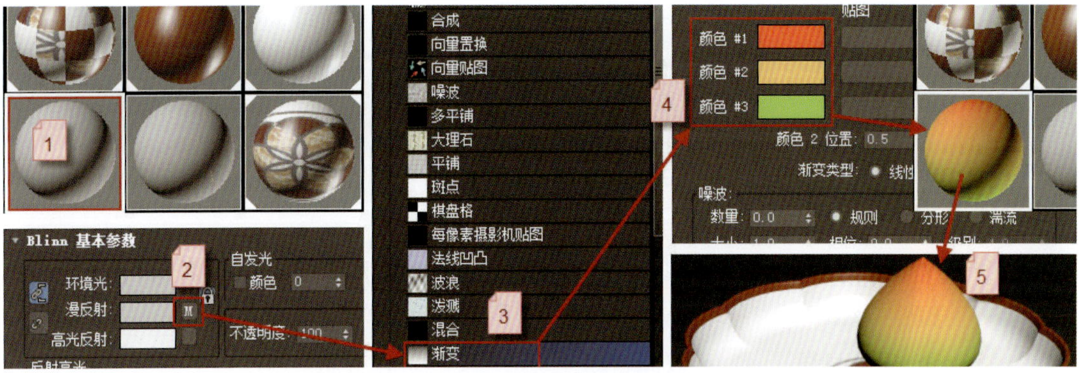

图8-40　制作桃子的材质

图8-41　渲染出最终效果图

本章习题

一、选择题

1. 可以将两种不同的材质混合在一起，经常用于材质动画方面的材质是（　）。

A. 混合材质　　B. 双面材质　　C. 顶/底材质　　D. 无光/投影材质

2. 可以将多种材质组合成一种复合材质，通过不同材质的ID号，决定物体不同部分的材质分配的材质是（　）。

A. 混合材质　　B. 多维/子物体材质　　C. 顶/底材质　　D. 双面材质

3.（　）可以产生三色或三种贴图的渐变过渡效果。

A. 渐变贴图　　B. 遮罩贴图　　C. 位图贴图　　D. 混合贴图

4. 通过使用（　），可以把一幅贴图作为蒙版，透过它来观察另一幅贴图的材质效果。

A. 渐变贴图　　B. 遮罩贴图　　C. 位图贴图　　D. 混合贴图

二、填空题

1. 贴图坐标通常以U、V和W指定，其中U是__________，V是__________，W是可选的第三维度，它表示深度。

2. __________贴图可产生两种颜色的方格交错图案，常用于制作砖墙、地板砖等有序纹理。

3. __________材质中可以包含很多种同级的子材质，对于形状复杂的模型或者由很多子对象组成的模型，它可以为模型各个部分赋予材质，从而产生理想的效果。

三、简答题

1. 材质和贴图有什么区别？
2. 材质中“漫反射”的颜色和贴图起什么作用？
3. 怎样理解贴图坐标？

▶ 习题答案 ◀

四、上机操作题

尝试为前边章节中制作过的模型赋予合适的材质。

第9章

灯光与摄影机

本章内容

本章主要学习灯光的基本知识、灯光的分类、各种灯的功能、标准灯光的相关参数、灯光布局的基本原则、体积光的应用和摄影机的使用方法。

学习目标

知识目标： 了解灯光的作用及种类，理解布光的基本原则，能够根据不同场景的需要，选择使用不同的灯光，设置不同的灯光效果。

能力目标： 掌握灯光的使用步骤和技巧，掌握三点照明布光的方法，掌握室内体积光效果的实现方法以及使用摄影机的基本方法。

素质目标： 尝试自行解决问题，激发创意思维和创新精神，将知识融会贯通并应用于实践。激发对传统文化的热爱和尊重之情，具备社会责任感和历史使命感。

9.1 灯光的基本知识

图像颜色是对象本身吸收或发射光所产生的效果，无论是制作各种效果图，还是创建动画场景，灯光和摄影机都是场景中不可缺少的组成部分。其中灯光主要用于照亮场景，摄影机则可以提供一个有利的观察角度，根据不同的情况使场景产生不同的透视效果，突出场景的景深感和层次感。本节首先讲解3ds Max中灯光的基本知识。

灯光是影响效果图品质的一个重要因素，设计师正是利用灯光效果来模拟现实的光照效果的，借此表现画面的明暗变化、色调变化以及构图变化。合理的灯光布局可以丰富场景的色彩效果，增强效果图的空间感，使画面效果更加生动、逼真。

在3ds Max中，灯光对象用以模拟现实世界中的光源，不同种类的灯光对象以不同的方法投射灯光，模拟真实世界中不同种类的光源。当场景中没有灯光时，使用默认的照明着色或渲染场景。一旦用户创建了灯光，那么默认的照明就会被禁用。如果在场景中删除所有灯光，则会重新启用默认照明。默认照明包含两个不可见的灯光，一个灯光位于场景的左上方，而另一个位于场景的右下方。可以通过添加灯光使场景的外观更逼真。

9.2 灯光分类

在3ds Max中，分别使用亮度和颜色来表示灯光。颜色用RGB颜色模型表示。3ds Max中提供了两种灯光类型：标准灯光和光度学灯光。除此之外，在系统工具中还包含“日光”和“太阳光”系统，主要用于创建室外照明，该照明是基于日、月、年的位置和时间模拟太阳的照明。

9.2.1 标准灯光

标准灯光简单易用，可用于模拟各种光源，如家用灯或办公室灯、舞台和电影工作时使用的灯光设备，以及太阳光本身。不同种类的灯光对象可用不同的方法投影灯光，模拟不同种类的光源。与光度学灯光不同，标准灯光不具有基于物理的强度值。当场景中的几何体没有以真实世界的比例构建时，标准灯光是较好的选择。

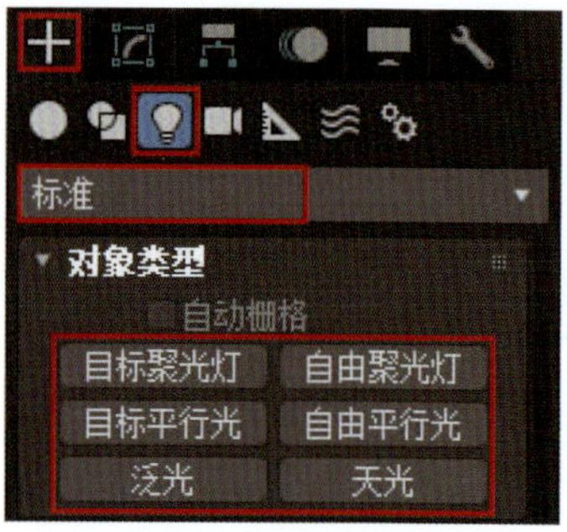

图9-1　标准灯光

标准灯光中共有6种类型的灯光对象，它们分别是：目标聚光灯、自由聚光灯、目标平行光、自由平行光、泛光、天光。要创建标准灯光，可以单击“创建”面板中的“灯光”按钮，进入灯光创建页面，在灯光类型列表中选择“标准”选项，即可进入标准灯光创建页面，如图9-1所示。各种类型的标准灯光的外观和照明效果如图9-2所示。

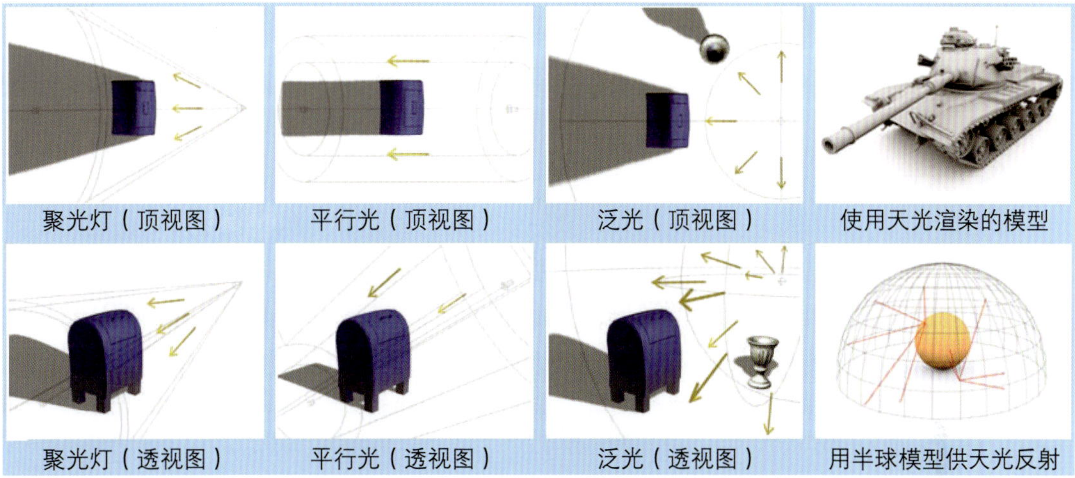

图9-2 **标准灯光**

（1）聚光灯

聚光灯是一种有方向的光源，类似于舞台上的强光灯。聚光灯与泛光的区别是，前者有照射范围的约束和目标点，光线在一个方向上传播，并形成照明光锥，而后者没有。聚光灯分为“目标聚光灯”和“自由聚光灯”两种类型。

目标聚光灯可以向一个移动的目标点投射光，就像在聚光灯和目标点之间有一条绳，目标点到哪里，聚光灯就照到哪里。目标点只是聚光灯定位的辅助参考点，它到光源的距离对灯光的亮度和衰减没有影响。

自由聚光灯的功能和目标聚光灯一样，只是射线不是定位在目标点上，而是沿一个固定的方向。目标聚光灯常用来作为主灯为场景照明，而自由聚光灯则常应用在汽车前灯、手电筒等对象上。

（2）平行光

平行光和聚光灯相似，分为目标平行光与自由平行光，但是平行光发出的是有方向的、平行的光，而聚光灯发出的光是一个光锥。平行光的原理就像太阳光，当光线投射产生阴影时，阴影的角度就是照射到对象的光线与地面所成的角度。在3ds Max中，平行光一定程度上是传统的平行灯和聚光灯的混合。平行光和聚光灯一样也有聚光区和散光区，这些可用来控制场景中阴影的范围以及散光区的范围。

使用有目标的光源和使用无目标光源的主要区别在于变换。当灯不需要沿路径移动时，最好使用有目标的光源；当灯光的位置固定不动时，使用无目标的光源更方便。

（3）泛光

泛光是一种典型的点光源，它具有全局照明功能，光线可以从一点向四面八方均匀照射，作用范围是以光源为中心的球体。它没有明确的照射目标，但可以任意调整它的照射范围，可用它来模拟环境光，也可将它作为补充光使用。在较小的空间内，泛光可以产生柔和的照射效果，它是制作室内效果图时常用的一种灯光。当灯光参数恒定时，泛光距离物体越近，入射角越小，此时光线被集中在一个较小的范围内，容易在物体上形成一个较亮的光斑。

（4）天光

天光是利用“照明跟踪”来模拟大气散射效果的一种标准光源。在场景中创建一个天光光源之后，无需考虑它在场景中的位置，系统将自动进行照明跟踪运算，并在场景中产生平缓柔和的阴影效果与明暗过渡效果，使画面的明暗分布非常和谐。当使用默认扫描线渲染器进行渲染时，天光与高级照明（光跟踪器或光能传递）结合使用，效果会更佳。

9.2.2 光度学灯光

光度学灯光比较复杂，但可以实现对真实世界照明的精确物理模拟，因为它们是基于真实物理属性的参数来实现各种光源照射效果的，由于参数的规范化，利用它们创建的灯光场景，可操作性大为加强，不过通常要配合全局渲染方式来使用。光度学灯光使用光度学（光能）值，通过这些值可以更精确地定义灯光，就像在真实世界一样。光度学灯光共有2种类型的灯光对象，分别是目标灯光和自由灯光。设置光度学灯光的相关参数，可以得到“点光源”“线光源”“面光源”“球形光”和“柱形光”，从而实现对真实世界中的各种光源照明效果的模拟。

9.3 标准灯光参数解析

各类型标准灯光的可调参数比较多，并且各种灯光的参数卷展栏也不完全相同，比较常用的卷展栏有“常规参数”卷展栏、“强度/颜色/衰减”卷展栏、“高级效果”卷展栏等。下面将对这些常用卷展栏中的重要参数进行解析。

9.3.1 “常规参数”卷展栏

“常规参数”卷展栏如图9-3所示，主要用于控制灯光的打开和关闭、灯光类型的转换以及阴影类型的转换，它是各类灯光共有的参数卷展栏（天光除外）。

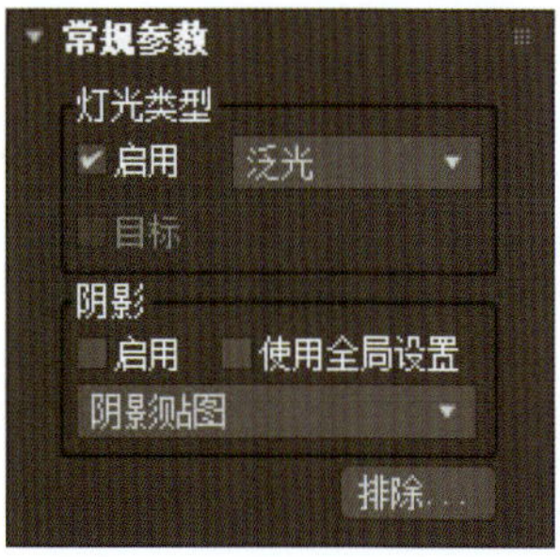

图9-3 “常规参数”卷展栏

（1）“灯光类型”组

❖ 启用：此选项用于控制灯光的打开与关闭。选择此选项，表示启用灯光，灯光对场景产生光照效果；否则灯光将显示为黑色，并且不会对场景产生光照效果。

❖ 灯光类型列表：单击列表窗口，将会弹出灯光类型列表，用于决定灯光是聚光灯、平行光还是泛光。当选择“聚光灯”或“平行光”类型时，下方的“目标”选项用于决定创建的聚光灯或平行光是否带有目标点，即决定创建的灯光是目标聚光灯（目标平行光）还是自由聚光灯（自由平行光）。

（2）“阴影”组

❖ 启用：此选项决定是否启用阴影设置，即灯光是否在物体背面产生阴影。

❖ 阴影类型下拉列表：此选项决定灯光计算阴影的方式，其下拉列表中共有4种阴影类型，分别是：高级光线跟踪、区域阴影、光线跟踪阴影、阴影贴图（此为默认的阴影类型）。每种阴影类型都有独特的功能及阴影效果，其中比较常用的2种类型分别是“光线跟踪阴影”和“阴影贴图”。“阴影贴图”支持软阴影，是渲染速度最快的阴影类型，缺点是不支持使用透明度或不透明度贴图的对象；“光线跟踪阴影”是系统精确计算后得出的真实阴影，可以生成极为清晰的阴影边缘效果，并根据物体的透明度投射出明暗不同的阴影效果，从而能够真实地表现出玻璃等半透明物体的阴影，缺点是渲染速度比较慢。“光线跟踪阴影”和“阴影贴图”的对比效果如图9-4所示。

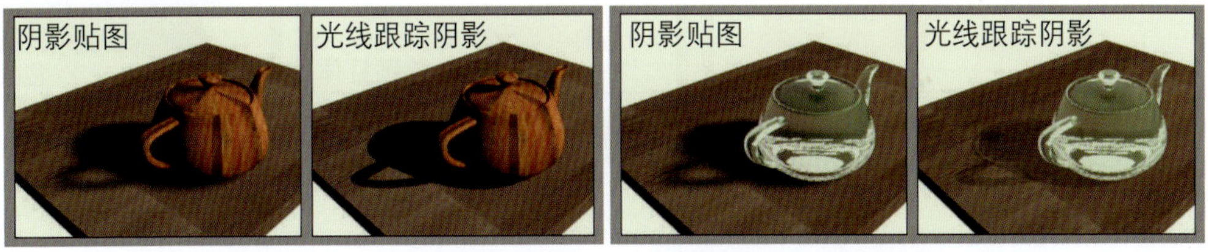

图9-4　“光线跟踪阴影”和“阴影贴图”的对比效果

（3）“排除/包含”照明对象

在3ds Max中，许多灯光可以有选择地照亮场景。单击“常规参数”卷展栏中的“排除/包含”按钮，将会弹出如图9-5所示的“排除/包含”对话框，用于设置灯光包含（照亮）或排除（不照亮）的场景对象，从而明确灯光的照射目标。

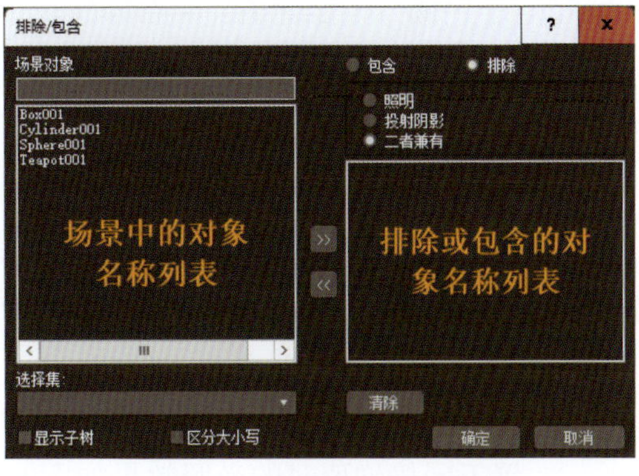

图9-5　“排除/包含”对话框

❖ 对象列表：“排除/包含”对话框主要由两个对象列表组成，左侧场景对象列表用于显示场景中所有对象的名称（包括隐藏和冻结对象，但不包括灯光和摄影机等）；右侧排除或包含对象列表用于显示灯光排除或包含的对象名称。

❖ »和«按钮：在“场景中的对象名称列表”中双击某个对象或单击选中某个对象后点击»按钮，即可将当前选择的对象添加到“排除或包含的对象名称列表”中；同理，在“排除或包含的对象名称列表”中双击某个对象或单击选中某个对象后点击«按钮，可将对象由“排除或包含的对象名称列表”中返还到“场景中的对象名称列表”中。

❖ “排除”“包含”：决定灯光是包含（照亮）“排除或包含的对象名称列表”中的对象，还是排除（不照亮）“排除或包含的对象名称列表”中的对象。排除和包含圆柱体时的灯光照射效果如图9-6所示。

❖ “照明”“投射阴影”“二者兼有”：用于设置灯光排除或包含对象的内容。其中“照明”表示灯光仅排除或包含物体的表面照明效果；“投射阴影”表示灯光仅排除或包含物体投射阴影效果；“二者兼有”表示灯光排除或包含照明和投射阴影两种功能。

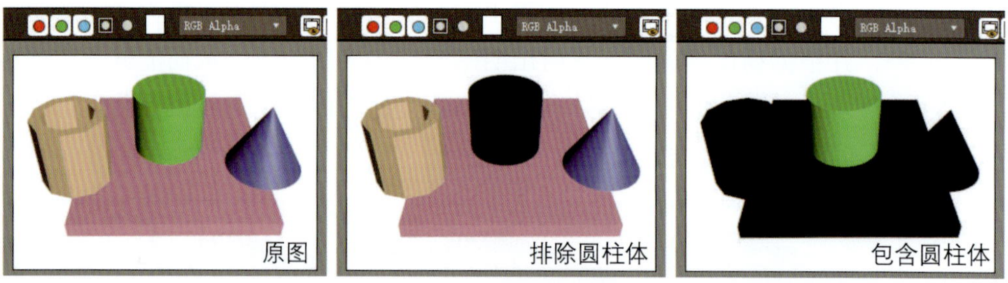

图9-6　排除和包含圆柱体时的灯光照射效果

9.3.2 “强度/颜色/衰减”卷展栏

“强度/颜色/衰减”卷展栏中的参数可以控制灯光的颜色和强度，也可以定义灯光的衰减，该卷展栏中的参数如图9-7所示。

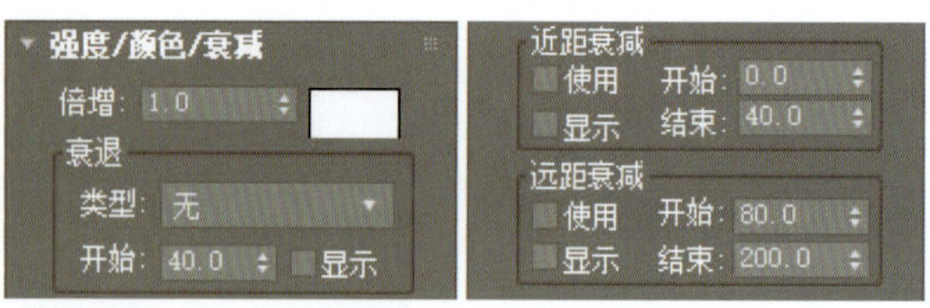

图9-7　“强度/颜色/衰减”卷展栏

❖ 倍增：此选项用于控制灯的功率，即灯光的亮度。其数值越大，灯光越明亮，设置不同倍增值时的光照效果如图9-8所示。此处需要着重强调的是，如果场景中的某一对象在主体光的照射下过于明亮，可以将辅助光的倍增值设置为负值，用于吸收多余的光线，从而得到理想的光照效果。

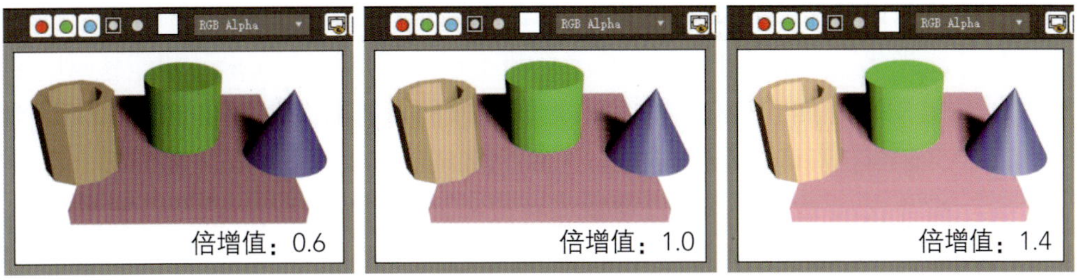

图9-8 设置不同倍增值时的光照效果

❖ 颜色：单击“倍增”选项右侧的颜色色块，可以在弹出的“颜色选择器：灯光颜色”对话框中设置灯光的颜色。灯光颜色对场景的整体色调起着关键作用，并可对对象材质产生一定的影响。灯光颜色默认是白色，也就是发出白光。将灯光颜色设置为浅紫色后，场景渲染效果与原图的对比如图9-9所示。

图9-9 设置灯光颜色前后的光照效果对比

（1）“衰退”组

类型：选择要使用的衰退类型。有三种类型可选择，分别是无、反向、平方反比。

❖ 无（默认设置）：不应用衰退。从起始到无穷大，灯光仍然保持全部强度。

❖ 反向：应用反向衰退，衰退速度适中。

❖ 平方反比：应用平方反比衰退，衰退速度很快，该类型的衰退和真实的灯光衰退效果基本一致。

（2）“近距衰减”组、“远距衰减”组

❖ 使用：启用灯光的近距/远距衰减。

❖ 显示：在视口中显示近距/远距衰减范围设置。对于聚光灯，衰减范围看起来好像圆锥体的镜头形部分。对于平行光，衰减范围看起来好像圆锥体的圆形部分。

❖ 开始/结束：设置灯光开始淡入的距离和达到其全值的距离。

9.3.3 “聚光灯参数”卷展栏

聚光灯的一个重要特性就是对灯光具有约束功能。当在场景中选择聚光灯后，将出现“聚光灯参数”卷展栏，如图9-10所示，其功能是控制聚光灯的照射范围和照射区域的形状。

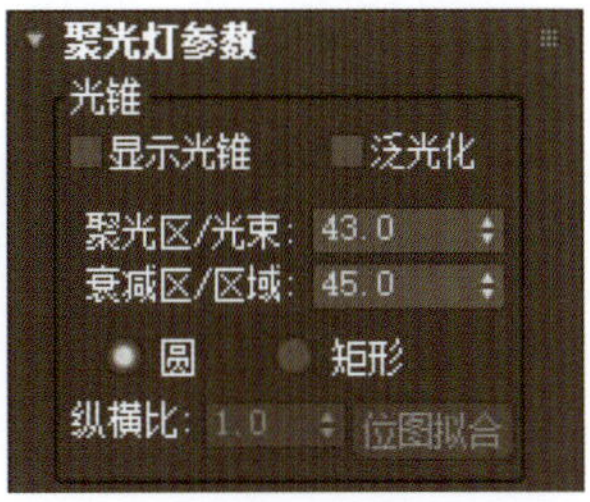

图9-10 “聚光灯参数”卷展栏

❖ “显示光锥”：在系统默认状态下，聚光灯只有被选择时才显示锥形框；若选择此选项，则无论聚光灯是否被选择，始终都显示锥形框。

❖ “泛光化”：选择此选项，聚光灯将不再受“聚光区/光束”和“衰减区/区域”的限制，而是具有泛光的特性，光线向四面八方均匀照射。但当聚光灯投射阴影时，阴影仍被限制在“衰减区/区域”范围之内。

❖ “聚光区/光束”：用于设置聚光灯发光区域的范围，在此区域内灯光强度不会向四面产生衰减。

❖ “衰减区/区域”：衰减区是聚光灯照射的极限，在此区域内灯光亮度向四周呈线性衰减趋势，此区域以外的范围不受聚光灯的影响。聚光灯直接照亮区域和灯光衰减区域分布情况如图9-11所示。

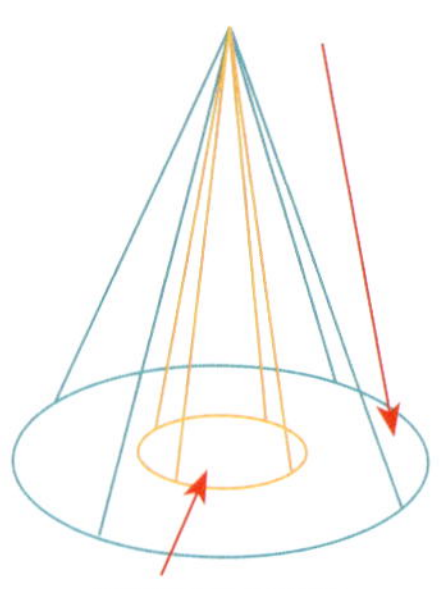

图9-11　光束/区域

❖ “圆”“矩形”：用于设置聚光灯照射区域的形状。选择“圆”选项可以模拟台灯、筒灯和路灯等的照明效果；选择“矩形”选项可以模拟电影投影图像或阳光透过门窗的照射效果。

❖ “纵横比”：当选择“矩形”形状时，此选项用于设置矩形照射区域的长宽比。另外，单击右侧的“位图拟合”按钮，可以选择一幅位图图像，并根据位图图像的长宽比来约束矩形照射区域的长宽比。

9.3.4 “高级效果”卷展栏

“高级效果”卷展栏中的选项主要用于调整灯光照射区域的对比度、漫反射边的柔化程度以及是否使用投影贴图等设置。“高级效果”卷展栏如图9-12所示。

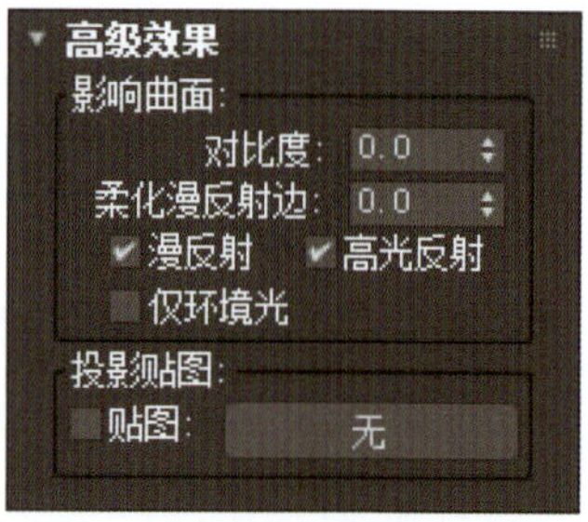

图9-12　“高级效果”卷展栏

❖ “对比度”：此选项用于控制曲面物体漫反射区域和环境光区域的对比度。增大对比度可以制作出对比强烈的光照效果。

❖ “柔化漫反射边”：此选项用于设置漫反射区域和环境光区域边缘的柔化程度。

“对比度”和“柔化漫反射边”分别设置不同数值时的光照效果，如图9-13所示。

图9-13　“对比度”和“柔化漫反射边”设置不同数值时的光照效果

❖ “漫反射”“高光反射”：分别决定灯光是否照亮曲面物体的漫反射区域和高光反射区域。

❖ “投影贴图”：选择“贴图”选项，然后单击“无”按钮，可以选择一张贴图作为灯光的射影图像，从而使灯光像幻灯机一样将图像、纹理或动画投射到物体表面，使灯光呈现出微妙的色彩和明暗变化，其效果如图9-14所示。利用投影贴图功能，可以模拟播放电影效果，或制作树荫或水面反射的斑驳光影效果。

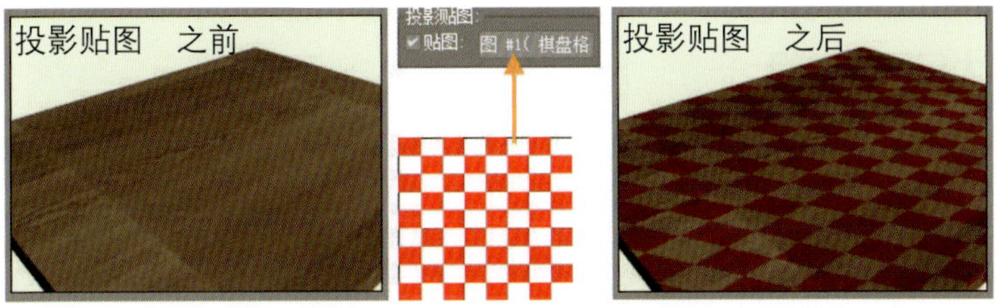

图9-14 “投影贴图”效果

9.3.5 “阴影参数”卷展栏

当在“常规参数”卷展栏中启用“阴影”选项之后，可以在物体的背光面产生阴影效果，并可以在“阴影参数”卷展栏中设置阴影的颜色和密度，或为阴影指定阴影贴图。“阴影参数”卷展栏如图9-15所示。

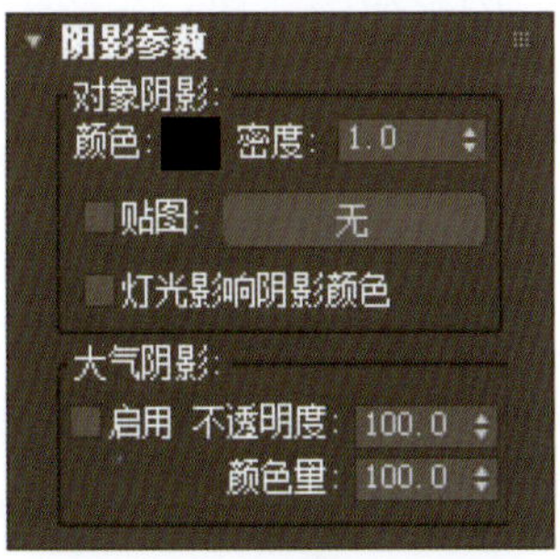

图9-15 “阴影参数”卷展栏

（1）“对象阴影”组

❖ “颜色”：单击该选项右侧的颜色色块，可以在弹出的“颜色选择器：阴影颜色”对话框中设置阴影的颜色。

❖ “密度”：此选项用于设置阴影的密度，增加密度值可以增加阴影的暗度，减小密度值可以使阴影出现透明效果。不同“颜色”和“密度”值的渲染效果对比如图9-16所示。

图9-16 不同“颜色”和“密度”值的渲染效果对比

❖ “贴图”：单击“无”按钮，可以指定一张贴图作为阴影图像。为阴影指定贴图后的效果如图9-17所示。

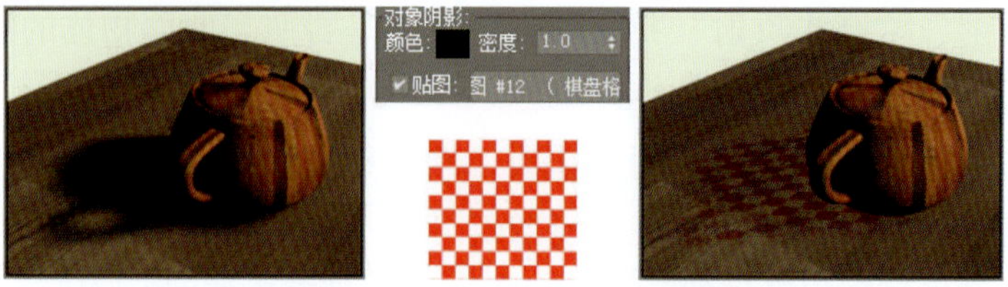

图9-17　为阴影指定贴图后的效果

❖ “灯光影响阴影颜色”：此选项决定设置的灯光颜色是否影响阴影颜色。

（2）“大气阴影”组

❖ “启用”：选中后，大气效果如灯光穿过一样投射阴影。默认设置为禁用状态。

❖ “不透明度”：调整阴影的不透明度。

❖ “颜色量”：调整大气颜色与阴影颜色混合的量。

9.3.6 “阴影贴图参数”卷展栏

3ds Max中共提供了5种阴影类型，其中最常用的有“阴影贴图”和“光线跟踪阴影”两种，其中“阴影贴图”是系统默认的阴影类型。当我们在“常规参数”卷展栏中选择“阴影贴图”作为灯光的阴影生成技术时，就会显示出“阴影贴图参数”卷展栏，如图9-18所示。

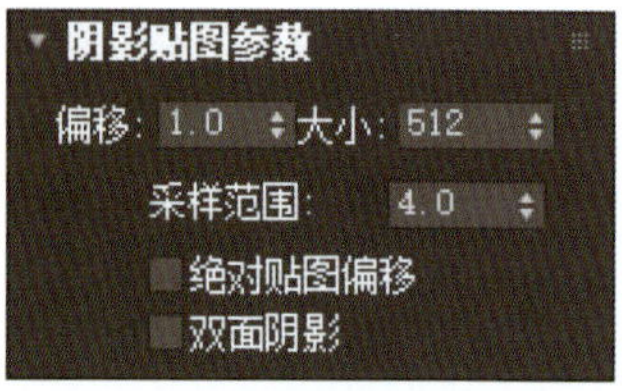

图9-18　“阴影贴图参数”卷展栏

“阴影贴图”不是利用光线描绘出来的真实阴影，而是根据光线的照射方向贴在物体背面的“假”阴影，它不需要进行过多计算，所以渲染速度非常快，并且容易形成较真实的阴影效果。其缺点在于无法为精细的模型投射准确的阴影，并且无论物体是否透明，一律贴上一个“黑影”，无法真实地表现玻璃等半透明材质的阴影效果。

❖ “偏移”：此选项用于控制阴影在对象底部偏移的距离。其数值越大，阴影向灯光反向偏移的距离越大，设置不同“偏移”值的效果对比如图9-19所示。

图9-19　设置不同“偏移”值的效果对比

❖ “大小”：此选项用于控制阴影贴图的品质，其数值越大，阴影效果越好，但渲染速度也相对越慢，其数值通常设置在“500”以上。

❖ “采样范围”：调节此选项可以使阴影的边缘产生虚化效果，其默认值为4，最大值为50。

当虚化效果过大时，会有阴影从对象周围溢出，此时要利用“偏移”选项对其进行调整。

设置不同“大小”值和“采样范围”值时的阴影效果对比如图9-20所示。

图9-20 设置不同“大小”值和“采样范围”值时的阴影效果对比

9.4 灯光布局

9.4.1 布光原则

巧妙地运用灯光来营造特定的氛围是制作效果图的一个重点，也是制作效果图和动画的一个难点。设置灯光布局时很难一蹴而就，经常需要对每一盏灯自身的设置进行反复的修改、调整，才能达到最真实、最理想的效果。

由于每个人的作图习惯不同，设置灯光布局的方法也有很大的差别。但无论以怎样的方法来设置灯光，要做出一幅好的效果图，都要遵循以下布光原则。

- ❖ 设置灯光前先要对画面的明暗与色彩分布进行规划，使灯光布局具有目的性。布置灯光时，应该根据自己的设想有目的地布置每一盏灯，明确每一盏灯的控制对象。尤其是初学者，不要养成随意摆放灯光的习惯，以免耗费大量的时间却得不到理想的效果。
- ❖ 布光时每一盏灯都要有切实的效果，对于那些效果微弱、可有可无的灯光都要删除。另外，灵活地运用排除与衰减等设置可以得到更佳的效果，但不要滥用，否则会加大对灯光控制的难度。使用率高、可控性强、效果好的灯光布局是设置灯光的唯一目标。
- ❖ 精心地进行灯光布局，使灯光与材质相协调、统一。切忌将灯光设置得太多、太亮，这样会使整个画面如水洗一般，使效果图失去空间感与层次感。
- ❖ 一般情况下，布置灯光时要先从主体光开始，然后加入辅助光，最后再设置背景光，背景光的亮度通常要比主体光与辅助光的组合弱一些。

9.4.2 三点布光

三点布光是传统摄影和3D用光中的一种最基本的布光方法，它是学习布光的基础，适用于很多类型的场景中，特别是静帧场景。该种方法已经被广泛使用于视觉艺术的各个领域，例如舞台美术、摄影、传统的电影电视、三维动画等。

“三点布光”顾名思义就是一种使用三种灯光进行照明的方法。根据灯光的不同功能，可将其分为主体光、辅助光和轮廓光。“三点布光”的原理示意图如图9-21所示。

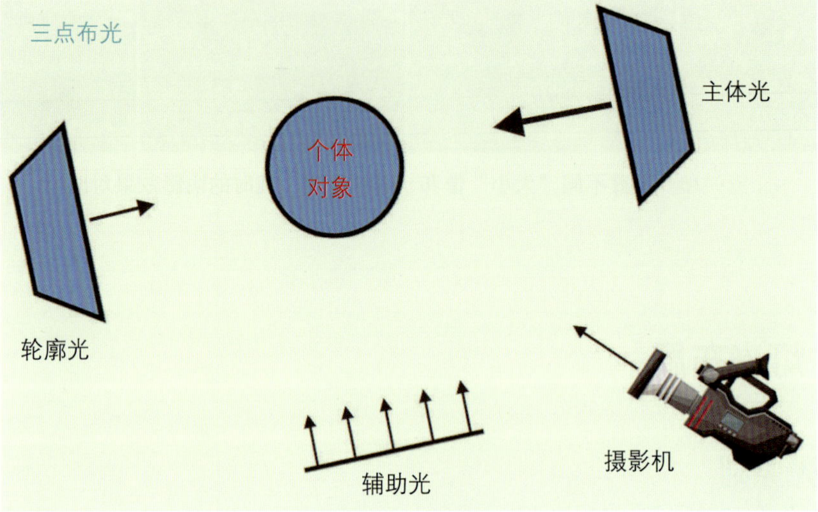

图9-21　三点布光

（1）主体光

主体光主要用于照亮整个场景，它表现了物体的可视高光并负责使物体产生阴影，以展现场景的深度以及画面的明暗关系，它是场景中产生阴影的主要光源，其亮度大于任何其他正面照射物体的光源，可使观察者清楚地看到灯光的投射方向。一个场景中，主体光可以只有一个，也可以有两个或更多。在室外场景中，主体光主要用于模拟日光照射效果；在室内场景中，主体光主要用于模拟主要照明光源，例如天花板上的吊灯。

（2）辅助光

辅助光主要用于照亮场景中的阴影区域以及被主体光遗漏的阴暗区域，延伸主体光产生的照明区域，并且使更多的物体提高亮度。它可以调和明暗区域之间的反差，形成一种均匀柔和的光照效果，同时突出被照物体的外形与尺寸，增强画面的景深感与层次感，使灯光效果更接近于真实的光照效果。辅助光可以用来模拟来自天空的漫反射光源或是第二光源，例如台灯，或是场景中的反射光。可以在场景中添加数个辅助光。

（3）轮廓光

轮廓光位于被照物体的后侧，因此也被称作“背景光”，它可以在物体边缘形成一道“亮光镶边”，从而勾勒出物体的外轮廓，使物体从阴暗的背景中分离出来，并使其具有立体感。比如在制作夜景效果图时，可利用彩色光源、侧光源或对比光源来照亮物体的边缘，从而使物体从背景中分离出来。

9.5 灯光应用案例——三点照明布光

下面通过一个灯光应用案例来研究聚光和泛光的创建和使用方法，并通过设定灯光的相关参数，来实现预期的场景照明效果，同时遵循三点布光的基本原理来完成布光的流程。制作本例需要打开本章自带的场景文件“镂空圆凳.max”，设置灯光前的渲染效果和设置完灯光后的渲染效果对比如图9-22所示。

▶ 案 例 视 频 ◀

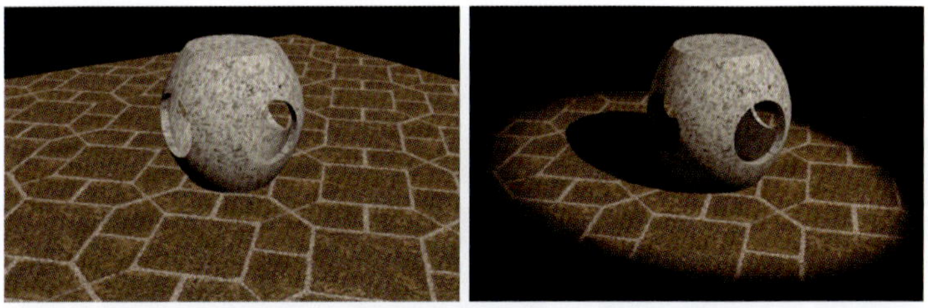

图9-22 灯光设置前后的渲染效果对比

①打开场景文件后，在“创建”面板中点击“灯光”的创建模式，切换到“标准”灯光的创建类型，在其中找到“目标聚光灯”按钮，点击将其激活，然后在顶视图中摄影机的附近创建出一盏“目标聚光灯”，将其目标点对齐到场景中的圆凳中间；接着切换到前视图，将“目标聚光灯”的灯头向上拖拽至一定的高度，当前的“目标聚光灯”充当的是场景中的主体照明光源。以上操作步骤以及调整后的效果如图9-23所示。

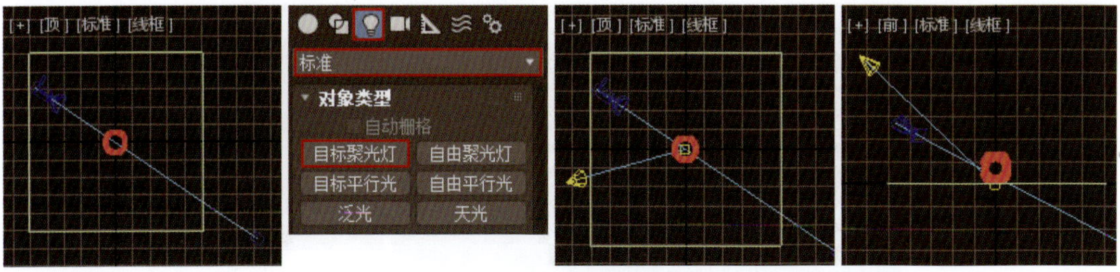

图9-23 布置“目标聚光灯”

②选中“目标聚光灯”的灯头，在“常规参数”卷展栏中勾选阴影中的“启用”复选框，并保持阴影类型为“阴影贴图”。接着在“聚光灯参数”卷展栏中将“聚光区/光束”和“衰减区/区域”参数分别设置为16和23，目的是将聚光灯的照明范围缩小到仅仅包裹着场景中的主角——圆凳模型。此时可以渲染场景，观察一下当前效果。以上操作步骤以及渲染后的效果如图9-24所示。

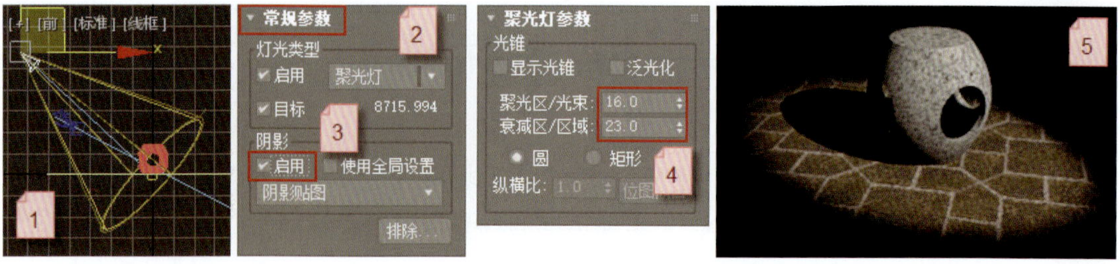

图9-24　**设置“目标聚光灯”相关参数**

③选择“泛光”按钮，将其激活，然后在顶视图中摄影机的另一侧创建出一盏“泛光”灯，接着在前视图中调整其高度。最后切换到修改面板，将“强度/颜色/衰减”卷展栏中的“倍增”设置为0.06。当前的“泛光”灯充当的是辅助灯光的角色，主要是用来照明背光区域。以上操作步骤中涉及的调整细节如图9-25所示。

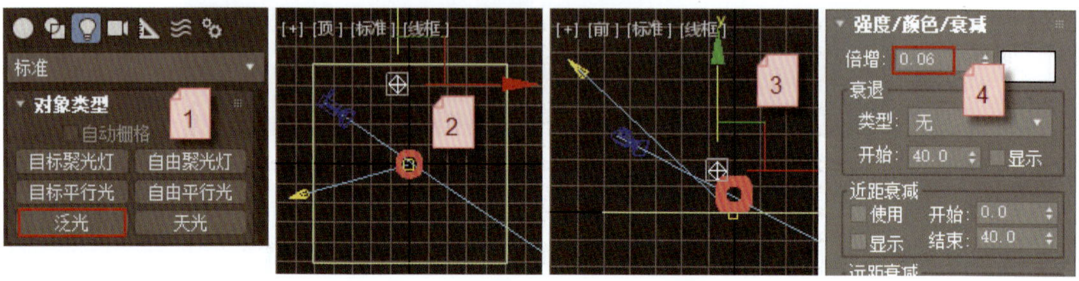

图9-25　**添加“泛光”灯并设置强度**

④进入“常规参数”卷展栏，点击“排除...”按钮，弹出“排除/包含”对话框，排除地面模型“Plane001”的照明和投射阴影，然后点击“确定”按钮，接着渲染摄影机“PhysCamera001”视图，观察效果。以上操作步骤和渲染结果如图9-26所示。

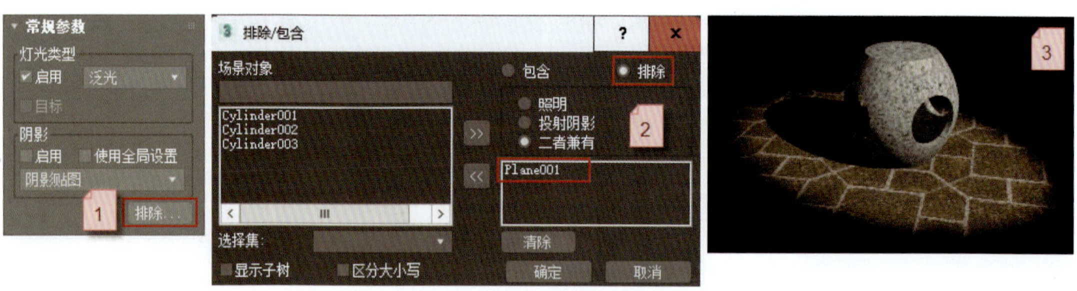

图9-26　**设置“排除/包含”**

⑤将之前创建的“泛光”灯克隆一份，然后在顶视图中将其摆放到主体灯的反方向，用以充当轮廓灯。在前视图中观察一下，其高度保持不变，将其光照强度的“倍增”值修改为0.2，至此完成全部打光流程。接着渲染摄影机“PhysCamera001”视图，观察最终效果。以上操作步骤和渲染结果如图9-27所示。

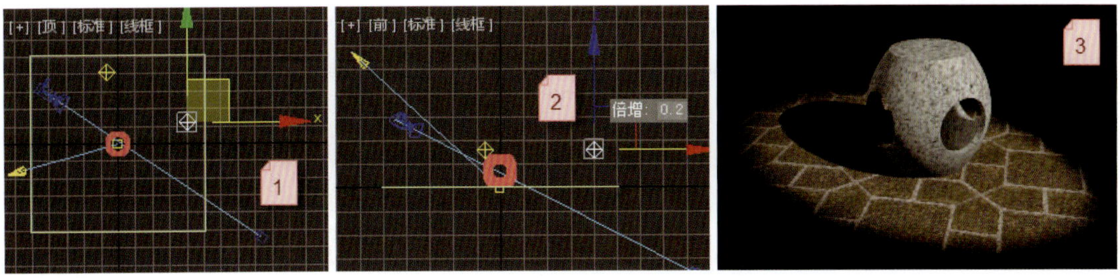

图9-27 克隆“泛光”灯并设置强度

9.6 体积光应用案例——室内体积光效果

体积光可以根据灯光与大气（雾、烟雾等）的相互作用产生看得见的光束，它可以被场景中的物体阻挡，形成光芒透过缝隙的效果。利用此特性可以模拟车灯的光束效果，也可以模拟阳光或灯光透过玻璃窗的照射效果。只有在摄影机视图和透视视图中才可渲染体积光效果，在正交视图或用户视图中不可渲染体积光效果。

要给灯光添加“体积光”效果并设置体积光相关参数，可以参照以下步骤：首先需要在“大气和效果”卷展栏中点击“添加”按钮，会弹出“添加大气或效果”对话框，选中列表中的“体积光”，点击“确定”按钮以后，会在“大气和效果”卷展栏中出现“体积光”选项行，选中该行，然后点击“设置”按钮，会弹出“环境和效果”对话框，在“环境”页面中可以找到“体积光参数”卷展栏，在这里可以对体积光的相关参数进行设置。以上操作步骤和“体积光参数”卷展栏如图9-28所示。

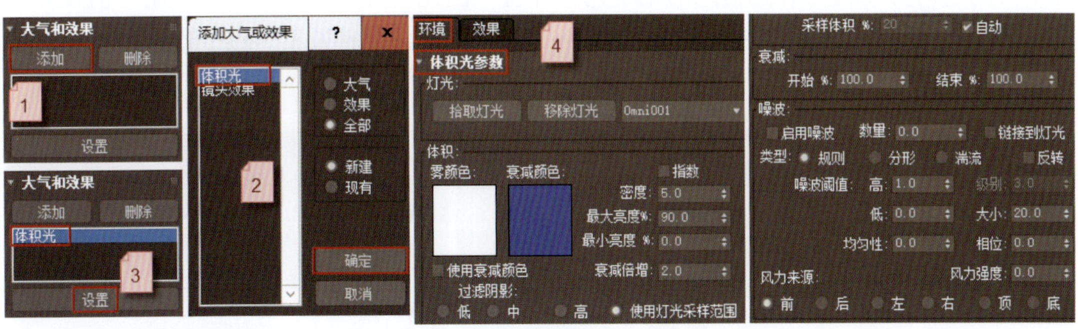

图9-28 添加“体积光”和体积光参数

下面对体积光的常用参数进行解析。

❖ “雾颜色”：单击下方的颜色色块，可以设置体积光的雾颜色，即可见光束的颜色。体积光的颜色由灯光颜色和雾颜色共同决定。为了便于调整，通常将雾颜色设置为白色，这样只需调整灯光颜色就可以产生不同色彩的体积光。

❖ “衰减颜色”：只有勾选下方的“使用衰减颜色”选项之后，衰减颜色才能产生作用，它用于设置灯光衰减区域内雾的颜色。如果此颜色和背景颜色相同，那么体积光将最终消失在背景颜色中。

❖ “密度”：此选项用于设置体积光的浓度。其数值越大，光束不透明度越高，体积感也越强。

❖ “最大亮度” “最小亮度”：分别用于控制体积光可以达到的最大亮度和最小亮度。

❖ “衰减倍增”：此选项用于控制衰减颜色对体积光的影响程度。

下面通过一个“体积光”的应用实例来学习一下体积光的设置和基本使用方法。制作本例需要打开本章自带的场景“体积光.max”文件，预期目标是实现阳光透过窗玻璃形成体积光射入房间的效果。设置灯光和体积光前后的渲染效果对比如图9-29所示。

▶ 案例视频 ◀

图9-29 设置灯光和体积光前后的渲染效果对比

①打开场景文件后，在“创建”面板中点击“灯光”的创建模式，切换到“标准”灯光的创建类型，在其中找到“泛光”按钮，点击将其激活，然后在顶视图中摄影机的附近创建出一盏“泛光”灯，该灯的作用是把房间稍微照亮，使房间不至于太过黑暗。将“泛光”灯通过对齐工具对齐到房间的正中间，并将“泛光”灯灯光强度的“倍增”值设置为0.2，设置完成后，渲染摄影机“PhysCamera001”视图并观察效果。以上操作步骤和渲染后的效果如图9-30所示。

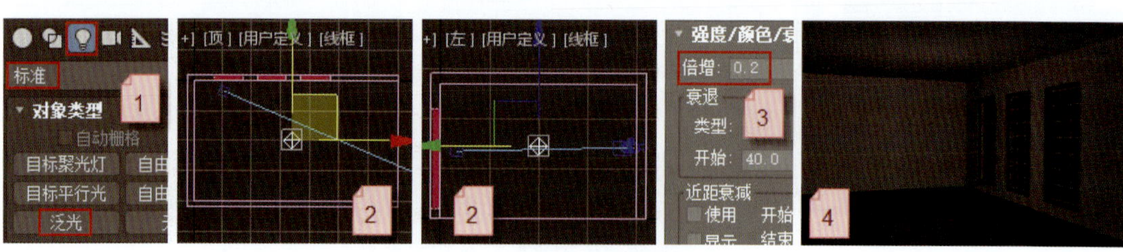

图9-30 添加泛光并设置参数

②在房子的外边靠近窗户的一侧，也创建出一盏“泛光”灯，该灯的功能是营造从窗外照进来的体积光。将该“泛光”灯的阴影启用，并保持阴影类型为“阴影贴图”，接着将灯光强度的“倍增”值调整到0.6，并勾选“远距衰减”下的“使用”和“显示”，将

开始衰减的半径设置为320.8，将衰减结束的半径设置为810，这样设置是为了让体积光从进入窗口到贯穿整个房间为止，形成一束由强到弱的渐变过渡。以上操作步骤如图9-31所示。

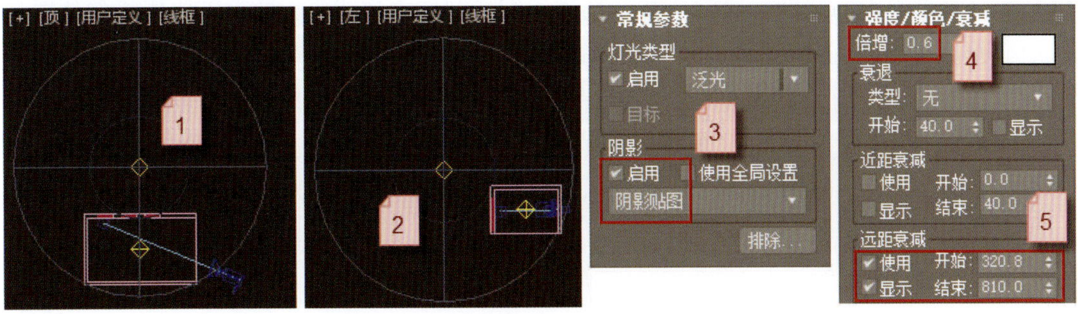

图9-31 添加“泛光”并设置“远距衰减”

③进入“大气和效果”卷展栏，添加“体积光”，体积光各参数保持默认值即可，无需进行任何设置，然后渲染摄影机“PhysCamera001”视图后，观察最终形成的“体积光”效果，到此完成全部制作流程。以上操作步骤和最终效果图如图9-32所示。

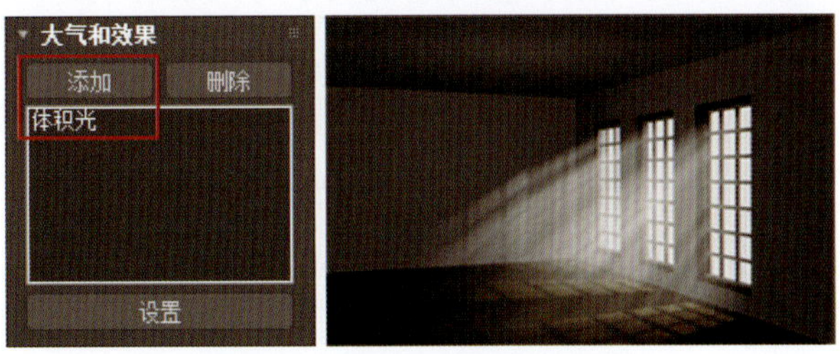

图9-32 添加“体积光”效果

9.7 摄影机的使用

（1）摄影机入门知识

在3ds Max软件中，摄影机具有统观全局的功能，它可以为用户提供一个有利的观察角度，并根据不同的情况产生不同的透视效果，增强场景的景深感和层次感，所以在制作建筑效果图或动画场景时，通常是在摄影机视图中渲染场景。如图9-33所示为摄影机示例及摄影机视图渲染效果。

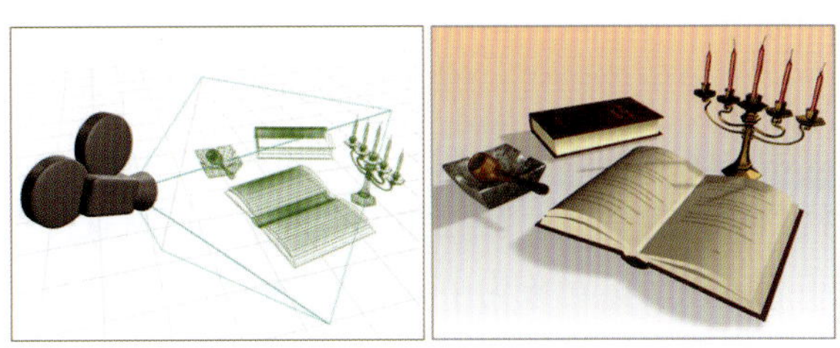

图9-33 摄影机示例及摄影机视图渲染效果

3ds Max中的摄影机可以模拟真实世界的摄影机，通过不同的设置和参数调整，可创造出符合设计要求的视角和效果。摄影机是实现三维空间构图、陈述故事情节的最主要工具。学习传统摄影、绘画作品的构图和影视艺术作品中的镜头运用方法，对3ds Max中摄影机的设置有很大的帮助。通常，在场景进入细节制作之前就要大致确定摄影机的位置和运动行程。在3ds Max中，可以对摄影机进行旋转、平移、缩放等操作，从而对3D场景进行更为直观和灵活的控制。摄影机有两个非常关键的参数，即视野和镜头焦距。

视野是视锥定义的角度。视锥的顶点正是摄影机所在的位置，所用镜头焦距决定视野的角度。一般来说，焦距越长，视角越小，包括的景物范围也越小，景深同样越小；焦距越短，视角大，包括的景物范围也越大，景深同样越大。根据焦距的不同，可将摄影机镜头分为短焦距镜头、广角镜头、中等焦距镜头、长焦距镜头等。

短焦距镜头（28mm或35mm镜头）的视野角度很大，场景中的对象分得很开，靠近摄影机的对象看起来很大，远离摄影机的对象几乎看不见，可用于夸张近距离对象透视关系的特写。广角镜头的视角在55mm以上，它的视野宽、景深大，适用于在一个场景中同时表现多个对象，一般用来拍摄建筑物或其他大型对象及其内部结构。中等焦距镜头（50mm左右镜头），视野中等，镜头中的对象和空间透视关系与人眼观察到的差别不大。长焦距镜头（85mm以上镜头）的视野窄、景深小，适用于为远距离对象拍摄特写和鸟瞰。

创建一个摄影机之后，可以设置视口以显示摄影机的观察点。使用“摄影机”视口可以调整摄影机，就好像正在通过其镜头进行观看。摄影机视口对于编辑几何体和设置渲染的场景非常有用。多个摄影机可以提供相同场景的不同视图。

如果要设置观察点的动画，可以创建一个摄影机并设置其位移动画。例如，要飞过一个地形或走过一个建筑物时，除了设置摄影机的位置动画以外，还可以同时设置摄影机的视野动画，以获得场景放大的效果。

（2）3ds Max摄影机对象

3ds Max中提供三种了摄影机对象：自由摄影机、目标摄影机和物理摄影机。

①自由摄影机。用于查看摄影机指向方向的区域。自由摄影机由单个图标表示，该图标表示摄影机及其视野。自由摄影机多应用于轨迹动画，如穿行建筑物动画、室外鸟瞰动画、行驶中的汽车动画等，视图画面随着路径的变化而变化。当需要摄影机沿着路径表现动画时，使用自由摄影机更加方便，沿着路径移动时，可以将其倾斜。

②目标摄影机。用于查看目标对象周围的区域。创建目标摄影机时，会出现一个两部分的图标，该图标表示摄影机及其目标（显示为一个白色框）。可以分别为摄影机和摄影机目标设置动画。目标摄影机是3ds Max软件默认的摄影机类型，配合目标对象使用，用于表现以目标对象为中心的场景内容，易于定位，方便操作。可以为目标摄影机本身及其目标对象分别设置不同的动画，在摄影机本身独立运动时，还可以通过目标对象的移动来控制拍摄场景。

③物理摄影机。用于实现真实照片级渲染的摄影机类型。与3ds Max中的其他摄影机

相比，它能模拟真实的摄影机成像效果，能更轻松地调节透视关系。它提供ISO感光度、快门速度、光圈、白平衡和曝光值等设置，另外还有许多其他的特殊功能和效果，接近真实的单反相机。需要指出的是，物理摄影机的使用相对复杂，需要使用者在前期对摄影机的相关知识和参数有一定了解，并在大量练习之后才能熟悉掌握使用技巧。对于一般的渲染项目而言，使用3ds Max默认的目标摄影机或者自由摄影机即可。

（3）在3ds Max中使用摄影机的基本流程

①调整摄影机的位置和角度，使其适应场景需求。

②选择渲染器，设置好相关参数，并进行渲染预览。

③调整摄影机参数，如视角、焦距和景深等，实时预览渲染结果，直至达到满意效果。

④导出渲染图像或动画。

（4）在3ds Max中使用摄影机的常用技巧

①使用多个摄影机：可以创建多个摄影机，通过切换不同的摄影机来呈现不同的视角和效果。

②使用摄影机路径：可以为摄影机定义一个路径，让摄影机沿着路径移动，从而实现更加生动的效果。

③使用摄影机约束：可以将摄影机约束到其他对象上，使摄影机的位置和角度随着对象的移动而改变。

（5）摄影机景深效果

景深特效是利用多通道渲染生成的。所谓多通道渲染是指多次渲染相同帧，每次渲染结果都有细微的差别，最终将所有渲染结果合成为一幅完整的图像。在渲染过程中，图像由暗到亮逐渐显示出来，离摄影机目标点越近的物体越清楚，离目标点越远的物体越模糊。以目标摄影机为例，要开启景深效果，选中摄影机并在“参数”卷展栏的“多过程效果组”中开启“景深”即可。开启后，调整不同的“目标距离”渲染出来的景深效果对比如图9-34所示。

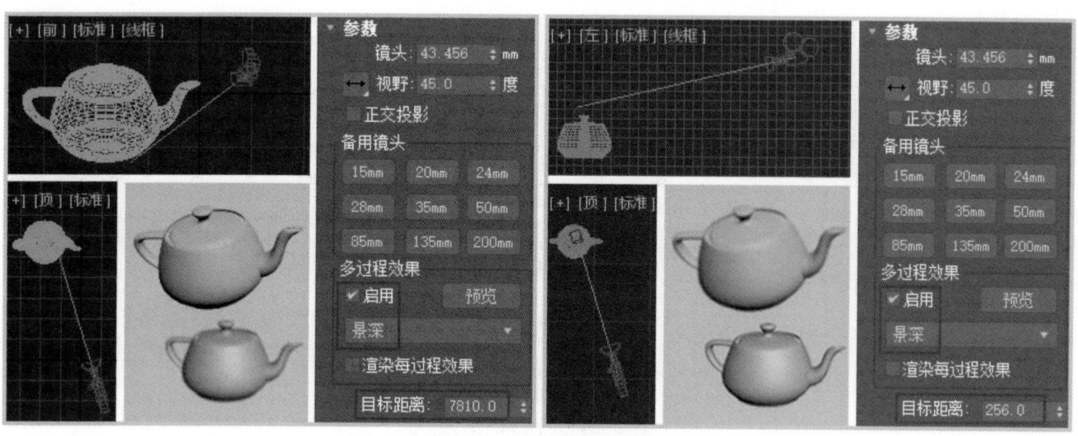

图9-34 摄影机景深效果

本章习题

一、选择题

1. 决定灯光强度的参数是（　）。

A. 倍增　B. 近端衰减　C. 对比度　D.远端衰减

2. 3ds Max中没有的灯光类型是（　）。

A. 自由泛光　B. 泛光　C. 目标聚光灯　D. 自由聚光灯

3. （　）不属于标准灯光。

A. 聚光灯　B. 泛光　C. 天光　D. 阳光

4. （　）不属于灯光的阴影类型。

A. 阴影贴图　B. 阴影平铺

C. 光线跟踪阴影　D. 高级光线跟踪

二、填空题

1. ________是一种典型的点光源，它具有全局照明功能，光线可以从一点向四面八方均匀照射，作用范围是以光源为中心的球体。

2. ________比较复杂，但可以实现对真实世界照明的精确物理模拟，因为它们是基于真实物理属性的参数来实现各种光源照射效果的。

3. 体积光可以根据________的相互作用产生看得见的光束，它可以被场景物体阻挡，形成光芒透过缝隙的效果。

4. 光度学中的灯光用来模拟现实生活中各种________的照射效果，它本身携带了光度属性。

三、简答题

1. 标准类型的灯光有哪些？它们各自的特点是什么？

2. 布置灯光的基本原则是什么？

3. 天光有什么功能？

四、上机操作题

1. 使用平行光并配合体积光制作出类似于激光的效果。

2. 使用摄影机制作景深效果。

▶习题答案◀

第10章 动画制作

本章内容

3ds Max中提供了基本的动画制作工具，可以满足一般的动画制作需求。本章主要介绍3ds Max中的基本动画制作的常用工具、扩展工具及使用方法。

学习目标

知识目标：了解动画制作的基本流程，掌握动画制作的方法和技巧。

能力目标：能够制作出模型场景的动画效果。

素质目标：建立动画思维，培养善于观察、注重细节的习惯，确保制作出流畅的动画效果。

10.1 常用工具

在使用3ds Max制作动画时，需要通过时间轴和关键帧来记录动画帧数。动画可以包括位移、旋转、缩放等动作，通过创建预览动画来确定动画的真实速度。在动画中，可以使用轨迹和路径约束来控制物体的移动轨迹。通过调整时间轴和速度来实现动画的预览和生成。

10.1.1 动画制作常用工具

10.1.1.1 时间轴

动画中，“帧”是一个核心概念，帧指代的是影像动画中的单幅画面。它是动画中最基本的单位，每一帧都代表动画中的一个静态画面，记录了场景中的对象在某一时刻的状态。当这些画面以一定的速度连续播放时，就会形成动态的视觉效果。在3ds Max动画制作中，时间轴是动画的基础工具，它显示为一系列表示帧序列的数字。

在3ds Max界面中，时间轴通常位于底部，如图10-1所示。

图10-1　时间轴

（1）设置和调整帧速率（FPS）

打开时间轴后，点击右上角的“时间配置”按钮。在弹出的对话框中，找到“帧速率”选项，可以选择常用的帧速率，如24帧/秒、30帧/秒等，也可以自定义帧速率。通常，电影使用24FPS，而电视和大多数视频内容使用30FPS。

（2）设置起始帧和结束帧

在“时间配置”对话框中，可以指定动画的起始帧和结束帧，这对于定义动画的整体长度至关重要。例如，如果动画需要持续10秒，并且FPS设置为30，那么结束帧应该设置为300。如图10-2所示。

（3）时间轴缩放

在时间轴中，可以通过缩放时间来控制动画的播放速度。选中需要缩放的范围，然后按下<Alt+鼠标滚轮>即可进行时间缩放。缩小表示放慢动画速度，放大表示加快动画速度。

（4）时间轴过滤器

时间轴过滤器可以帮助用户更好地管理复杂的动画场景。它可以根据对象名称、关键帧类型等条件进行过滤，从而只显示用户感兴趣的对象或关键帧。

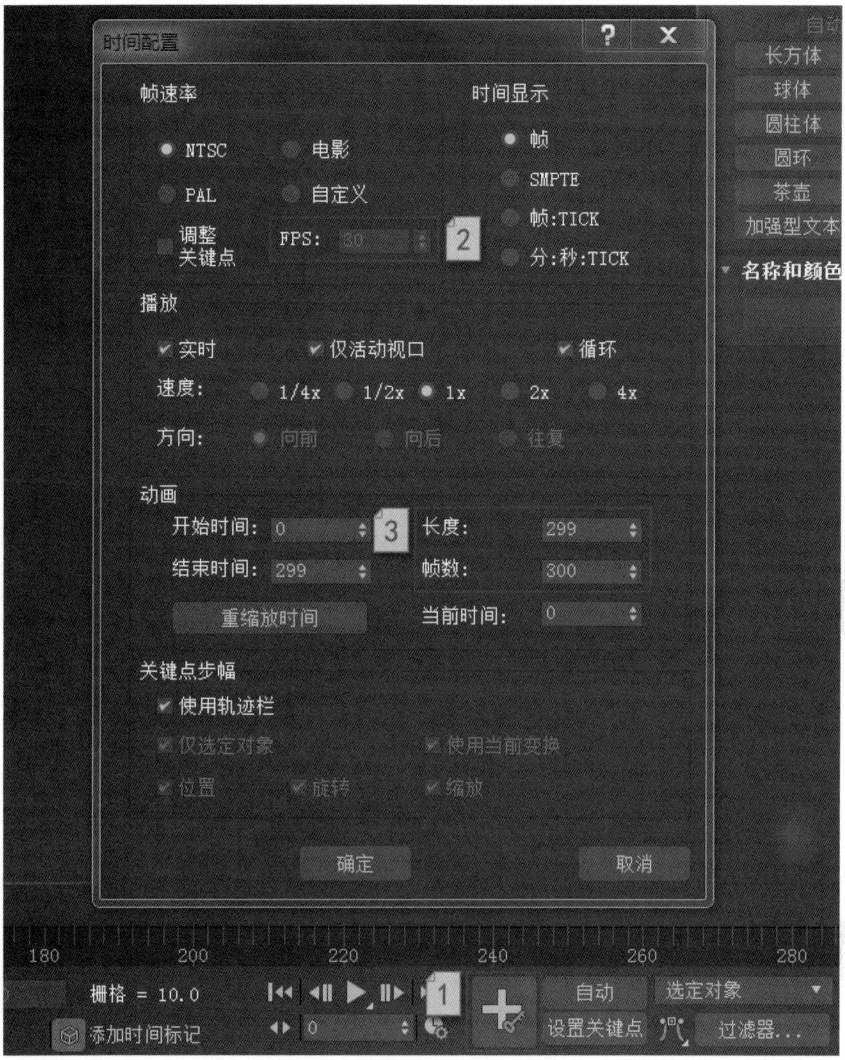

图10-2　设置起始帧和结束帧

（5）轨迹栏

轨迹栏提供了一个图形化的界面，用于显示和编辑关键帧之间的插值。用户可以打开轨迹栏以观察和修改曲线，这些曲线代表动画属性（如位置、旋转和缩放）的变化。通过轨迹栏，用户可以更加直观地调整动画的过渡效果，使动画更加平滑或具有特定风格。

10.1.1.2 关键帧

（1）创建关键帧

选择一个对象后，将时间滑块移动到想要插入关键帧的位置。点击自动关键帧按钮，或手动插入关键帧，这将在当前帧记录对象的当前状态，如图10-3所示。

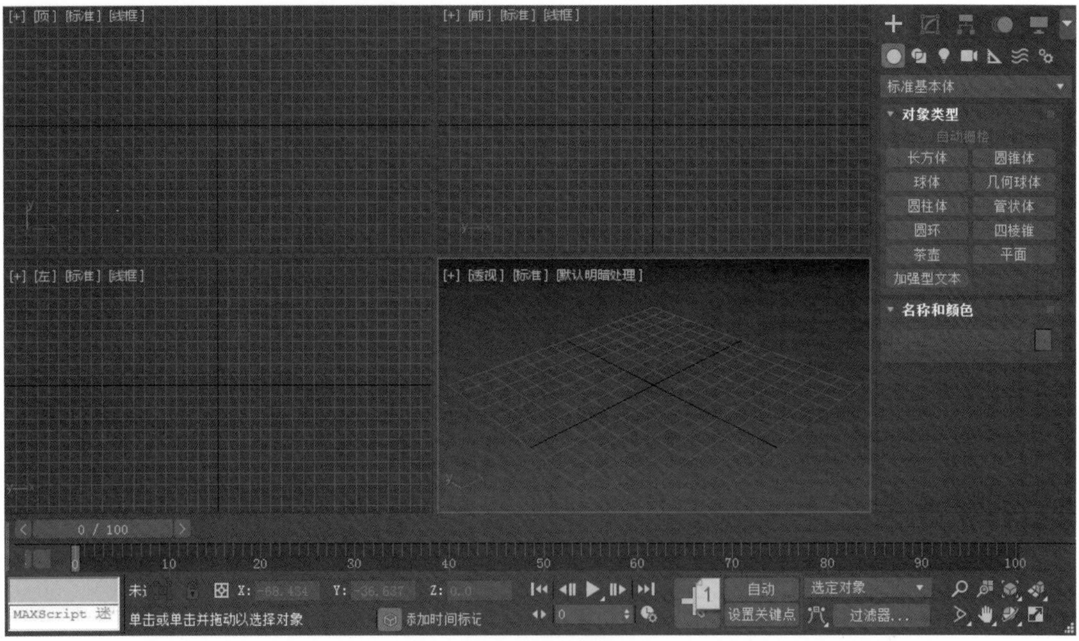

图 10-3　关键帧

（2）移动关键帧

可以通过拖动关键帧来改变其位置，从而调整动画的时间安排。

如果需要对多个关键帧进行批量移动，可以按住Shift键并同时选择多个关键帧。

（3）关键帧操作类型

- 手动添加：在时间轴中选定需要添加关键帧的对象，然后在时间轴上右键点击“添加关键帧”。
- 自动关键帧：在“自动关键帧”模式下，当对象的状态发生变化时，3ds Max会自动添加关键帧。
- 记录关键帧：通过记录关键帧的方式，可以记录下对象的运动轨迹。

10.1.1.3 曲线编辑器

（1）打开方式

第一种，通过工具栏上方的快捷按钮直接打开。

第二种，通过菜单栏的“图形编辑器”中的“轨迹视图-曲线编辑器”打开，如图10-4所示。

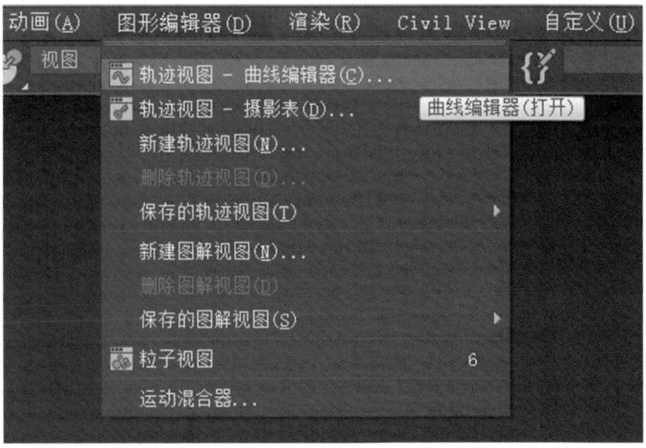

图10-4　选择“轨迹视图-曲线编辑器”

第三种，右键单击场景中的物体，选择“曲线编辑器”并打开，下拉至时间轴中的“对象”。在“对象”中，点击事先创建好的模型，会出现“变换”“对象”两个编辑口，点击“变换”，能够对模型进行旋转、位置变换以及缩放等操作。在位置变换中，可以对模型的X、Y、Z方向添加时间轴关键帧，通过不同的关键帧设置，可以控制模型的移动。同时，也可以通过“编辑”→“指定位置控制器”→“Bezier位置”，同时对模型X、Y、Z三个方向进行关键帧的添加。如图10-5所示。

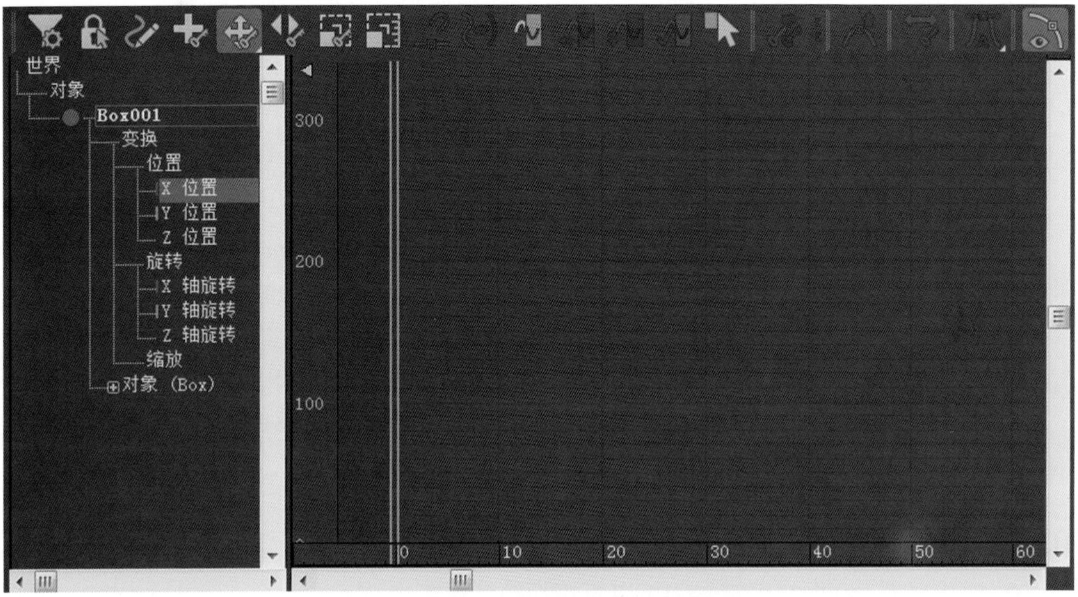

图10-5 通过“曲线编辑器”添加数值

（2）插值

在关键帧之间，3ds Max使用插值算法来计算关键帧的状态，从而实现平滑的过渡效果。当我们设置关键点的时候，这几个关键点会进行路径的填补与识别，这时关键帧的中间段称为插值。

插值并不是一个直线运动，而是对两个关键帧之间进行Bezier计算得到的，并按照一定的轨迹生成曲线路径。在Bezier中，通过调整关键帧的输入杆和输出杆来控制曲线的光滑程度。

用关键帧选择路径，这时显示的路径没有办法直接移动，需要在曲线编辑器下进行移动。如果想要进行复杂的路径移动，需要在此路径上添加更多的关键帧。这种情况比较复杂，但如果用插值法，就可以有效地简化这个过程。具体操作如下。

打开“曲线编辑器”，找出摄影表之中的物体，以Z轴的旋转为例，添加编辑两处关键帧，这时点击播放按钮，物体会进行不均匀的旋转，可以通过调整输入杆与输出杆来控制物体的运动速度。同时，也可以通过“曲线编辑器”中的某一点或者某一段线来更加直观地控制物体的运动速度。

（3）固定插值

固定插值的概念：通过调整关键帧的输入杆和输出杆来控制动画的速度变化，如匀加速、匀减速和阶梯式运动，实现不同速度设置对动画轨迹的影响。下面介绍固定插值的运用。

- ❖ 首先创建一个模型，设置开始关键帧，将时间轴移动到第70帧，再设置该位置的关键帧。点击播放，可以看到是物体在做慢速加速再减速运动。此时打开轨迹栏，在物体运动的轨迹上看到的点就代表它的速度，点越密集，运动速度越快。在物体运动的轨迹上，如果两个点之间的位置间隔较短，那么物体运动速度就越快，到了第三个点与下一点间隔部分，物体运动速度变为匀速，到末点时再转换成匀减速。在曲线列表中可以更加直观地看出物体的运动状态。
- ❖ 如何设置中间段？转至摄像列表中去找到这个物体，点击“位移”。
- ❖ 可以看到物体先加速、减速，再加速。当调整输入杆和输出杆后，物体运动速度变为了加速，中间段为了保持路程和时间用时一致，会形成相应效果：先加速，再减速，然后再加速。在曲线编辑列表当中，也可以看到当前物体的状态。
- ❖ 在加速、减速中如何定义物体运动速度的快慢？其实与现实中一样，速度的快慢是具有相对性的，如果将插值方式全部设置为线性，那么物体的运动轨迹会进行平均分段，如果采用匀减速，就会将运动轨迹中端的位置进行细致分割，增加匀减速的设置范围，让它变为匀减速运动，这就是固定插值的使用。

10.1.1.4 摄影表

- ❖ 打开方式：在曲线编辑器中可以直接切换到摄影表。

在摄影表中，可以通过拖动关键帧来改变动画的时间点和参数值。

- ❖ 功能特点：摄影表提供了一种更直观的方式来编辑动画的关键帧和范围。它支持编辑点模式和范围模式，可以方便地整体移动动画的时间范围或调整动画的播放顺序。摄影表还具有其他功能，支持对动画进行剪切、复制、粘贴等操作，以便更灵活地编辑动画。也可以使用范围编辑按钮来整体移动动画的时间范围，或压缩动画的时间长度。如图10-6所示。

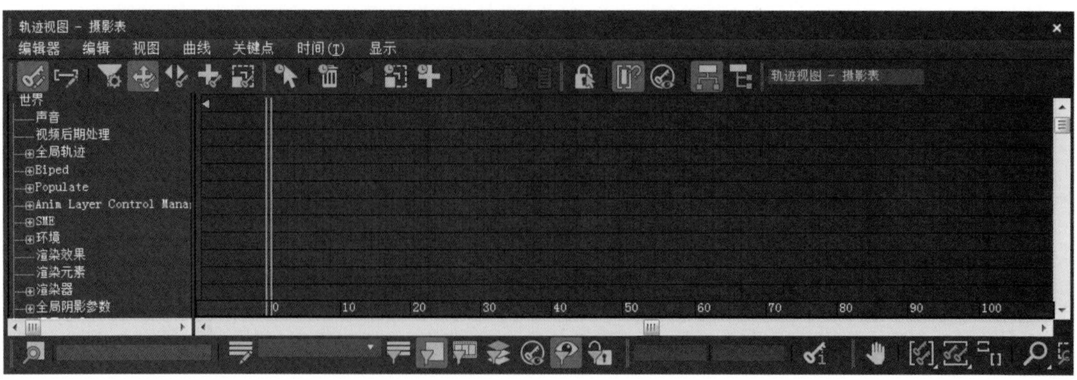

图10-6　摄影表

10.1.1.5 动画导出

①渲染设置：点击菜单栏上的渲染设置。在渲染设置中找到“时间输出”，选择与动画时间轴一致的时间范围。

②选择输出格式：继续在渲染设置中找到“渲染输出”，点击旁边的按钮以选择保存位置和文件名。3ds Max支持多种动画格式，如AVI、GIF等。AVI格式拥有较好的播放质量，而GIF格式在文件大小方面具有优势，可以灵活选择。

③导出动画：设置好文件格式和名称后，点击“渲染”按钮开始渲染和导出动画。因为动画是一帧一帧进行渲染的，所以渲染过程可能时间相对较长，需耐心等待。渲染成功后，可以在指定的保存位置找到导出的动画文件。

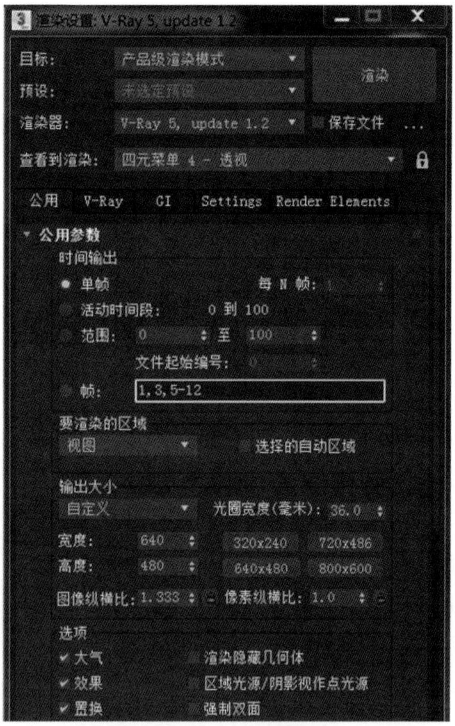

图10-7 渲染设置

> **注意**
>
> 要确保渲染设置与动画时间轴一致，以避免丢失动画帧；根据实际需求选择合适的输出格式和参数；考虑到动画质量和文件大小之间的平衡，选择适当的帧率进行渲染。如图10-7所示。

10.1.2 动画制作常用工具应用案例——时钟动画制作

①在场景中创建时钟模型后，按着<Shift>键选择秒针、分针和时针，如图10-8所示。

▶ 案 例 视 频 ◀

图10-8 时钟模型

②开启“自动关键帧”模式，将时间轴拖动至第60帧，选中分针，使用旋转工具将其旋转一个刻度，以表示一分钟的经过。

③将时间轴拖动回第1帧位置，选中秒针，并使用同样的工具旋转一个刻度，以表示一秒的经过。

④使用曲线编辑器来调整秒针和分针的旋转曲线，以确保它们能够平滑地过渡并重复旋转。

10.2 扩展工具

在动画制作中，通过“父与子”链接功能可以将不同的对象或组件连接在一起，增强模型与场景之间的互动性。约束是一种限制对象移动或旋转的方式，可以更精确地控制模型动画。两者结合使用可以更方便地管理和操作复杂的场景。

10.2.1 动画制作扩展工具

10.2.1.1 父与子

3ds Max动画制作中的“父与子”关系实际上是指场景中的父子层级关系。这种关系在动画制作中非常重要，因为它决定了物体之间的运动和变换的传递方式。父子关系是指将一个物体（子物体）链接到另一个物体（父物体）上，使得子物体的移动、旋转和缩放等操作都会受到父物体的影响。当父物体发生变换时，子物体会跟随父物体进行相应的变换。

（1）父子关系的建立

方法一，使用“选择并链接”工具：选中子物体，然后点击“选择并链接”按钮，接着将子物体拖拽到父物体上，即可建立父子关系。

方法二，使用“层次”面板：在“层次”面板中，可以找到“链接”选项，通过该选项可以手动设置父子关系。如图10-9所示。

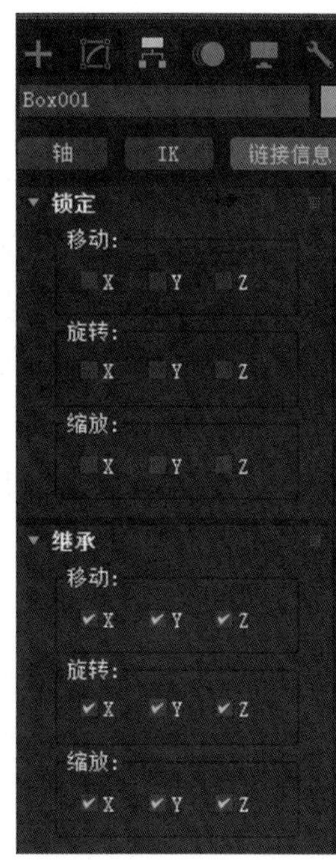

图10-9　父与子链接

（2）父子关系对动画制作的影响

- ❖ 移动和旋转：当父物体移动或旋转时，子物体会跟随父物体进行相应的移动或旋转。由此，可以通过调整父物体的动画来间接控制子物体的动画。
- ❖ 缩放：如果父物体发生缩放变换，子物体也会按照父物体的缩放比例进行相应的缩放。但需要注意的是，如果子物体有独立的缩放设置，那么它可能不会完全按照父物体的缩放比例进行缩放。

❖ 关键帧动画：在父子关系中，可以通过为父物体设置关键帧动画来创建复杂的动画效果。由于子物体会跟随父物体的变换而变换，因此无须为子物体单独设置关键帧动画。

（3）父子关系的解除

如果需要解除父子关系，可以在“层次”面板中找到“取消链接”选项，通过该选项可以断开父子关系。断开后，子物体将不再受到父物体的影响。

（4）实际应用场景

在制作一个汽车动画时，可以将车轮设置为汽车的子物体。这样，当汽车（父物体）移动时，车轮（子物体）会自动跟随汽车进行移动，而无须为车轮单独设置移动动画。另外，还可以利用父子关系来制作文字弹跳动画、摄像机沿路径运动等复杂动画效果。

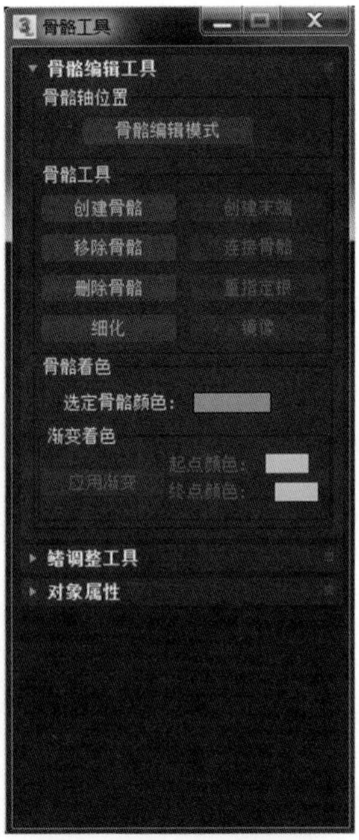

图10-10　创建骨骼

10.2.1.2 绑定

绑定是指将骨骼与角色模型（通常是皮肤或网格）相关联的过程，这样骨骼的移动就会带动模型的变形，从而创建动画效果。在3ds Max中，绑定通常涉及以下几个步骤。

（1）创建骨骼

使用“Bone”工具在3ds Max中创建骨骼。这些骨骼将作为模型动画的支架，决定模型的变形轨迹。骨骼的数量和位置应根据变形的需求和结构来设定。如图10-10所示。

（2）调整骨骼

使用“Move”和“Rotate”等工具对骨骼进行调整和旋转，使其更加贴合模型的变形逻辑。

（3）绑定骨骼与皮肤

选择模型和相应的骨骼，然后使用“Skin”工具进行绑定。在绑定过程中，可以使用“Add”按钮将选中的顶点添加到特定的骨骼上，并使用“Remove”按钮删除错误的绑定关系。此外，还可以使用“Paint Weight”工具来调整绑定权重，使模型的变形更加自然。如图10-11所示。

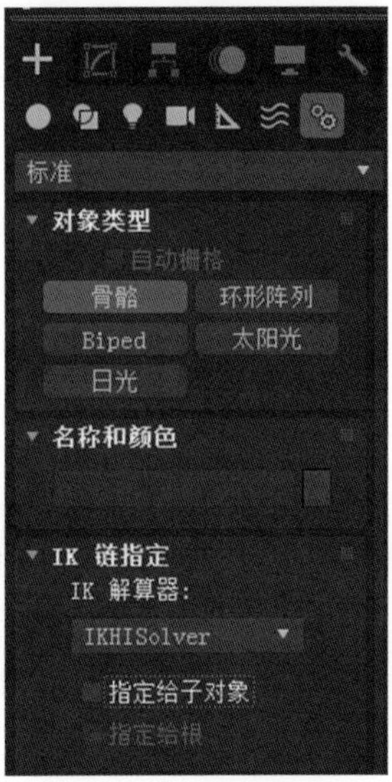

图10-11　绑定骨骼

10.2.1.3 约束

在3ds Max动画制作中，约束是一种常用的技术，它可以将一个物体的运动或属性约束到另一个物体或路径上。

（1）使用流程

①创建物体

❖ 打开3ds Max软件，点击创建面板，选择一个物体（如球体）进行创建。可以在任一视图中拖拉出一个球体或其他形状的物体。

❖ 同样在创建面板中，选择“图形”类别，并选中“线”或其他路径形状，在任一视图中绘制出作为约束路径的路线。

②选择约束类型

❖ 选中需要被约束的物体（如之前创建的球体）。

❖ 在菜单栏中找到“动画”选项，并在其下拉菜单中选择“约束”。如图10-12所示。

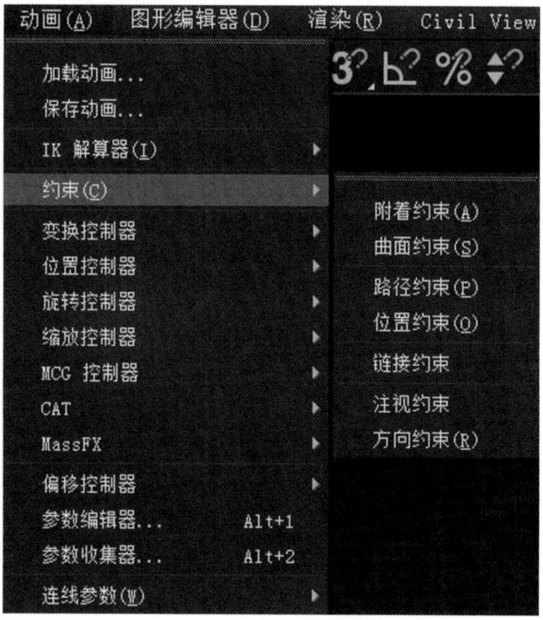

图10-12 选择“约束”

❖ 在约束子菜单中，根据需要选择适当的约束类型。例如，如果需要物体沿着一条路径运动，就选择“路径约束”。

③指定约束对象

❖ 选择好约束类型后，会出现与约束相关的设置面板。

❖ 将鼠标光标放到之前创建的路径上（对于路径约束而言），当光标呈“X”状态时，点击鼠标左键进行路径的绑定。

❖ 此时，已经出现了路径约束选取到的对象，时间轴下面也自动生成了一个动画时间。

④调整约束设置。在右侧的约束设置面板中，可以对约束进行下一步的调整。例如，对于路径约束，可设置物体的移动速度、路径的平滑度等参数。

⑤播放动画。点击右下角的播放按钮进行播放，会发现被约束的物体已经按照设置的路径或属性进行运动。

（2）常见的约束类型及其应用

①路径约束

❖ 应用：让一个物体沿着指定的路径运动。

❖ 设置：需要指定路径和移动速度等参数。

②注视约束

❖ 应用：控制一个物体的方向，使其始终注视目标物体。常用于制作眼睛注视动画、摄影机跟踪拍摄等效果。

❖ 设置：需要指定目标物体和调整注视参数（如权重、视线长度等）。

③附着约束

❖ 应用：将一个物体的位置约束在另一个物体的表面上。常用于制作物体跟随目标物体表面运动的动画。

❖ 设置：需要指定目标物体和调整附着参数。

④位置约束

❖ 应用：让一个物体跟随另一个物体的位置变化而变化。

❖ 设置：需要指定目标物体和调整位置约束的权重等参数。

⑤链接约束

❖ 应用：将一个物体链接到另一个物体上，使约束物体继承目标物体的位置、旋转和缩放属性。

❖ 设置：需要指定目标物体和调整链接参数。

⑥方向约束

❖ 应用：使一个物体的旋转方向与其他物体的方向一致，或将一个物体的方向约束在多个物体的平均方向上。

❖ 设置：需要指定目标物体和调整方向约束的参数。

（3）使用约束时的注意事项

①约束的解除。如果需要解除约束，可以在约束设置面板中找到解除约束的选项，或者通过选择物体并右键点击选择“解除约束”来操作。

②约束的复制和粘贴。可以通过复制和粘贴功能来快速将相同的约束应用到多个物体上。

③约束的层级关系。在复杂的场景中，约束之间可能存在层级关系，了解并正确管理这些层级关系对于制作流畅的动画至关重要。

10.2.2 动画制作扩展工具应用案例——立体花朵脸部道具特效动画制作

①点击“创建面板”，切换到“几何体”选项卡，创建立体花朵，复制并调整每朵花的角度，如图10-13所示。

图10-13　模型建立

②创建骨骼，使用“Move”和“Rotate”等工具将骨骼调整和旋转至合适角度与位置并进行绑定（图10-14）。

③在打开“自动关键帧”模式，将时间轴拖动到第10帧位置，选中所有花朵并点击“选择并旋转”工具，将其旋转合适角度。

④播放预览动画，确认效果后渲染动画并导出（图10-15）。

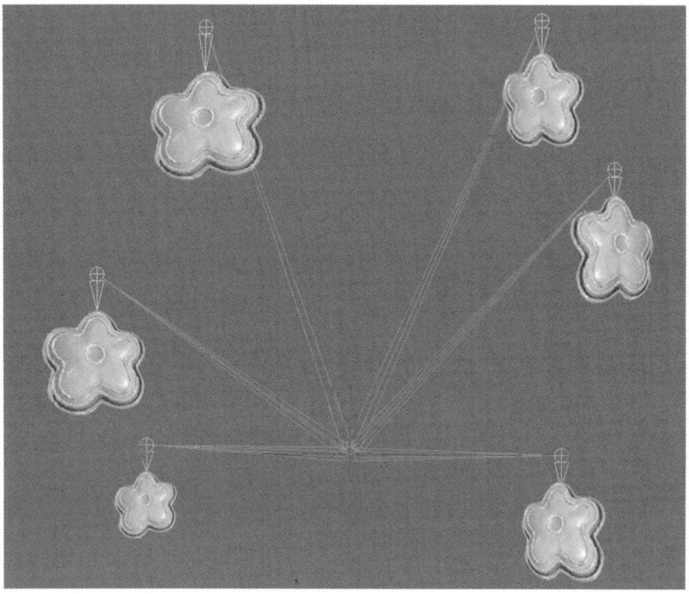

图10-14　立体花朵骨骼绑定

图10-15　立体花朵脸部道具特效

本章习题

一、选择题

1. 在3ds Max中，帧速率在（   ）中调整。

A. 时间轴　　B. 时间配置

C. 关键帧　　D. 摄影表

2. 在3ds Max中，让一个物体沿着指定的路径运动属于（   ）类型。

A. 路径约束　　B. 注视约束

C. 附着约束　　D. 方向约束

3. 显示为一系列表示帧序列的数字，是3ds Max动画制作中的（   ）工具。

A. 曲线编辑器　　B. 轨迹栏

C. 时间轴　　D. 关键帧

二、填空题

1. 在时间轴中，可以通过__________来控制动画的播放速度。

2. 选择一个对象后，将时间滑块移动到想要插入关键帧的位置，点击__________按钮，或__________，这将在当前帧记录对象的当前状态。

3. 在3ds Max动画制作中的“父与子”关系实际上是指场景中的________。

三、简答题

1. 在3ds Max动画制作中，常见的约束类型都有哪些？

2. 在3ds Max动画制作中，导出动画分为哪些步骤？

四、上机练习题

利用前期创建的模型制作动画效果。

练习目标：将模型用动画工具进行创作，学以致用。

▶ 习题答案 ◀

参考文献

[1] 唐杰晓. 3ds Max三维动画设计与制作[M]. 3版. 北京：化学工业出版社，2025.

[2] 邸锐，郭艳云，温宏岩. 3ds Max + VRay室内设计效果图表现实例教程[M]. 2版. 北京：人民邮电出版社，2023.

[3] 张华威，李然. 3ds Max 2019室内效果图制作实例教程[M]. 北京：人民邮电出版社，2021.

[4] 来阳. 3ds Max 2024超级学习手册[M]. 北京：人民邮电出版社，2024.

[5] 黄世晴. 3ds Max建模设计与制作案例技能实训教程[M]. 北京：清华大学出版社，2023.

[6] 杨光，杨佳欣. 3ds Max 2020建模技法案例课堂[M]. 北京：清华大学出版社，2023.

[7] 王瑶，罗俊岭. 3ds Max动画制作实例教程（3ds Max 2020）（微课版）[M]. 2版. 北京：人民邮电出版社，2024.